SDG - Forschung, Konzepte, Lösungsansätze zur Nachhaltigkeit

Die nachhaltige Entwicklung unserer Welt ist eine der wichtigsten Herausforderungen in Gegenwart und Zukunft und zugleich eine Aufgabe, an der alle Wissenschaften beteiligt sind. Um einen sichtbaren Beitrag auf diesem Weg zu leisten, gibt SPRINGERNATURE die Buchreihe SDG - Forschung, Konzepte, Lösungsansätze zur Nachhaltigkeit heraus, in der Arbeiten aus allen Disziplinen publiziert werden können, die die wissenschaftliche Analyse oder die praktische Förderung von Nachhaltigkeit zum Ziel haben, wie sie insbesondere in den Nachhaltigkeitszielen der Vereinten Nationen definiert sind.

Rainer Dahlmann · Christian Hopmann
(Hrsg.)

Nachhaltige Kunststoffverpackungen aus Post Consumer-Rezyklaten

Recyclingfähiges Design, Fertigung und Ökobilanzierung

Hrsg.
Rainer Dahlmann
Wissenschaftlicher Direktor
Lehrstuhl und Institut für
Kunststoffverarbeitung (IKV) an der RWTH Aachen
Aachen, Deutschland

Christian Hopmann
Institutsleitung
Lehrstuhl und Institut für
Kunststoffverarbeitung (IKV) an der RWTH Aachen
Aachen, Deutschland

ISSN 2731-8826 ISSN 2731-8834 (electronic)
SDG - Forschung, Konzepte, Lösungsansätze zur Nachhaltigkeit
ISBN 978-3-658-48210-7 ISBN 978-3-658-48211-4 (eBook)
https://doi.org/10.1007/978-3-658-48211-4

Die Deutsche Nationalbibliothek verzeichnet diese Publikation in der Deutschen Nationalbiblio-grafie; detaillierte bibliografische Daten sind im Internet über https://portal.dnb.de abrufbar.

Dieses Werk wurde gefördert durch das Bundesministerium für Bildung und Forschung über den Projektträger Karlsruhe unter dem Förderkennzeichen 02J20E540. Wir danken für die Förderung.

© Der/die Herausgeber bzw. der/die Autor(en) 2025. Dieses Buchsteine Open-Access-Publikation.

Open Access Dieses Buch wird unter der Creative Commons Namensnennung - Nicht kommerziell 4.0 International Lizenz (http://creativecommons.org/licenses/by-nc/4.0/deed.de) veröffentlicht, welche die nicht-kommerzielle Nutzung, Vervielfältigung, Bearbeitung, Verbreitung und Wiedergabe in jeglichem Medium und Format erlaubt, sofern Sie den/die ursprünglichen Autor*in(nen) und die Quelle ordnungsgemäß nennen, einen Link zur Creative Commons Lizenz beifügen und angeben, ob Änderungen vorgenommen wurden.
Die in diesem Buch enthaltenen Bilder und sonstiges Drittmaterial unterliegen ebenfalls der genannten Creative Commons Lizenz, sofern sich aus der Abbildungslegende nichts anderes ergibt. Sofern das betreffende Material nicht unter der genannten Creative Commons Lizenz steht und die betreffende Handlung nicht nach gesetzlichen Vorschriften erlaubt ist, ist auch für die oben aufgeführten nicht-kommerziellen Weiterverwendungen des Materials die Einwilligung des/der betreffenden Rechteinhaber*in einzuholen.
Das Werk einschließlich aller seiner Teile ist urheberrechtlich geschützt. Jede kommerzielle Verwertung, die nicht ausdrücklich vom Urheberrechtsgesetz zugelassen ist, bedarf der vorherigen Zustimmung des/der Autor*in und ggf. des/der Herausgeber*in. Das gilt insbesondere für Vervielfältigungen, Bearbeitungen, Übersetzungen, Mikroverfilmungen und die Einspeicherung und Verarbeitung in elektronischen Systemen. Der Verlag hat eine nicht-exklusive Lizenz zur kommerziellen Nutzung des Werkes erworben.
Die Wiedergabe von allgemein beschreibenden Bezeichnungen, Marken, Unternehmensnamen etc. in diesem Werk bedeutet nicht, dass diese frei durch jede Person benutzt werden dürfen. Die Berechtigung zur Benutzung unterliegt, auch ohne gesonderten Hinweis hierzu, den Regeln des Markenrechts. Die Rechte des/der jeweiligen Zeicheninhaber*in sind zu beachten.
Der Verlag, die Autor*innen und die Herausgeber*innen gehen davon aus, dass die Angaben und Informationen in diesem Werk zum Zeitpunkt der Veröffentlichung vollständig und korrekt sind. Weder der Verlag noch die Autor*innen oder die Herausgeber*innen übernehmen, ausdrücklich oder implizit, Gewähr für den Inhalt des Werkes, etwaige Fehler oder Äußerungen. Der Verlag bleibt im Hinblick auf geografische Zuordnungen und Gebietsbezeichnungen in veröffentlichten Karten und Institutionsadressen neutral.

Springer Vieweg ist ein Imprint der eingetragenen Gesellschaft Springer Fachmedien Wiesbaden GmbH und ist ein Teil von Springer Nature.
Die Anschrift der Gesellschaft ist: Abraham-Lincoln-Str. 57, 65189 Wiesbaden, Germany

Wenn Sie dieses Produkt entsorgen, geben Sie das Papier bitte zum Recycling.

Vorwort

Die Nutzung von Kunststoffen nachhaltig zu gestalten, ist eine der drängendsten Aufgaben unserer Zeit. Kunststoffe haben in den letzten Jahrzehnten eine zentrale Rolle in nahezu allen Bereichen unseres täglichen Lebens eingenommen – von Verpackungen über medizinische Anwendungen bis hin zu Hightech-Komponenten in der Automobil- und Elektronikindustrie. Trotz der vielseitigen Vorteile, die Kunststoffe bieten, stehen wir vor den erheblichen ökologischen Herausforderungen, die aus der unsachgemäßen Entsorgung und entsprechend begrenzten Rückführung in den Werkstoffkreislauf resultieren. Vor diesem Hintergrund gewinnt der Begriff Kreislaufwirtschaft, der fordert, Werkstoffe im geschlossenen Kreislauf zu halten und Abfälle zu minimieren, immer mehr an Bedeutung.

Verpackungen geraten im Kontext der Kreislaufwirtschaft besonders in den Fokus, da einerseits eine große Menge an Kunststoffen zu deren Produktion genutzt wird, andererseits diese Produkte eine relativ kurze Lebensdauer haben, sodass sie innerhalb einer kurzen Frist als „Abfall" vorliegen. Geeignete Maßnahmen im Bereich der Verpackungen können folglich eine schnelle Wirkung erzielen, die auch in kurzen Intervallen messbar ist. Von Strategien zur grundsätzlichen Minimierung von Abfällen über die Verbesserung von Recyclingtechnologien bis hin zum „Design for Recycling" liegt in diesen Wertschöpfungsketten eine Fülle von Hebeln, die dazu bestenfalls koordiniert bewegt werden müssen. Das Ziel ist dabei schlicht zu formulieren: Kunststoffverpackungen müssen in einem geschlossenen Werkstoffkreislauf geführt werden, in dem die Produkte am Ende ihrer Lebensdauer wiederverwendet oder recycelt werden können. Doch wie können wir sicherstellen, dass Kunststoffverpackungen nachhaltig gestaltet, effizient zurückgeführt und ökologisch sinnvoll genutzt werden? Hier kommen innovative Methoden und Technologien der Digitalisierung ins Spiel, die nicht nur die Rückverfolgbarkeit und Wiederverwertbarkeit von Kunststoffen verbessern, sondern auch neue Kooperationsmodelle innerhalb der Wertschöpfungsketten ermöglichen.

Dieses Buch mit dem Titel „Ganzheitliche Bewertung und Optimierung der Nachhaltigkeit von Kunststoff-Werkstoffkreisläufen mit Methoden der Digitalisierung" widmet sich der komplexen Fragestellung, wie digitale Technologien zur Schaffung transparenter und effizienter Kreisläufe für Kunststoffverpackungen beitragen können. Das zugrunde liegende Forschungsprojekt „PlasticBOND" verfolgte dafür einen interdisziplinären Forschungsansatz, der drei zentrale Bereiche vereint: die Bewertung der ökologischen Nachhaltigkeit, die Erschließung digitaler Kooperationsmodelle in Wertschöpfungsnetzwerken und die Nutzung digitaler Werkzeuge zur Schaffung von Transparenz über die Einsatzmöglichkeiten von Rezyklaten in Kunststoffverpackungen.

Im Fokus des Projektes stand einerseits die systematische Analyse von Kunststoffverpackungen und daraus entstehenden Rezyklaten. In umfangreichen Versuchsreihen wurde analysiert, wie sich marktgängige Post-Consumer-Rezyklate aus dem Gelben Sack in üblichen Verarbeitungsprozessen wie Extrusion und Spritzgießen verhalten und welche Eigenschaften die daraus hergestellten Produkte aufweisen. Andererseits erfolgte die vollumfängliche Bewertung von Verpackungen auf der datengetriebenen Ebene – von der Produktion über die Nutzung bis hin zur Entsorgung und dem Recycling. Dabei wurden nicht nur die ökologischen Auswirkungen, wie der Energieverbrauch und die CO_2-Emissionen, berücksichtigt, sondern auch die ökonomischen und sozialen Dimensionen einer nachhaltigen Kreislaufwirtschaft. Hierbei spielen Lebenszyklusanalysen (LCA) und weitere methodische Ansätze eine entscheidende Rolle, um fundierte Entscheidungen für nachhaltige Verpackungsstrategien zu treffen.

Die erfolgreiche Umsetzung eines derart komplexen Forschungsgegenstands erfordert eine enge Zusammenarbeit zwischen Wissenschaft und Industrie. Im Rahmen dieses Projkts haben als Forschungseinrichtungen der *Lehrstuhl und das Institut für Kunststoffverarbeitung der RWTH Aachen (IKV)* sowie das *Manufacturing Technology Institute der RWTH Aachen (MTI)* zusammen mit Industriepartnern aus der Kunststoff- und Verpackungsbranche ihre Kräfte gebündelt, um gemeinsam innovative Lösungen zu entwickeln. Diese Kooperationen sind von entscheidender Bedeutung, um wissenschaftliche Erkenntnisse in die Praxis zu überführen und in Innovationen umzusetzen. Das Konsortium setzte sich dabei aus Branchenmitgliedern entlang der Wertschöpfungskette zusammen, die ihre langjährigen Expertisen im Bereich der Kunststoffproduktion und -verarbeitung, Werkstoffanalytik sowie digitaler Methoden erfolgreich eingebracht haben:

- Arburg GmbH + Co KG (Arburg)
- Brückner Maschinenbau GmbH (Brückner Maschinenbau)
- Carbon Minds GmbH (Carbon Minds)
- Henkel AG & Co. KGaA (Henkel)
- Interzero Circular Solutions Germany GmbH (Interzero)
- Pöppelmann GmbH & Co. KG Kunststoff-Werkzeugbau (Pöppelmann)
- Reifenhäuser GmbH & Co. KG Maschinenfabrik (Reifenhäuser Maschinenfabrik)
- Reifenhäuser Blown Film GmbH (Reifenhäuser Blown Film)

Weiterhin wirkten assoziierte Partner am Projektgegenstand, insbesondere bei der Produktion des Demonstrators erfolgreich mit:

- Gascogne Flexible Germany GmbH (Gascogne)
- MHM Holding GmbH (Hubergroup)
- Kampf GmbH (Kampf)

Diese Zusammenarbeit ist beispielhaft für den Brückenschlag zwischen Grundlagenforschung und industrieller Praxis. Sie verdeutlicht, dass die Herausforderungen der Kreislaufwirtschaft durch gemeinsame Anstrengungen und den Austausch von Wissen und Ressourcen gestaltet und erfolgreich gemeistert werden können.

Ein solches Forschungsprojekt ist ohne die Unterstützung unserer Förderer nicht möglich gewesen. Wir danken dem Bundesministerium für Bildung und Forschung (BMBF), das dieses Vorhaben im Rahmen seines Programms zur Förderung von nachhaltigen Innovationsprojekten von Juli 2021 bis September 2024 unter dem Förderkennzeichen 02J20E540 unterstützt hat, sowie dem Projektträger Karlsruhe (PTKA), namentlich Frau Dr. Christine Ernst, für die stete Ansprechbarkeit und fachkundige Begleitung der Arbeiten. Die bereitgestellten Mittel haben es ermöglicht, diese interdisziplinäre Forschung auf den Weg zu bringen und wertvolle Erkenntnisse für die Zukunft der Kreislaufwirtschaft zu gewinnen.

Abschließend möchten wir allen beteiligten Partnern, Forscherinnen und Forschern sowie dem Konsortium für das Engagement, die gute Zusammenarbeit und den unermüdlichen Einsatz danken. Gemeinsam sind wir auf einem guten Weg, die Herausforderungen der Kreislaufwirtschaft für Kunststoffe erfolgreich anzugehen und zukunftsweisende Lösungen zu entwickeln.

Inhaltsverzeichnis

1 **Motivation und Zielsetzung** 1
  Elena Berg, Pia Fischer, Rainer Dahlmann
  und Christian Hopmann
  Literatur 5

2 **Ansatz zur nachhaltigen Gestaltung von Kunststoffverpackungen** 7
  Elena Berg, Pia Fischer, Rainer Dahlmann, Christian Hopmann,
  Gonsalves Grünert, Johannes Mayer, Philipp Niemietz
  und Thomas Bergs
  2.1 Transparenz über Einsatzmöglichkeiten von Rezyklaten
      in Kunststoffverpackungen 9
  2.2 Bewertung der ökologischen Nachhaltigkeit 12
  2.3 Kooperationsmodelle in digitalen
      Wertschöpfungsnetzwerken 13

3 **Mono-PE-Pouch mit Ausgießer als Demonstratorprodukt** 17
  Elena Berg, Pia Fischer, Rainer Dahlmann, Christian Hopmann,
  Hannelore Konnerth, Steffen Kuhnigk, Sabine Weber,
  Ralf Wiechmann, Fabian Nentwig und Benjamin Kampmann
  3.1 Aufbau und Zusammensetzung der Pouch 19
  3.2 Prozesskette zur Herstellung der Pouch 23
  Literatur 24

4	**Herstellung und Analyse kommerziell erhältlicher Rezyklate**	27
	Elena Berg, Pia Fischer, Rainer Dahlmann, Christian Hopmann, Anja Reveriego Wind, Hannelore Konnerth, Steffen Kuhnigk und Sabine Weber	
4.1	Aufbereitung von Rohstoffen aus haushaltsnahen Sammlungen	31
4.2	Vergleich marktgängiger Rezyklate unterschiedlicher Recycler	35
4.3	Einfluss saisonaler Inputschwankungen	41
	Literatur	44
5	**Einsatz von Rezyklat als Rohstoff in der Folienverarbeitung**	47
	Elena Berg, Rainer Dahlmann, Ralf Wiechmann, Fabian Nentwig, Hannelore Konnerth, Steffen Kuhnigk und Sabine Weber	
5.1	Voruntersuchungen zur Verarbeitbarkeit von Rezyklaten	48
5.1.1	Einfluss unterschiedlicher Rezyklate in der Blasfolienextrusion	49
5.1.2	Einfluss unterschiedlicher Rezyklate im Folienreckprozess	57
5.2	Verarbeitung ausgewählter Rezyklatqualitäten im industriellen Maßstab	62
5.2.1	Herstellen von Siegelfolien auf einer EVO Fusion Blasfolienanlage	62
5.2.2	Herstellen von BOPE-Folien auf einer Pilot-Folien-Reckanlage	66
5.3	Einfluss durch Kreuzkontaminationen von Polyolefinen	68
5.3.1	DSC-Analysen zur Abschätzung der Kontaminationsanteile (PE/PP)	68
5.3.2	Einfluss des Fremdpolymeranteils (PP/PE) auf die Folieneigenschaften	71
5.4	Einfluss der Materialzusammensetzung auf die Degradation	73
5.4.1	Einfluss auf die Stippenbildung	76
5.4.2	Einfluss auf die Zugeigenschaften	78
5.5	Herstellung des Demonstrator-Folienlaminats	82
5.5.1	Herstellung der Blasfolie	83
5.5.2	Herstellung der BOPE-Folie	87

| | | 5.5.3 | Bedrucken der BOPE-Folie und Kaschieren beider Folien | 90 |

| | Literatur | | | 93 |

6 Einsatz von Rezyklat als Rohstoff im Spritzgießprozess 97
Pia Fischer, Christian Hopmann, Benjamin Kampmann und Philipp Kloke
- 6.1 Verarbeitungsnahe Vorversuche zur Bestimmung der Material- und Fließeigenschaften und Materialauswahl 98
- 6.2 Einfluss der Materialzusammensetzung und -konditionierung auf die Prozessstabilität 99
  - 6.2.1 Einfluss der Restfeuchte und Ausgasungen 100
  - 6.2.2 Einfluss des Rezyklatanteils auf die Verarbeitbarkeit und Bauteileigenschaften 104
  - 6.2.3 Einfluss saisonaler Inputschwankungen 109
    - 6.2.3.1 Industrienahe Validierung der Chargenschwankungen 112
- 6.3 Lösungsansätze zur optimierten Verarbeitung von Rezyklaten 115
  - 6.3.1 Konstruktive Anpassungen zur Optimierung des Einzugs- und Plastifizierverhaltens 115
  - 6.3.2 Anpassungen der Prozessführung 122
  - 6.3.3 Einsatz von Assistenz- und Regelsystemen zur Verbesserung der Prozessstabilität 125
- 6.4 Spritzgießen der Demonstratorspouts 129
- Literatur 130

7 Herstellung und Bewertung der Mono-PE-Pouch 133
Bochen Shu
- 7.1 Zusammenführung der Komponenten auf einer Verpackungsanlage 134
  - 7.1.1 Folienschweiß- und Stretchversuche in einer Horizontal Maschine 134
  - 7.1.2 Herstellung der Pouches 136
- 7.2 Funktionalität der Pouch 138

8	Ökobilanzierung der Mono-PE-Pouch	149

Gonsalves Grünert, Philipp Niemietz, Thomas Bergs,
Aline Anuch Kalousdian und Francesco Scalogna

	8.1	Ziel und Untersuchungsrahmen	151
	8.2	Sachbilanzierung	157
	8.3	Modellierung des End of Life	158
	8.4	Ergebnisse der Ökobilanzierung	163
	8.5	Konzeptionierung eines Nachhaltigkeitslabels für Verpackungen	166
	8.6	Inhaltliche Anforderungen an ein Nachhaltigkeitslabel für Verpackungen	168
	8.7	Roadmap zur Etablierung eines Nachhaltigkeitslabel für Verpackungen	170
	Literatur		172

9	Kooperationsmodelle in Wertschöpfungsnetzwerken	175

Johannes Mayer, Philipp Niemietz und Thomas Bergs

	9.1	Betriebswirtschaftliche Betrachtung von Geschäftsmodellen und Incentivierungs-systemen	177
		9.1.1 Marktbezogene Grundlagen digitaler Anreizmodelle	177
		9.1.2 Methodik zur Bewertung von datengetriebenen Anwendungen	183
	9.2	Digitaler Produktpass und Plattform	186
		9.2.1 Technische Anforderungen an eine Datenaustauschplattform	187
		9.2.2 Prototyp einer Datenaustauschplattform	188
		9.2.3 Technische Aspekte des LCA-Service und die Wechselwirkung zur Plattform	192
		9.2.4 Ontologie	193
		9.2.5 Praxisbeispiel Produktpass	193
	Literatur		195

10	Zusammenfassung und Ausblick	197

Pia Fischer, Elena Berg, Christian Hopmann, Rainer Dahlmann,
Gonsalves Grünert, Johannes Mayer, Philipp Niemietz
und Thomas Bergs

Stichwortverzeichnis	203

Abkürzungsverzeichnis

ABA	3-Lagen Adapter
ADP	Abiotisches Erschöpfungspotential (engl. Automatic Data Processing)
AP	Arbeitspaket
API	Programmierschnittstellen (engl. Application Programming Interface)
AWARE	(engl. Available WAter Remaining)
AWS	Amazon Web Services
BMBF	Bundesministerium für Bildung und Forschung
BMC	Business Model Canvas
BO	Biaxial verstreckt (engl. biaxial oriented)
BOPE	Biaxial verstreckte PE
BOPP	Biaxial verstreckte PP
BP	PP-Proben Tabelle
CD	Querrichtung (engl. Cross Direction)
CEAP	Circular Economy Action Plan
CO_2	Kohlenstoffdioxid
COF	Reibungskoeffizient (engl. Coefficient of friction)
COP	Schnittpunkt (engl. Cross-Over-Point)
CTUh	vergleichende toxische Einheit für Menschen
DE	Deutsch
DPP	Digitaler Produktpass (engl. Digital Product Passport)
DSC	Dynamische Differenzkalorimetrie (engl. Differential Scanning Calorimetry)

DSD	Duales System Deutschland
EDX	Energiedispersiver Röntgenspektroskopie
EF	Fußabdruck (engl. Environmental Footprint)
EPCIS	Electronic Product Code Information Services
EPR	Extended Product Responsibility
ERP	Enterprise Resource Planning
ETIM	European Technical Information Model
EU	Europäische Union
EVA	Ethylen-Vinylacetat
EVOH	Ethylen-Vinylalkohol-Copolymer
EX	Experimental
FFS	Form-Fill-Seal
FMEA	Fehlermöglichkeits- und -Einflussanalyse (engl. Failure Mode and Effects Analysis)
FSC	Forest Stewardship Council
FTIR	Fourier-Transformations-IR-Spektroskopie
GWP	Global Warming Potential
HC	Hochkompression (engl. high compression)
HDPE	Hart-Polyethylen (engl. High Density Polyethylen)
HKR	Hochdruckkapillarrheometer
IEC	The International Electrotechnical Commission
IKV	Lehrstuhl und Institut für Kunststoffverarbeitung der RWTH Aachen
ILCD	International Reference Life Cycle Data System
IPCC	Intergovernmental Panel on Climate Change
IR	Infrarot
KIT	Karlsruher Institut für Technologie
LCA	Lebenszyklusanalysen
LVP	Leichtverpackungen
MAH	Maleinsäureanhydrid
MD	Machinenrichtung (engl. Machine Direction)
MES	Fertigungssteuerungssystem (engl. Manufacturing Execution System)
MFR	Melt Flow Rate
MIT	Manufacturing Technology Institute der RWTH Aachen
MPa	Megapascal
MQTT	Message Queuing Telemetry Transport
MR	Maschinenrichtung (engl. machine direction)
MSC	Marine Stewardship Council

NA	Nutzenaspekte
NBR	Nitril-Butadien-Kautschuk
NGO	Nichtregierungsorganisationen (engl. Non-Governmental Organisations)
OEE	Gesamtanlageneffektivität (engl. Overall Equipment Effectiveness)
OIT	Oxidationsinduktionszeit
OPC	Open Plattform Communications
PA	Polyamid
PCR	Post-Consumer-Recycled-Kunststoffe
PE	Polyethylen
PE-HD	Polyethylen hoher Dichte
PE-LD	Polyethylen niedriger Dichte (engl. Low Density Polyethylen)
PE-LLD	Lineares Polyethylen niedriger Dichte (engl. Linear Low Density Polyethylen)
PE-mLLD	Metallocene Lineares Polyethylen niedriger Dichte (engl. Metallocene Linear Low Density Polyethylen)
PESTEL	Political, Economic, Social, Technological, Environmental, and Legal factors
PET	Polyethylenterephthalat
PIR	Post-Industrial-Rezyklat ara>
PO	Polyolefins
PP	Polypropylene
PPWR	Packaging and Packaging Waste Regulation
PTKA	Projektträger Karlsruhe
PU	Polyurethane
PVC	Polyvinylchlorid
PVDC	Polyvinylidenchlorid
PWA	Progressive Web-App
REM	Rasterelektronenmikroskop
SO_2	Schwefeldioxid
SPS	speicherprogrammierbaren Steuerungen
SQL	Structured Query Language
T_{air}	Oxidationstemperatur
TD	Querrichtung (engl. Transverse Direction)
TGA	thermogravimetrische Analyse
TOPSIS	Technique for Order of Preference by Similarity to Ideal Solution

Motivation und Zielsetzung

1

Elena Berg, Pia Fischer, Rainer Dahlmann und Christian Hopmann

Zur Erreichung einer Klimaneutralität und damit der Erreichung des 1,5-Grad-Ziels bis zum Jahr 2050 hat sich die Europäische Union (EU) mit dem European Green Deal (2019) ehrgeizige Ziele gesetzt und umfassende Maßnahmen getroffen [1]. Gemäß dem „Plastikatlas" beansprucht die Kunststoffproduktion 10 % bis 13 % des maximal zulässigen CO_2-Budgets zur Einhaltung des 1,5-Grad-Ziels [2]. Da das mechanische Recycling von Kunststoffen deutlich weniger Energie – und damit CO_2-Emissionen – als die Produktion von Neu-Kunststoffen beansprucht, bedeutet eine effiziente Aufbereitung von Kunststoffabfällen einen großen Schritt in diese Richtung: Ein Übergang von einer Linearwirtschaft hin zu einer Kreislaufwirtschaft für Kunststoffe ist zum Erreichen einer Klimaneutralität daher von entscheidender Bedeutung.

Im Verpackungsbereich werden branchenübergreifend mit ca. 40 % die größten Kunststoffmengen verarbeitet [3]. Gegenüber langlebigen Produkten aus

E. Berg · P. Fischer · R. Dahlmann (✉) · C. Hopmann
Lehrstuhl und Institut für Kunststoffverarbeitung (IKV), Industrie und Handwerk an der RWTH Aachen, Aachen, Deutschland
E-Mail: rainer.dahlmann@ikv.rwth-aachen.de

E. Berg
E-Mail: elena.berg@ikv.rwth-aachen.de

P. Fischer
E-Mail: publications@ikv.rwth-aachen.de

C. Hopmann
E-Mail: christian.hopmann@ikv.rwth-aachen.de

© Der/die Autor(en) 2025
R. Dahlmann und C. Hopmann (Hrsg.), *Nachhaltige Kunststoffverpackungen aus Post Consumer-Rezyklaten,* SDG - Forschung, Konzepte, Lösungsansätze zur Nachhaltigkeit, https://doi.org/10.1007/978-3-658-48211-4_1

dem Bau- und Automobilsektor weisen Verpackungen (z. B. Folien, Becher oder Flaschen) eine überwiegend geringe Nutzungsdauer von wenigen Tagen oder Wochen auf. Das Abfallaufkommen ist demnach besonders hoch. Im Jahr 2022 machte in Europa der Anteil von Rezyklaten aus Post-Consumer-Waste (PCR) in Neu-Produkten lediglich 12,6 % (6,8 Mio. t) aus. Bei Verpackungen lag dieser Anteil sogar bei nur 9,7 % (ca. 2 Mio. t) [3]. Gründe für niedrige Verwertungsquoten sind fehlende Recyclingkapazitäten, eine geringe Rezyklierbarkeit der Verpackungen aufgrund unsachgemäßer Produktgestaltung, hohe bzw. schwankende Preise für recycelte Kunststoffe und eine allgemein komplexe Werkstoffzusammensetzung von Kunststoffprodukten sowie unzureichende Möglichkeiten zum Entfernen von Verunreinigungen [4]. Zugleich werden Investitionen nur sehr zurückhaltend getätigt, da den Recyclern keine validen Abnahmegarantien in Aussicht gestellt werden.

Der Circular Economy Action Plan (CEAP) ist ein zentraler Bestandteil des European Green Deals und soll den Übergang in eine Kreislaufwirtschaft fördern. Im Rahmen des CEAP kündigte die Europäische Kommission 2020 eine Überprüfung der Packaging and Packaging Waste Regulation (PPWR, 94/62/EC) an, die erstmals 1994 verabschiedet worden war. Ziel der PPWR ist es, Verpackungsabfälle zu reduzieren sowie deren Recycling und Wiederverwertung zu fördern. Die PPWR wurde zuletzt 2018 überarbeitet und erhöhte die Recyclingvorgaben, insbesondere für Kunststoffe [5]. Eine Überprüfung der PPWR im Jahr 2022 zeigte große Unterschiede bei den Recyclingquoten der Mitgliedsstaaten und eine nicht fristgerechte Einhaltung der angestrebten Ziele. Im November 2022 wurde daher ein Verordnungsentwurf vorgelegt, der eine einheitliche Umsetzung in allen Mitgliedsstaaten sicherstellen soll, d. h. anstelle einer Richtlinie (engl. Directive) wurde eine Verordnung (engl. Regulation) vorgeschlagen [6]. Die Überarbeitung der PPWR wird derzeit vom Europäischen Parlament und dem Rat finalisiert und wurde am 16.12.2024 verabschiedet. In Abb. 1.1 sind die wichtigsten Zahlen bzgl. der Recyclingziele und des geforderten Rezyklateinsatzes zusammengefasst.

Weiterhin sieht die PPWR vor, dass bis 2030 alle Verpackungen, die in der EU auf den Markt gebracht werden, nach einer Reihe festgelegter Kriterien vollständig rezyklierbar sein müssen. Diese von der EU festgelegten Standards bewerten die Einfachheit und Effizienz, mit der Verpackungswerkstoffen unter Verwendung der vorhandenen Infrastruktur gesammelt, sortiert und recycelt werden können. Die spezifischen Kriterien zur Bewertung der Recyclingfähigkeit werden in Zukunft durch die Europäische Kommission festgelegt und stützen sich voraussichtlich auf bestehende Standards wie beispielsweise RecyClass [7]. Bestehende Designrichtlinien bieten einen Einblick in die Kompatibilität verschiedener Werkstoffe und Elemente, wie Verschlüsse, Etiketten, Klebstoffe oder Druckfarben. Bei

Geforderte Rezyklatanteile	Bis 2030	Bis 2040
Berührungsempfindliche PET-Verpackungen	30 %	50 %
Berührungsempfindliche Verpackungen (andere Kunststoffe)	10 %	25 %
Einweg-Getränkeflaschen aus Kunststoff	30 %	65 %
Alle anderen Kunststoffverpackungen	35 %	65 %

Abb. 1.1 Geforderter Mindestanteil an recyceltem Werkstoff in Verpackungen [6]

den Leitlinien handelt es sich um dynamische Dokumente, da sie auf der Grundlage neuer Laborergebnisse, einschließlich neuer technologischer Zulassungen, ständig aktualisiert werden.

Allein eine zukünftige Erhöhung der Recyclingfähigkeit von Produkten in bestehenden Wertschöpfungsketten bedeutet jedoch nicht notwendigerweise eine bestmögliche Reduktion von Treibhausgasemissionen und den reibungsfreien Einsatz von Rezyklaten in werkstoffgleichen Sekundärprodukten. Mit der Festlegung des Produktdesigns, der Prozesse zur Herstellung und Weiterverarbeitung der Erzeugnisse sowie deren Verwertung werden die Energie- und Stoffbedarfe einer Produktion unter Berücksichtigung aller erforderlichen Transportwege vorbestimmt. Zur Abschätzung der Umweltwirkungen muss die Vielzahl der Energie- und Stoffströme der einzelnen Prozessschritte eines Produktsystems zu einer Gesamtbilanz zusammengefasst werden. Dies erfolgt in sog. Ökobilanzen (engl. Life Cycle Assessment, LCA) [8]. Die Emissionen aus Treibhausgasen werden in Ökobilanzen durch CO_2-Äquivalente als Indikator des Einflusses auf die globale Erwärmung beschrieben. Aus verfahrenstechnischer Sicht müssen darüber hinaus die Verarbeitungsprozesse befähigt werden, trotz teils inhomogener Werkstoffeigenschaften des Kunststoffrezyklats gegenüber Neuware die Effizienz und Qualität der Produktion aufrechtzuerhalten. Weiterhin sind Rezyklate neben Verunreinigungen und toxikologischen Einflüssen einer Vielzahl an Belastungen durch die wiederholte Verarbeitung und Verwendung ausgesetzt, die zu einem Abbau von Werkstoffeigenschaften führen können. Ein ökologisch und ökonomisch erfolgreicher Einsatz von PCR-Werkstoffen stellt in diesem Zusammenhang Anforderungen an die Produktgestaltung, Produktionsplanung und Prozessentwicklung. In Abb. 1.2 ist der Produktzyklus eines beispielhaften Verpackungsproduktes inkl. möglicher Einflussgrößen dargestellt.

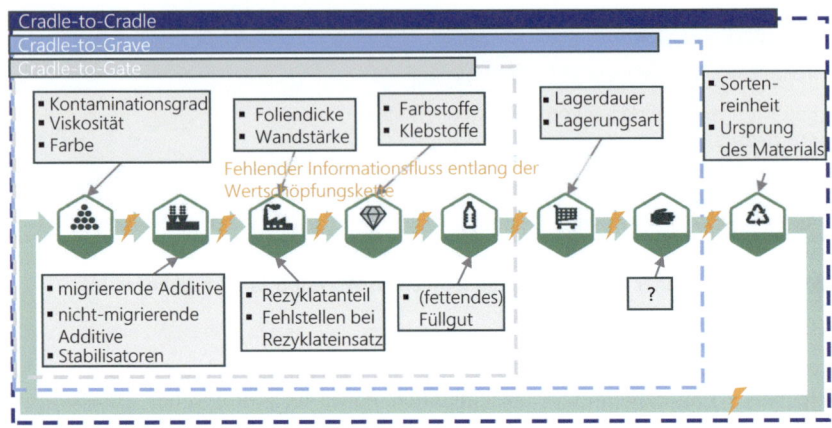

Abb. 1.2 Wertschöpfungskette eines Verpackungsproduktes und deren Einflussfaktoren

Das Beispiel zeigt lediglich im Ansatz die Vielzahl an Einflussfaktoren auf die Prozessschritte und Auswirkungen des Rezyklateinsatzes auf die Produktqualität. Die effizienz- und qualitätsbeeinflussenden Faktoren betreffen jeden Prozessschritt, ausgehend von der Werkstoffaufbereitung über die Herstellung von Kunststoffprodukten, den Lebenszyklus im Feld bis hin zur wertstofflichen Trennung und Verwertung. Infolge der vielen Wechselwirkungen zwischen den einzelnen Prozessschritten entlang der Kunststoff-Wertschöpfungskette, an der Unternehmen unterschiedlicher Struktur, Kompetenz und Größe teilnehmen, ist eine ganzheitliche Bewertung der ökologischen Nachhaltigkeit ohne ein Kooperationsnetzwerk nicht möglich, in welchem Daten, Informationen und Wissen geteilt werden. Nur über einen gegenseitigen Austausch von Informationen können Einflüsse von Änderungen im Werkstoff, Produktdesign und der Prozessauslegung auf die ökologische Bewertung der gesamten Kunststoff-Wertschöpfungskette quantifiziert werden. Dies setzt allerdings eine digitale Verfügbarkeit aller notwendigen Informationen voraus, welche zurzeit nicht für alle Prozessschritte gegeben ist.

Da die Herausforderungen für ökologische Kunststoffverpackungen verschiedene Branchen und Aspekte entlang der Wertschöpfungskette umfassen, ist ein interdisziplinärer Ansatz erforderlich. Ziel des Leuchtturmprojekts „PlasticBOND" ist daher die ökologische Optimierung von Kunststoffverpackungen mithilfe digitaler Technologien. Dazu wird ein allgemeines Beschreibungsmodell zur Bewertung von Kunststoffverpackungen anhand eines Standbodenbeutels als

Demonstratorprodukt erstellt. Parallel dazu werden die Auswirkungen des Einsatzes von Rezyklaten mit unterschiedlichen Werkstoffqualitäten und variierenden Rezyklatgehalten auf die Verarbeitungsprozesse und deren Einfluss auf eine optimale Prozessführung untersucht. Die Untersuchungen sollen Aufschluss darüber geben, wo die Grenzen der Rezyklatverarbeitung liegen und welche Rezyklatqualitäten je nach Verarbeitungsprozess eingesetzt werden können. Aufgrund zahlreicher möglicher Einflussfaktoren auf die Werkstoffeigenschaften eines Rezyklats und aufgrund der großen Menge an technischen Daten (z. B. Energie- und Werkstoffbedarf), die für die Erstellung einer Ökobilanz benötigt werden, ist ein Kooperationsnetzwerk für den zuverlässigen Austausch relevanter Informationen notwendig. Daher werden Kooperationsmodelle evaluiert, um digitale Informationen entlang der Wertschöpfungskette verfügbar zu machen. In diesem Zusammenhang wird eine Datenplattform entwickelt, um den allgemeinen Informationsaustausch zu erhöhen, Stoffströme zu verfolgen und Nachhaltigkeitsdaten zu Rohstoffen und Produkten zu speichern.

Literatur

1. N.N., European Green Deal – Striving to be the first climate-neutral continent. [Online]. Verfügbar unter: https://commission.europa.eu/strategy-and-policy/priorities-2019-2024/european-green-deal_en (Zugriff am: 15. Oktober 2024).
2. N.N., „Plastikatlas – Daten und Fakten über eine Welt voller Kunststoff", Heinrich-Böll-Stiftung, Berlin, 2019.
3. N.N., "The Circular Economy for Plastics – A European Analysis", Plastics Europe, Belgien, Brüssel, 2024.
4. N.N., "The Circular Economy for Plastics – A European Overview", Plastics Europe, Belgien, Brüssel, 2022.
5. G. Ragonnaud, "Revision of the Packaging and Packaging Waste Directive", EU Legislation in Progress Briefing, 2024.
6. N.N., "Proposal for a REGULATION OF THE EUROPEAN PARLIAMENT AND OF THE COUNCIL on packaging and packaging waste, amending Regulation (EU) 2019/1020 and Directive (EU) 2019/904, and repealing Directive 94/62/EC – Letter to the Chair of the European Parliament Committee on the Environment, Public Health and Food Safety (ENVI)", Council of the European Union, 2024.
7. N.N., Design for Recycling Guidelines. [Online]. Verfügbar unter: https://recyclass.eu/recyclability/design-for-recycling-guidelines/ (Zugriff am: 30. Dezember 2023).
8. „DIN EN ISO 14040: Umweltmanagement – Ökobilanz – Grundsätze und Rahmenbedingungen", Beuth Verlag, 2009.

Open Access Dieses Kapitel wird unter der Creative Commons Namensnennung - Nicht kommerziell 4.0 International Lizenz (http://creativecommons.org/licenses/by-nc/4.0/deed.de) veröffentlicht, welche die nicht-kommerzielle Nutzung, Vervielfältigung, Bearbeitung, Verbreitung und Wiedergabe in jeglichem Medium und Format erlaubt, sofern Sie den/die ursprünglichen Autor(en) und die Quelle ordnungsgemäß nennen, einen Link zur Creative Commons Lizenz beifügen und angeben, ob Änderungen vorgenommen wurden.

Die in diesem Kapitel enthaltenen Bilder und sonstiges Drittmaterial unterliegen ebenfalls der genannten Creative Commons Lizenz, sofern sich aus der Abbildungslegende nichts anderes ergibt. Sofern das betreffende Material nicht unter der genannten Creative Commons Lizenz steht und die betreffende Handlung nicht nach gesetzlichen Vorschriften erlaubt ist, ist auch für die oben aufgeführten nicht-kommerziellen Weiterverwendungen des Materials die Einwilligung des jeweiligen Rechteinhabers einzuholen.

Ansatz zur nachhaltigen Gestaltung von Kunststoffverpackungen

2

Elena Berg, Pia Fischer, Rainer Dahlmann, Christian Hopmann, Gonsalves Grünert, Johannes Mayer, Philipp Niemietz und Thomas Bergs

Inhaltsverzeichnis

2.1 Transparenz über Einsatzmöglichkeiten von Rezyklaten in Kunststoffverpackungen 9
2.2 Bewertung der ökologischen Nachhaltigkeit 12
2.3 Kooperationsmodelle in digitalen Wertschöpfungsnetzwerken 13

Basierend auf dem Stand der Wissenschaft und Technik existieren bislang keine zuverlässigen Methoden zur einheitlichen Bewertung, Charakterisierung und Herstellung von Kunststoffverpackungsprodukten mit und ohne Rezyklatanteil. Die Ursache liegt insbesondere in der hohen Anzahl an Einflussfaktoren entlang der gesamten Wertschöpfungskette und an fehlenden Bewertungsstandards. Gesetzliche Hürden und Unschärfen sowie fehlende Informationen von vorgeschalteten Akteuren in der Prozesskette erschweren die energie-· und ressourceneffiziente Entwicklung sowie Herstellung von Verpackungen aus Rezyklat. Für die

---

G. Grünert · J. Mayer · P. Niemietz · T. Bergs
Manufacturing Technology Institute, RWTH Aachen (MTI), Aachen, Deutschland
E-Mail: g.gruenert@mti.rwth-aachen.de

J. Mayer
E-Mail: j.mayer@mti.rwth-aachen.de

P. Niemietz
E-Mail: p.niemietz@mti.rwth-aachen.de

T. Bergs
E-Mail: t.bergs@mti.rwth-aachen.de

© Der/die Autor(en) 2025
R. Dahlmann und C. Hopmann (Hrsg.), *Nachhaltige Kunststoffverpackungen aus Post Consumer-Rezyklaten*, SDG - Forschung, Konzepte, Lösungsansätze zur Nachhaltigkeit, https://doi.org/10.1007/978-3-658-48211-4_2

Abb. 2.1 Aufbau des Projektes PlasticBOND

Entwicklung von Kunststoffprodukten und -prozessen für einen nachhaltigen Wertschöpfungskreislauf und damit für eine erfolgreiche Umsetzung des European Green Deals soll das Wissen über Werkstoff- und Prozessgrundlagen sowie Möglichkeiten der Digitalisierung zusammengeführt werden. Dazu wurde im Rahmen des Projektes ein interdisziplinärer Ansatz entwickelt, der das Hauptziel, nämlich die ökologische Optimierung von Kunststoffverpackungen mit digitalen Methoden, in drei Schwerpunkte untergliedert.

Abb. 2.1 stellt den Projektaufbau schematisch dar. Nur wenn die im Folgenden weiter erläuterten Forschungsstränge miteinander verwoben werden, können politische und wirtschaftliche Entscheidungen auf einer wissenschaftlich fundierten Basis getroffen werden.

E. Berg · P. Fischer · R. Dahlmann (✉) · C. Hopmann
Lehrstuhl und Institut für Kunststoffverarbeitung (IKV), Industrie und Handwerk an der RWTH Aachen, Aachen, Deutschland
E-Mail: rainer.dahlmann@ikv.rwth-aachen.de

E. Berg
E-Mail: elena.berg@ikv.rwth-aachen.de

P. Fischer
E-Mail: publications@ikv.rwth-aachen.de

C. Hopmann
E-Mail: christian.hopmann@ikv.rwth-aachen.de

2.1 Transparenz über Einsatzmöglichkeiten von Rezyklaten in Kunststoffverpackungen

Elena Berg, Pia Fischer, Rainer Dahlmann und Christian Hopmann

Der erste Forschungsstrang befasst sich mit den Möglichkeiten und Grenzen des Einsatzes von rezyklierten Polyolefinen in Verpackungen mit dem Ziel, die möglichen Rezyklateinsatzquoten im Verpackungssektor zu erhöhen. Die Zusammensetzung des Rezyklates inkl. möglicher Verunreinigungen in Kombination mit Abbaureaktionen beeinflusst die Werkstoffqualität erheblich. Um die komplexe Zusammensetzung von Rezyklaten zu verdeutlichen, zeigt Abb. 2.2 ein Beispiel für eine Blasfolie aus Rezyklat mit ihren möglichen Bestandteilen.

Veränderungen der Werkstoffeigenschaften können u. a. zu einer Verringerung der mechanischen Eigenschaften (z. B. E-Modul, maximale Dehnung) oder zu optischen Beeinträchtigungen führen. Der Einfluss von Verunreinigungen in Kombination mit dem Abbau von Kunststoffen ist noch nicht ausreichend erforscht und Untersuchungen mit Neuware lassen sich nicht direkt auf Rezyklate übertragen. Aufgrund dessen werden sowohl handelsübliche Rezyklate als auch gezielt kontaminierte Neuware auf mögliche Verunreinigungen, den Werkstoffabbau und die für das Verarbeitungsverfahren wichtigen Eigenschaften wie Viskosität oder Homogenität untersucht. Ziel ist es, den Einfluss bestimmter Werkstoffzusammensetzungen und Verunreinigungen auf die Verarbeitungs- und Gebrauchseigenschaften sowie den Werkstoffabbau inkl. möglicher Wechselwirkungen zu bestimmen. Die Charakterisierung von flüchtigen Bestandteilen (mit Ausnahme von Wasser bzw. Restfeuchte) wird dabei aufgrund einer Vielzahl an Einflussfaktoren zunächst nicht betrachtet bzw. der Fokus wird auf nichtflüchtige

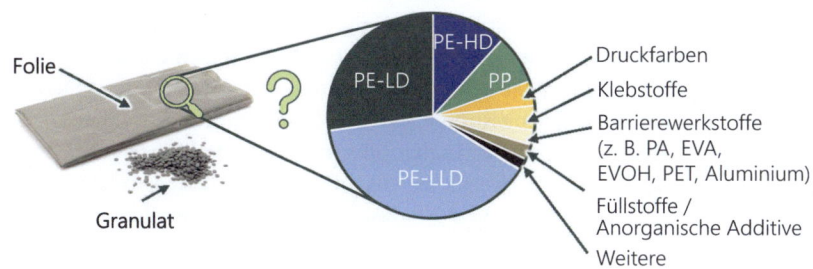

Abb. 2.2 Zu erwartende Komponenten eines Folien-Rezyklats

Verunreinigungen gelegt. Die gewonnenen Ergebnisse dienen als Grundlage für die Erforschung des Eigenschaftsspektrums und des Degradationszustandes von rezyklierten Polyolefinblends und werden zur Optimierung der Verarbeitungsbedingungen von Polyolefinen genutzt. Langfristig soll dies die Erstellung einer Werkstoff- und Prozessspezifikation für die verschiedenen Verarbeitungsverfahren ermöglichen, die Bauteil- und Prozessstabilität sicherstellen.

Allerdings führen Defizite in der Standardisierung von Rezyklaten nach Einschätzung der Forscher derzeit dazu, dass die Hersteller von Kunststoffverpackungen bevorzugt individuell und bilateral vereinbarte Qualitätsparameter und Lieferbedingungen verwenden. Vor dem Hintergrund der Vielfalt solcher Insellösungen stellen sich zwei Fragen:

- Erstens, inwieweit können branchenspezifische, übergeordnete Regelungen einer zunehmenden Vielfalt von Werkstoff und Verfahren überhaupt gerecht werden?
- Zweitens, nach welchen Maßstäben müssen sie angewendet werden?

Primäres Ziel ist es, durch Standardisierung Vergleichbarkeit zu schaffen, um z. B. ein stoffliches Qualifikationsniveau zu gewährleisten. Dies gibt den Verarbeitern eine ausreichende Sicherheit über die für den Verarbeitungsprozess und die Produktsicherheit relevanten Werkstoffeigenschaften. Für die Forscher ist eine angewandte Kunststoffanalytik und -prüfung ein zentraler Bestandteil zur Beantwortung dieser Fragen. Gleichzeitig ist es wichtig, die Möglichkeiten und Grenzen von Rezyklaten in Bezug auf verschiedene Anwendungen wie gegossene und biaxial-orientierte Verpackungsfolien, Spritzgießkomponenten oder Blasfolien zu ermitteln, um die Akzeptanz und den Einsatz von Rezyklaten zu erhöhen.

In einem ersten Schritt wurde daher beschlossen, handelsübliche Rezyklate auszuwählen (einschließlich der Berücksichtigung mehrerer Chargen über einen längeren Zeitraum), um zu bewerten, inwieweit sich die verschiedenen Werkstoffen unterscheiden und für die jeweilige Verarbeitung geeignet sind. Informationen über die Herkunft der Eingangsströme, die als Grundlage für Rezyklate dienen, sind nicht immer ohne weiteres verfügbar oder werden nicht immer gekennzeichnet. Das macht es schwierig, Rezyklate und ihre Eigenschaften miteinander zu vergleichen und Verarbeitungs- und Analyseergebnisse zu reproduzieren und zu korrelieren.

Um eine möglichst konstante Ausgangsbasis für weitere Arbeiten zu schaffen und die Analyseverfahren für komplexe Werkstoffzusammensetzungen (im Vergleich zu Post-Industrial-Rezyklaten) zu validieren, werden Rezyklate aus

Haushaltsabfällen betrachtet. In Deutschland entspricht dies Abfällen aus dem gelben Sack bzw. der gelben Tonne. Solche Rezyklate basieren auf definierten Sortierfraktionen und damit ähnlichen Eingangsqualitäten. Weiterhin ist die Reinheit solcher Rezyklate vergleichsweise am geringsten, sodass die Aufbereitung mitunter die größten Herausforderungen darstellt.

Sowohl für Rezyklate als auch Neuware werden an Granulat und an hergestellten Probekörpern umfangreiche Werkstoffanalysen und -prüfungen durchgeführt. Die Prüfmethoden zur Charakterisierung von Rezyklaten unterscheiden sich bisher im Allgemeinen nicht von denen für Neuware. Für die Verarbeitungsverfahren Spritzgießen, Extrusion biaxial-verstreckter Folien und Extrusion von Blasfolien wird eine verfahrensorientierte Kategorisierung vorgenommen, da diese Verfahren die Kompetenzen des Konsortiums widerspiegeln. Die Anforderungen basieren auf Datenblättern für Neu- und Rezyklate sowie auf empirischen Erkenntnissen.

Für die Beantwortung des Projektziels werden die folgenden Einflüsse und Forschungsfragen als entscheidend identifiziert (Vgl. Abb. 3.2):

1. Aus welchen Bestandteilen bzw. Verunreinigungen setzt sich ein handelsübliches Polyethylen-Rezyklat zusammen (z. B. Fremdpolymere, (an)organische Füllstoffe??
2. Welchen Einfluss haben Chargenschwankungen auf den Prozess und die Produkteigenschaften?
3. Wie verhält sich die chemische und thermische Alterung unterschiedlicher Rezyklate in Abhängigkeit der Werkstoffzusammensetzung?
4. Welchen Einfluss zeigt der Rezyklateinsatz auf das Fließverhalten?
5. Inwieweit unterscheiden sich die mechanischen Eigenschaften in Abhängigkeit der Prozessparameter und der Werkstoffzusammensetzung?
6. Welchen Einfluss zeigen Feuchte und Verunreinigungen durch hohe flüchtige Anteile?

In diesem Zusammenhang ist es notwendig, Rezyklate unterschiedlicher Qualitätsstufen verschiedener Recycler zu betrachten. Um den Einfluss von Verunreinigungen des Werkstoffs auf den Werkstoffabbau und die Verarbeitungseigenschaften zu untersuchen, müssen die Zusammensetzungen der Rezyklate sowie die Anzahl der Recyclingschritte nachgebildet werden.

Zur Einordnung der Werkstoff- und Produkteigenschaften sind ein Anwendungsbezug und eine definierte Geometrie hilfreich. Die Rezeptur eines Rezyklats wird vom Recycler teilweise individuell an die Anforderungen des Produktes des Rezyklatkäufers angepasst und ist somit eine Maßanfertigung. Aus den oben genannten Gründen sollten sich alle Arbeiten auf einen Demonstrator beziehen.

In diesem Zusammenhang ist es wichtig, den maximal möglichen Rezyklatanteil zu ermitteln, der in den einzelnen Produktkomponenten unter Einhaltung der Produktanforderungen eingesetzt werden kann.

Mit den gesammelten Erkenntnissen über die Zusammensetzung und das Abbauverhalten von Rezyklaten, sowie deren Einfluss auf das Verarbeitungsverhalten, sollen Handlungsempfehlungen zur Werkstoffanalyse, potenziellen Anwendungsfeldern aber auch Grenzen des Rezyklateinsatzes abgeleitet werden.

2.2 Bewertung der ökologischen Nachhaltigkeit

Gonsalves Grünert, Philipp Niemietz und Thomas Bergs

Der zweite Forschungsstrang konzentriert sich auf die Bewertung der ökologischen Nachhaltigkeit der Verpackungen. Neben der Identifizierung und Charakterisierung aller relevanten Stoff- und Energieströme wird zunächst ein allgemeines Beschreibungsmodell für die Bewertung von Kunststoffverpackungen entwickelt. Der Fokus der Bewertung liegt dabei auf der Vergleichbarkeit zwischen möglichen Alternativen, wie z. B. dem Vergleich der Nachhaltigkeit zwischen Entsorgung und Kreislaufführung von Verpackungen. Die erarbeiteten Modelle und Methoden werden dann anhand des Demonstrationsprodukts validiert. Mit Blick auf die Zukunft wird ein grafisches und technisches Konzept für ein ökologisches Nachhaltigkeitslabel für Kunststoffverpackungen entworfen, welches Verbraucher und Verbraucherinnen beim Vergleich von Verpackung, ähnlich wie der Nutri-Score bei Lebensmitteln, ermöglichen soll. Der entsprechende Fahrplan zur Etablierung des Labels in der Praxis schließt den ersten Handlungsstrang ab.

Eine Erhöhung der Recyclingquote bedeutet nicht zwangsläufig eine Steigerung der Ressourceneffizienz. Mit der Festlegung des Produktdesigns, der Prozesse zur Herstellung und Weiterverarbeitung der Kunststoffprodukte sowie der Entsorgung oder Recycling ist der Energie- und Werkstoffbedarf einer Verpackung bestimmt. Um die Umweltauswirkungen abzuschätzen, muss eine Vielzahl von Energie- und Stoffströme erfasst werden. Als Methode zur Bewertung der Nachhaltigkeit eignet sich die Ökobilanzierung (engl. Life Cycle Assessment, LCA) (ISO 14040). Mithilfe der LCA können neben Treibhausgasemissionen auch andere Umweltauswirkungen berechnet werden, wie bspw. die Eutrophierung und Humantoxizität und mehr.

Ziel des Arbeitsbereiches Bewertung der ökologischen Nachhaltigkeit ist die Entwicklung eines Modells zur Bewertung von Kunststoffprodukten, welches es ermöglicht, Kunststoffprodukten aus Primärdaten der Prozessbeteiligten entlang der gesamten Wertschöpfungskette zu quantifizieren, um eine hohe Genauigkeit und Transparenz der Bewertung zu erlangen.

2.3 Kooperationsmodelle in digitalen Wertschöpfungsnetzwerken

Johannes Mayer, Philipp Niemietz und Thomas Bergs

Der dritte Forschungsbereich konzentriert sich auf die mit dem Informations- und Datenfluss zusammenhängenden Aspekte der Ökobilanz und die Entwicklung einer Plattform für die gemeinsame Nutzung von Daten unter Wahrung der Aspekte Sicherheit, Souveränität und Integrität. Im Fokus steht dabei die gesamte Wertschöpfungskette von der Sortierung über die Aufbereitung bis zur Verarbeitung von Kunststoffrezyklaten. Die erste Aufgabe besteht in der systematischen Erfassung aller relevanten Datenflüsse entlang dieser Kette, wobei besonders die spezifischen Anforderungen der Kunststoffverarbeitung berücksichtigt werden müssen. Hierzu zählen die Art der Datenerfassung, deren Speicherort und Format. Dies ist wichtig für die Definition von Schnittstellen.

Es ist das Ziel des dritten Forschungsstrangs einen sicheren Datenaustausch zwischen den Akteuren der kunststoffverarbeitenden Industrie (Sortierbetriebe, Aufbereiter, Recyclingunternehmen, Compoundeure, Spritzgießer, Extrudeure, Folienhersteller, Endprodukthersteller, Maschinenhersteller) zu gewährleisten. Es wird eine Plattform entwickelt, deren primäre Aufgabe es ist, eine datengetriebene Ökobilanzierung sowie eine informationsbasierte Kooperation zwischen den Akteuren zu ermöglichen. Jeder Akteur lädt die für die Ökobilanz erforderlichen Stoff- und Energieflussdaten in die Plattform hoch, wobei die Datenhoheit gewahrt bleiben soll. Ein mathematisches Modell nutzt die ermittelten LCA-Daten und berechnet den ökologischen Fußabdruck jedes Prozessschrittes bzw. der gesamten Wertschöpfungskette, der von den Akteuren der Plattform auf Anfrage eingesehen werden kann. Innerhalb des Forschungsprojekts wurde beschlossen, die *gemeinsame Nutzung von Primärdatenströmen* auf der Plattform zu ermöglichen, sofern diese verfügbar sind. Die alternativen Optionen, wie *aggregierte Kennzahlenmodelle* oder *kennzahlenbasierte, theoretische Werte aus der Literatur oder historischen Datenbanken,* erlauben zwar scheinbar einen besseren Schutz von Betriebsgeheimnissen, reduzieren aber nicht nur die Genauigkeit der Ergebnisse, sondern auch die Flexibilität und Transparenz hinsichtlich der sich entwickelnden Berechnungslogiken. Erschwerend kommt hinzu, dass rein prozentuale Angaben zum Energieverbrauch nicht ausreichen, um eine spezifische Ökobilanz durchzuführen. Darüber hinaus ist der Aufwand für eine geeignete Datenaggregation sehr hoch und wird durch den Auditierungsprozess einer dritten, neutralen Instanz für maximale Transparenz zusätzlich erhöht.

Bei der Plattformentwicklung wurden neben der datengetriebenen Ökobilanzierung die Grundlagen gelegt, um die Plattform bspw. als Marktplatz für Rezyklate, Produkt-/Werkstoffpässe und digitale Zwillinge zu nutzen. Durch die Informationsbasis über das Kunststoffprodukt und seine CO_2 Bilanz in Kombination mit der Mengenverfügbarkeit beim jeweiligen Lieferanten wird es für Unternehmen möglich ökologisch und ökonomisch zu handeln. Die Transparenz über potenziell verfügbares und geeignetes PCR-Werkstoff unter Berücksichtigung von Werkstoffschwankungen (z. B. durch unterschiedliche Chargen) verhilft dazu, die Effizienz der nachfolgenden Prozessschritte im Sinne der Ökobilanz zu erhöhen. Darüber hinaus können z. B. die Auswirkungen des Einsatzes unterschiedlicher PCR-Anteile oder von PCR im Vergleich zu Neuware bewertet werden.

Die Plattform und ihre zu entwickelnden Schnittstellen orientieren sich an den aktuellen und relevanten Infrastrukturen, Projekten (z. B. GAIA-X) und Standards (z. B. GAIA-X, R-Cycle). Diese beinhalten insbesondere die folgenden Kernaspekte:

1. Datenhoheit, Integrität und Sicherheit müssen für die Netzwerkteilnehmer gewährleistet sein, damit Daten transparent erhoben und vertrauenswürdig gespeichert werden, wobei die Datenhoheit immer beim Eigentümer verbleibt und das Eigentum nicht an zentrale Stellen oder Dritte übertragen wird (Data Governance)
2. Homogenisierung der Datenformate und -inhalte einschließlich der Definition flexibler Schnittstellen, sodass viele physische Güter und bestehende Systeme ohne großen zusätzlichen Aufwand in die Datenaufnahme integriert werden können
3. Die Teilnehmer des Kollaborationsnetzwerks der Plattform müssen Anreize erhalten, authentische Daten innerhalb des Netzwerks bereitzustellen und angemessen an den aus den Daten gewonnenen Optimierungspotenzialen beteiligt werden. Daher wurden in diesem Forschungsstrang auch neue Geschäftsmodelle und Incentivierungsmöglichkeiten zur Partizipation an einem Datenhandel untersucht.

2 Ansatz zur nachhaltigen Gestaltung von Kunststoffverpackungen

Außerdem werden die individuellen Anforderungen der Akteure an die Plattform abgebildet, um den Marktplatz skalierbar zu gestalten. Um die Gesamtheit der Anforderungen der potenziellen Kunden an einen Datenmarktplatz zu beschreiben, eignet sich besonders die Verwendung eines Pflichtenheftes. Auf Basis dieser Vorgaben erstellt der Plattformentwickler ein Pflichtenheft, in dem alle (sicherheits-)technischen und infrastrukturellen Merkmale für eine optimale Erfüllung der Kundenanforderungen aufbereitet werden. Ohne einen Abgleich der Anforderungen mit den Lösungsansätzen fehlt die notwendige Akzeptanz und das (intuitive) Verständnis der Kunden, der Plattform beizutreten und ihre Daten zu teilen.

Open Access Dieses Kapitel wird unter der Creative Commons Namensnennung - Nicht kommerziell 4.0 International Lizenz (http://creativecommons.org/licenses/by-nc/4.0/deed.de) veröffentlicht, welche die nicht-kommerzielle Nutzung, Vervielfältigung, Bearbeitung, Verbreitung und Wiedergabe in jeglichem Medium und Format erlaubt, sofern Sie den/die ursprünglichen Autor(en) und die Quelle ordnungsgemäß nennen, einen Link zur Creative Commons Lizenz beifügen und angeben, ob Änderungen vorgenommen wurden.

Die in diesem Kapitel enthaltenen Bilder und sonstiges Drittmaterial unterliegen ebenfalls der genannten Creative Commons Lizenz, sofern sich aus der Abbildungslegende nichts anderes ergibt. Sofern das betreffende Material nicht unter der genannten Creative Commons Lizenz steht und die betreffende Handlung nicht nach gesetzlichen Vorschriften erlaubt ist, ist auch für die oben aufgeführten nicht-kommerziellen Weiterverwendungen des Materials die Einwilligung des jeweiligen Rechteinhabers einzuholen.

Mono-PE-Pouch mit Ausgießer als Demonstratorprodukt

3

Elena Berg, Pia Fischer, Rainer Dahlmann,
Christian Hopmann, Hannelore Konnerth, Steffen Kuhnigk,
Sabine Weber, Ralf Wiechmann, Fabian Nentwig
und Benjamin Kampmann

Inhaltsverzeichnis

3.1 Aufbau und Zusammensetzung der Pouch 19
3.2 Prozesskette zur Herstellung der Pouch 23
Literatur 24

In den vergangenen Jahrzehnten hat der Verbrauch an Kunststoffverpackungen, bis auf wenige Ausnahmen aufgrund konjunktureller Einflüsse, stetig zugenommen. Dies ist unter anderem auf einen steigenden Verbrauch an kleineren Verpackungseinheiten, Kunststoffflaschen und Kunststoffverschlüssen zurückzuführen. Im Jahr 2019 wurde dieser Trend erstmals gebrochen und ist seitdem konstant

---

E. Berg · P. Fischer · R. Dahlmann (✉) · C. Hopmann
Lehrstuhl und Institut für Kunststoffverarbeitung (IKV), Industrie und Handwerk an der RWTH Aachen, Aachen, Deutschland
E-Mail: rainer.dahlmann@ikv.rwth-aachen.de

E. Berg
E-Mail: elena.berg@ikv.rwth-aachen.de

P. Fischer
E-Mail: publications@ikv.rwth-aachen.de

C. Hopmann
E-Mail: christian.hopmann@ikv.rwth-aachen.de

H. Konnerth · S. Kuhnigk · S. Weber
Brückner Maschinenbau GmbH, Siegsdorf, Deutschland
E-Mail: hannelore.konnerth@brueckner.com

© Der/die Autor(en) 2025
R. Dahlmann und C. Hopmann (Hrsg.), *Nachhaltige Kunststoffverpackungen aus Post Consumer-Rezyklaten*, SDG - Forschung, Konzepte, Lösungsansätze zur Nachhaltigkeit, https://doi.org/10.1007/978-3-658-48211-4_3

bzw. leicht rückläufig [1, 2]. Als Gründe hierfür sind eine Substitution von Kunststoffverpackungen durch Papierverbunde, Aluminium oder Glas, dem Entfall von Verpackungsbestandteilen (z. B. Sichtfenster) sowie abnehmende Einsatzgewichte bei formstabilen Verpackungen zu nennen [1]. Unabhängig vom eingesetzten Werkstoff als Packstoffmittel gilt als übergeordnete Maßnahme nach der Abfallhierarchie, Verpackungswerkstoff und damit mögliche Umweltauswirkungen zu reduzieren [3]. Insbesondere aktuelle Entwicklungen in der Kunststoffbranche zwingen daher Verpackungshersteller, eine nachhaltige Strategie für die Zukunft zu etablieren. Die Wettbewerbsfähigkeit bildet dabei die Grundlage für die Nachfrage nach qualitativ hochwertigen, vergleichsweise preiswerten und funktionalen Verpackungen. In diesem Zusammenhang wird für die Kunststoffbranche auf lange Sicht eine zunehmende Substitution starre Kunststoffverpackungen durch leichtere Folienverpackungen (z. B. durch Nachfüllpackungen, Standbeutel, Schlauchbeutel, etc.) erwartet [1]. Da mit flexiblen Verpackungen oftmals die gleichen Schutzvorteile wie bei alternativen Verpackungsformaten (z. B. Kunststoff formstabil, Konserven, Glas) eingestellt werden können, ergeben sich bei geringerem Werkstoffeinsatz Kosten- und Energieeffizienzvorteile (z. B. geringere CO_2-Äquivalente) [4]. Beispiele für einen steigenden Trend für flexible Verpackungen sind Standbodenbeutel im Convenience-Bereich oder vorportionierte Einzelverpackungen für Medikamente (z. B. Einweg-Sachets) [5]. Mit Blick in die Zukunft ist es daher wahrscheinlich, dass die Beutelverpackung ihre Präsenz auf neuen Märkten abseits der Lebensmittel- und Getränkeindustrie weiter ausbauen und ein Mengenwachstum erzielen wird. Beispielsweise zeigt der Erfolg bei Haushaltsprodukten und Tiernahrung in Europa, dass die Verpackung noch viele neue Märkte erschließen kann.

S. Kuhnigk
E-Mail: steffen.kuhnigk@brueckner.com

S. Weber
E-Mail: sabine.weber@brueckner.com

R. Wiechmann · F. Nentwig
Reifenhäuser GmbH & Co. KG Maschinenfabrik, Troisdorf, Deutschland
E-Mail: Ralf.Wiechmann@reifenhauser.com

F. Nentwig
E-Mail: fabian.nentwig@reifenhauser.com

B. Kampmann
Pöppelmann GmbH & Co. KG Kunststoff-Werkzeugbau, Lohne, Deutschland
E-Mail: benjaminkampmann@poeppelmann.com

3 Mono-PE-Pouch mit Ausgießer als Demonstratorprodukt

Das Sammeln, Sortieren und Aufbereiten von flexiblen Verpackungen, insbesondere von Mehrschichtfolien, stellt aktuell allerdings aufgrund der geringen Recyclingfähigkeit eine deutlich größere Herausforderung dar als für andere Verpackungsformate. Derzeit werden in Europa lediglich ca. 12 % der Folienabfälle mechanisch recycelt [6]. Aktuelle Entwicklungen in der Kunststoffbranche forcieren daher eine Neugestaltung der Verpackungsstrukturen für Monowerkstoff-Recyclingströme, den vermehrten Einsatz biobasierter und kompostierbarer Strukturen und den Aufbau einer verbesserten Recycling-Infrastruktur. Je recyclingfähiger eine Verpackung gestaltet ist, desto einfacher ist es, die einzelnen Kunststoffe sortenrein zu trennen und den Abfall dem höchstmöglichen Wertstrom zuzuführen. Ein Nachteil von recyclingfähigen Monowerkstofflösungen ist wiederum, dass das Gesamtgewicht der Verpackung aufgrund höherer Schichtdicken (z. B. zum Einstellen der Barriereeigenschaften) mitunter steigt und damit auch die Umweltauswirkungen (z. B. CO_2-Äquivalente). Im Projekt PlasticBOND wurde daher entschieden, ein flexibles Verpackungsprodukt aus einer Monowerkstoffstruktur für ein Demonstrationsprodukt zu wählen. Da zu Projektbeginn keine Fraktionen oder Rezyklate aus flexiblen PP-Abfällen auf dem Markt verfügbar waren, wurde der Fokus ausschließlich auf PE gelegt. Die auf dem Markt befindlichen Standbeutel werden als vollständig recycelbar bezeichnet, wobei jedoch wenig oder gar keine Rezyklate verwendet werden. Für die Herstellung des Demonstratorprodukts wurde daher ein Standbeutel für ein Reinigungsmittel mit Ausgießer mit einem möglichst hohen Rezyklatanteil forciert. Weiterhin können sich alle Konsortialmitglieder mit diesem Produkt identifizieren, da es sich aus einem Laminat, bestehend aus einer Blasfoliensiegelfolie und einer biaxial-orientieren Top-Folie, als auch einem Ausgießer als Spitzgießbauteil zusammensetzt. Abb. 3.1 zeigt eine schematische Darstellung eines solchen Produktes.

3.1 Aufbau und Zusammensetzung der Pouch

Die Fokussierung auf eine Mono-PE-Pouch ermöglicht es, gleichzeitig zwei Ziele zu verfolgen:

1. Die Optimierung der Recyclingfähigkeit
2. Die Maximierung des anteiligen Rezyklateinsatzes.

Der Aufbau des entwickelten Folienlaminats ist in Abb. 3.2 dargestellt.

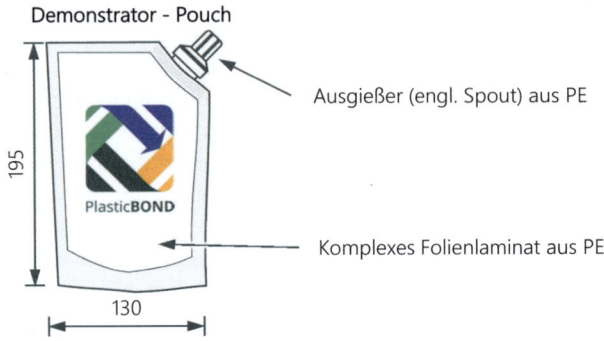

Abb. 3.1 Schematische Darstellung des Demonstrationsproduktes Pouch

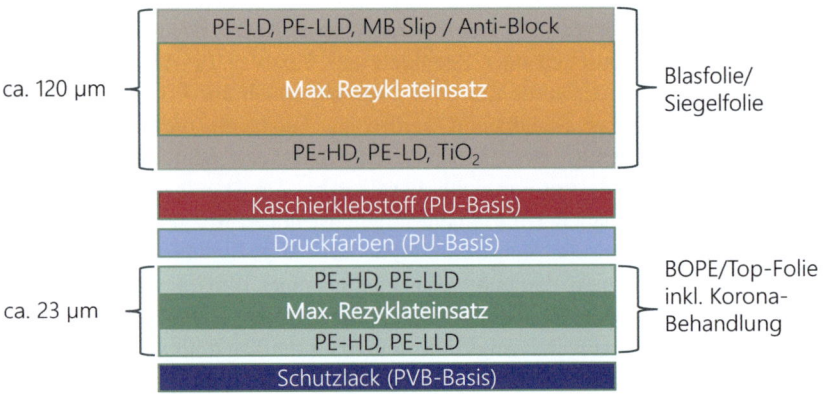

Abb. 3.2 Laminataufbau der Mono-PE-Pouch

Das Folienlaminat setzt sich aus einer biaxial-verstreckten Top-Folie (BOPE) mit einer Dicke von ca. 23 µm und einer Blasfolie als Siegelfolie mit einer Dicke von 120 µm zusammen. Sowohl die Top-Folie als auch die Blasfolie bestehen aus jeweils drei Schichten; einer verhältnismäßig dicken Rezyklat-Schicht, welche von zwei dünnen Außenschichten aus Neuwareumgeben ist. Es wird angenommen, dass die Neuware-Außenschichten die Prozessfähigkeit, die Siegelfähigkeit und auch die Geruchsbildung während und nach der Verarbeitung verbessern sowie eine erhöhte Menge an Ablagerungen auf Maschinenkomponenten vermeiden. Die Top-Folie wird vor dem Kaschierprozess im Rotationstiefdruckverfahren

3 Mono-PE-Pouch mit Ausgießer als Demonstratorprodukt

mit einem 100 %igen Polyurethan (PU) basierten Farbsystem rückseitig bedruckt (sog. Konterdruck). PU-Systeme gelten als besonders recyclingfreundlich, zeigen allerdings den Nachteil einer niedrigen Kratzfestigkeit. Die Anforderungen an die Optik (z. B. Transparenz, Trübung, Glanz) sind demnach von zentraler Bedeutung, da das Druckbild durch die BOPE-Folie betrachtet wird. Da die Folien im Tiefdruck verarbeitet werden, ist ein möglichst hoher E-Modul erforderlich, um ein übermäßiges Dehnen im Druckverfahren zu vermeiden. Für die Siegelfolie wird PCR-Granulat der DSD-Fraktion 310 aus der Gelben-Sack Sammlung aus Deutschland angestrebt. Da der Eingangswerkstoff viele bedruckte Verpackungen enthält, ist die resultierende Farbe des Granulates und der extrudierten Folie dunkel bzw. es erscheint in einem Grün- bis Grauton. Für einen optisch ansprechenden Standbodenbeutel und damit einem gut sichtbaren Druckbild bedarf es allerdings in der Regel eines transparenten oder weißen Hintergrunds. Aufgrund dessen wird in die laminierseitige Schicht ein weißes Masterbatch hinzugefügt. Als Kaschierklebstoff wird auf ein zertifiziertes recyclingfreundliches System von Henkel zurückgegriffen. Die jeweiligen Foliendicken und späteren Produktanforderungen an den Demonstrator orientieren sich an Spezifikationen von Henkel.

Vervollständigt wird der Standbodenbeutel durch den Einschweißausgießer (engl. Spout). Dieser ermöglicht ein einfaches Befüllen und Entleeren des Pouch-Beutels. Die aufgeschraubte Kappe ist zugleich Originalitätsverschluss und Wiederverschluss bei Füllgütern, die in mehreren Portionen entnommen werden. Der Spout muss verschiedene Qualitätsanforderungen erfüllen. Zum einen muss der Ausgießer eine ausreichende Steifigkeit, Festigkeit und Präzision in Bezug auf den Dreh- bzw. Öffnungsmechanismus aufweisen und zum anderen eine hohe geometrische Genauigkeit für einen reproduzierbaren Siegelvorgang zwischen Ausgießer und Folienbeutel. Den Spout gibt es in verschiedenen Geometrien und Durchmessern. Die Geometrie des im Rahmen des Projektes verwendeten Spouts ist in Abb. 3.3 dargestellt.

Die finale Auswahl der einzusetzenden Rezyklate im Extrusions- und Spritzgießprozess ergibt sich aus umfangreichen Werkstoffanalysen und Vorversuchen zur Verarbeitbarkeit (Vgl. Kap. 4–6). Dabei wurde angestrebt, einen maximal möglichen Rezyklatanteil mit kommerziell verfügbaren Rezyklaten aus den haushaltsnahen Sammlungen zu erreichen.

Um abschließend vollständige Transparenz über die eingesetzten Werkstoffen und Verpackungsdaten zu gewährleisten, wird ein Digitaler Produktpass erstellt und in das Druckbild integriert (Vgl. Abschn. 5.5.3). Für den Digitalen Produktpass wird R-Cycle als offener Verpackungs-Rückverfolgungsstandard angewendet [7]. Die Basis hierfür bildet der GS1-Standard *Circular Plastics Traceability,* in

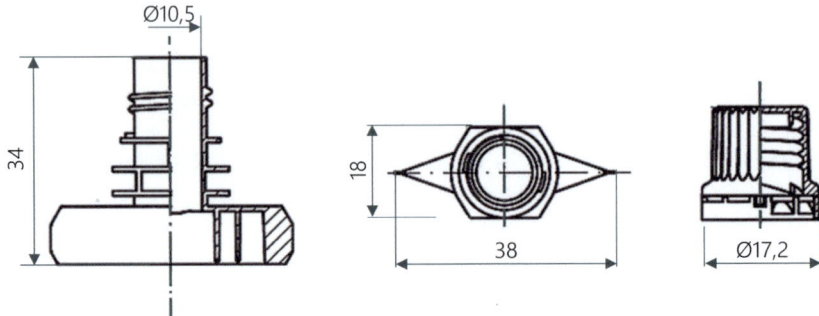

Abb. 3.3 Geometrie des Einschweißausgießers von Pöppelmann

dem recyclingrelevante Attribute definiert sind [8]. Der Digitale Produktpass kann über den QR-Code in Abb. 3.4 eingesehen werden.

Aufgrund der kurzen Entwicklungszeit der Mono-PE-Pouch und damit hoher verbundener Unsicherheiten bzgl. der Verarbeitbarkeit von Rezyklaten und Halbzeugen wurden im Rahmen des Projektes verschiedene Werkstoffkombinationen getestet. Die Ergebnisse zu den einzelnen Laminat- und Spoutvarianten werden detailliert in Abschn. 6.4 vorgestellt.

Abb. 3.4 Informationen zu Verpackungswerkstoffen im Digitalen Produktpass

3.2 Prozesskette zur Herstellung der Pouch

Die Herstellung der PE-Pouch erfolgte in sechs Einzelschritten, an denen sowohl die Konsortialpartner als auch die assoziierten Partner umfassend beteiligt waren. Die erforderlichen Prozessschritte zur Produktion der Mono-PE-Pouch inkl. der verantwortlichen Projektpartner sind in Abb. 3.5 dargestellt.

Die englischen Bezeichnungen zu den Prozessschritten stellen dabei die Definitionen nach dem GS1-Standard *Circular Plastics Traceability* dar [8]. Neben

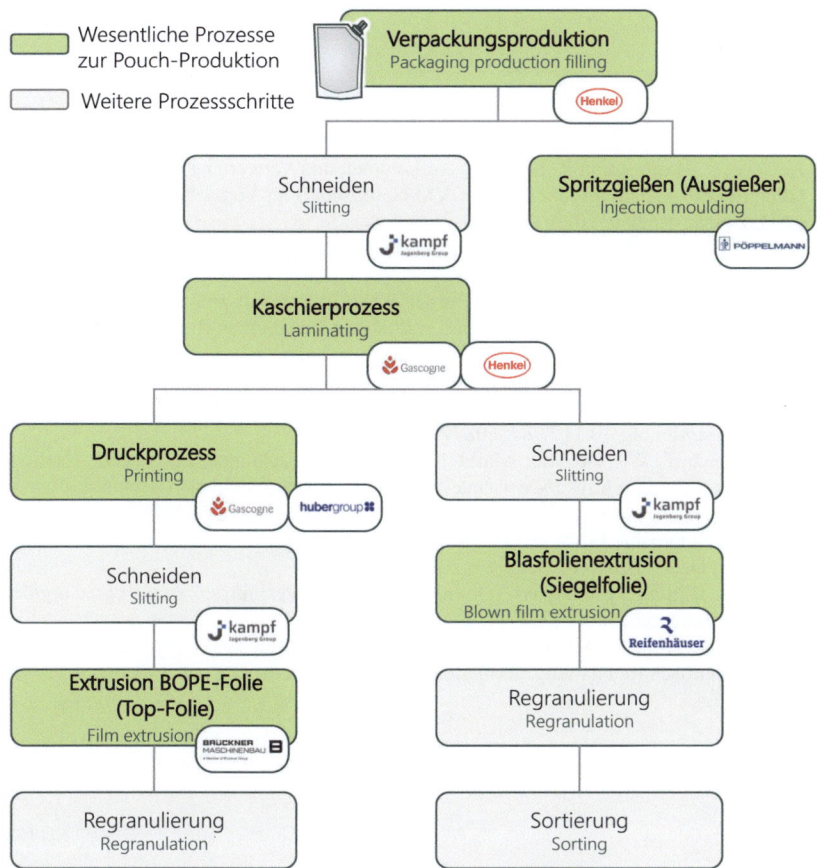

Abb. 3.5 Prozessschritte zur Produktion des Pouch-Demonstrators

den wesentlichen für die Produktdaten relevanten Prozessschritten zur Herstellung des Folienlaminats und des Ausgießers wurde auch das Schneiden der Folien und des Laminats im Prozessbaum ergänzt, um die Rückverfolgbarkeit über alle Prozessschritte zu gewährleisten. Weiterhin wurde am Anfang der Prozesskette das eingesetzte Rezyklat in der BOPE-Folie sowie das eingesetzte Rezyklat in der Siegelfolie ergänzt. Für die Siegelfolie konnte zudem die Rückverfolgbarkeit zur zugrunde liegenden DSD-Fraktion (Prozessschritt „Sortierung") im Produktpass hinterlegt werden. Zum Rezyklat für die BOPE-Folie war die Quelle nicht bekannt, für den Ausgießer war das Rezyklat nicht bekannt und wurde hier nicht abgebildet.

Literatur

1. N. Cayé, S. Marasus und K. Schüler, „Aufkommen und Verwertung von Verpackungsabfällen in Deutschland im Jahr 2021", GVM Gesellschaft für Verpackungsmarktforschung mbH, Dessau-Roßlau, 2023.
2. N.N., „Jahresbericht 2022/23", IK Industrievereinigung Kunststoffverpackungen e.V., Bad Homburg.
3. N.N., „Richtlinie 2008/98/EG des Europäischen Parlaments und des Rates vom 19. November 2008 über Abfälle und zur Aufhebung bestimmter Richtlinien", European Commission, 2008.
4. B. A. Morris, „Flexible packaging past, present and future: Reflections on a century of technology advancement", Journal of Plastic Film & Sheeting, Jg. 40, Nr. 2, S. 151–170, 2024, https://doi.org/10.1177/87560879241234946.
5. E. Middendorf, Wie sich der Markt für flexible Verpackungen entwickelt. [Online]. Verfügbar unter: https://www.neue-verpackung.de/markt/wie-sich-der-markt-fuer-flexible-verpackungen-entwickelt-304.html. [Zugriff: 22. November 2024]
6. N.N., „2023 Flexible Films Market in Europe State of Play – Production, Collection and Recycling Data", Brussels, Belgium, 2023.
7. N.N., Der Digitale Produktpass. [Online]. Verfügbar unter: https://www.r-cycle.org/der-digitale-produktpass.html. [Zugriff: 22. November 2024]
8. S. Grede, R. Tröger und A. Klappner, "Circular Plastics Traceability: Processes and data sharing approach for enabling circular packaging value networks", GS1 Germany GmbH, Köln, 2023.

3 Mono-PE-Pouch mit Ausgießer als Demonstratorprodukt

Open Access Dieses Kapitel wird unter der Creative Commons Namensnennung - Nicht kommerziell 4.0 International Lizenz (http://creativecommons.org/licenses/by-nc/4.0/deed.de) veröffentlicht, welche die nicht-kommerzielle Nutzung, Vervielfältigung, Bearbeitung, Verbreitung und Wiedergabe in jeglichem Medium und Format erlaubt, sofern Sie den/die ursprünglichen Autor(en) und die Quelle ordnungsgemäß nennen, einen Link zur Creative Commons Lizenz beifügen und angeben, ob Änderungen vorgenommen wurden.

Die in diesem Kapitel enthaltenen Bilder und sonstiges Drittmaterial unterliegen ebenfalls der genannten Creative Commons Lizenz, sofern sich aus der Abbildungslegende nichts anderes ergibt. Sofern das betreffende Material nicht unter der genannten Creative Commons Lizenz steht und die betreffende Handlung nicht nach gesetzlichen Vorschriften erlaubt ist, ist auch für die oben aufgeführten nicht-kommerziellen Weiterverwendungen des Materials die Einwilligung des jeweiligen Rechteinhabers einzuholen.

Herstellung und Analyse kommerziell erhältlicher Rezyklate

4

Elena Berg, Pia Fischer, Rainer Dahlmann,
Christian Hopmann, Anja Reveriego Wind,
Hannelore Konnerth, Steffen Kuhnigk und Sabine Weber

Inhaltsverzeichnis

4.1 Aufbereitung von Rohstoffen aus haushaltsnahen Sammlungen 31
4.2 Vergleich marktgängiger Rezyklate unterschiedlicher Recycler 35
4.3 Einfluss saisonaler Inputschwankungen 41
Literatur 44

Für einen Einsatz der Rezyklate im Pouch-Demonstrator wurden Recycler gewählt, die Rezyklate mit dem Ursprung der PE-Abfallfraktionen 310 und 329 anbieten. In Deutschland entspricht dies bunten PE-HD- und Folienabfällen aus dem gelben Sack bzw. der gelben Tonne. Die Reinheit solcher Rezyklate ist vergleichsweise gering, sodass eine Verarbeitung die größten Herausforderungen mit sich bringt. Unterschiede in der Qualität der Endprodukte für Rezyklate mit diesem Ursprung resultieren aus einer erweiterten Materialaufbereitung (z. B. Nachsortierung und Additivierung) inkl. der Extrusion und Entgasung der Materialien mit anschließender Granulierung. Die Rezeptur eines Rezyklats kann

---

E. Berg · P. Fischer · R. Dahlmann (✉) · C. Hopmann
Lehrstuhl und Institut für Kunststoffverarbeitung (IKV), Industrie und Handwerk an der RWTH Aachen, Aachen, Deutschland
E-Mail: rainer.dahlmann@ikv.rwth-aachen.de

E. Berg
E-Mail: elena.berg@ikv.rwth-aachen.de

P. Fischer
E-Mail: publications@ikv.rwth-aachen.de

© Der/die Autor(en) 2025
R. Dahlmann und C. Hopmann (Hrsg.), *Nachhaltige Kunststoffverpackungen aus Post Consumer-Rezyklaten,* SDG - Forschung, Konzepte, Lösungsansätze zur Nachhaltigkeit, https://doi.org/10.1007/978-3-658-48211-4_4

dabei vom Recycler innerhalb materialspezifischer Grenzen an die Anforderungen eines späteren Sekundärproduktes angepasst werden. Da u. a. Rezepturen zur Additivierung inkl. chemischer Wirkmechanismen von Recyclern und Herstellern grundsätzlich nicht preisgegeben werden und damit eine Beurteilung bzw. ein Vergleich von Materialien erschwert wird, werden im Rahmen des Projektes primär kommerziell erhältliche Standardrezyklate verwendet.

Um zu untersuchen, inwieweit sich solche PCR-Rezyklate mit üblichen Kunststoffverarbeitungsverfahren zu neuen Produkten herstellen lassen, wurden in einem weiteren Schritt prozessorientierte Anforderungen an das Material definiert. Für die Mono-PE-Pouch bestand das Ziel darin, Rohstoffspezifikationen für die Verfahren Spritzgießen, Extrusion von biaxial-verstreckten Folien und Extrusion von Blasfolien zu erstellen. Mithilfe geplanter Rezyklatanalysen sollte anschließend ermittelt werden, welche Rezyklatqualitäten sich für die genannten Prozesse eignen.

In diesem Zusammenhang wurden von verschiedenen Unternehmen Materialspezifikationen für definierte Produkte bereitgestellt. Allerdings bezogen sich einige Spezifikationsmerkmale (aufgrund fehlender Erfahrung in der Rezyklatverarbeitung) auf Produkte aus Neuware anstatt aus Rezyklat, sodass möglicherweise wichtige Materialeigenschaften nicht vollständig erfasst wurden. Zudem fiel es einigen Unternehmen schwer, die genauen Kennwerte innerhalb der Spezifikationen zu erläutern oder tolerierbare Schwankungsbreiten anzugeben. Ebenso existieren oftmals unternehmensspezifische interne Standards zur Überprüfung der Materialeigenschaften, die sich in ihrer Messmethodik unterscheiden. Ein weiterer Punkt war die Verarbeitbarkeit der Materialien, die stark von der jeweiligen Anlage abhängt. Darüber hinaus war ungeklärt, inwieweit die Rezyklatverarbeitung selbst den Verarbeitungsprozess beeinflusst. Mögliche Herausforderungen

---

C. Hopmann
E-Mail: christian.hopmann@ikv.rwth-aachen.de

A. R. Wind
Interzero Circular Solutions Germany GmbH, Köln, Deutschland
E-Mail: anja.reveriego.wind@interzero.de

H. Konnerth · S. Kuhnigk · S. Weber
Brückner Maschinenbau GmbH, Siegsdorf, Deutschland
E-Mail: hannelore.konnerth@brueckner.com

S. Kuhnigk
E-Mail: steffen.kuhnigk@brueckner.com

S. Weber
E-Mail: sabine.weber@brueckner.com

ergeben sich durch Ablagerungen im Verarbeitungsprozess oder Verfärbungen der Materialien, die zu Prozessstörungen oder Qualitätseinbußen führen.

Weiterhin wurde die bestehende Normenlandschaft zum Thema Kunststoffrecycling recherchiert. Die Recherche ergab, dass bestehende DIN-Normen grundsätzlich zwischen kunststoff- und produktspezifischen Standards differenzieren, bzw. die Terminologie, Probennahme und zur Anwendung kommender Prüfverfahren bei der Charakterisierung von Rezyklaten regeln. Eine Sortenreinheit vorausgesetzt, werden innerhalb der Normen obligatorische Prüfverfahren festgelegt, welche vorwiegend die Handhabbarkeit bzw. Verarbeitbarkeit (z. B. Farbe, Schüttdichte, MFR, Restfeuchte) sowie grundlegende mechanische Eigenschaften auf Basis von Kurzzeitversuchen sicherstellen (z. B. Bruchdehnung, Streckspannung, Schlagzähigkeit). Produktspezifische Standards adressieren im Vergleich zu kunststoffspezifischen Standards Vorgaben an konkrete Industriezweige, insbesondere zur Gewährleistung möglichst sortenreiner Stoffströme innerhalb der Recyclingketten. Ein Beispiel hierfür ist die EN 13430 – Anforderungen an Verpackungen für die stoffliche Verwertung. In dieser Norm werden bestimmte Mindestanforderungen im Sinne einer Konformitätserklärung definiert. Darüber hinaus existieren Standards mit dem Ziel den Einsatz von Rezyklaten besser zu überwachen und transparenter gestalten zu können. Die DIN EN 15343 definiert sowohl die Überwachung des Recyclingverfahrens als auch eine Methodik für die Rückverfolgbarkeit des Rezyklatgehalts. Weiterhin wird die Bestimmung des prozentualen Rezyklatanteils im Produkt behandelt. Da es jedoch keine definierten Methoden für eine direkte analytische Bestimmung des physikalischen Rezyklatgehalts im Kunststoff gibt, kann der Rezyklatanteil bisher nur über dokumentarische Nachweise der Stoffströme dargestellt werden. Insgesamt bieten die genannten Normen Anhaltspunkte für zu überprüfende Materialeigenschaften, allerdings keine definierten Kennwerte, und stellen keinen Anspruch auf Vollständigkeit.

Zusammenfassend wurden in Abstimmung mit dem Konsortium, die in Abb. 4.1 dargestellten Eigenschaften definiert und für nachfolgende Analysen und Verarbeitungsversuche als relevant erachtet. Dabei beziehen sich die mechanischen Anforderungen lediglich auf Materialien, die in einem späteren Spritzgießprozess verarbeitet werden. Da Folien die relevanten mechanischen Eigenschaften durch den Herstellungsprozess erhalten, spielen die mechanischen Anforderungen an das Rohmaterial (anders als in entsprechenden Normen dargestellt) hierfür eine eher untergeordnete Rolle.

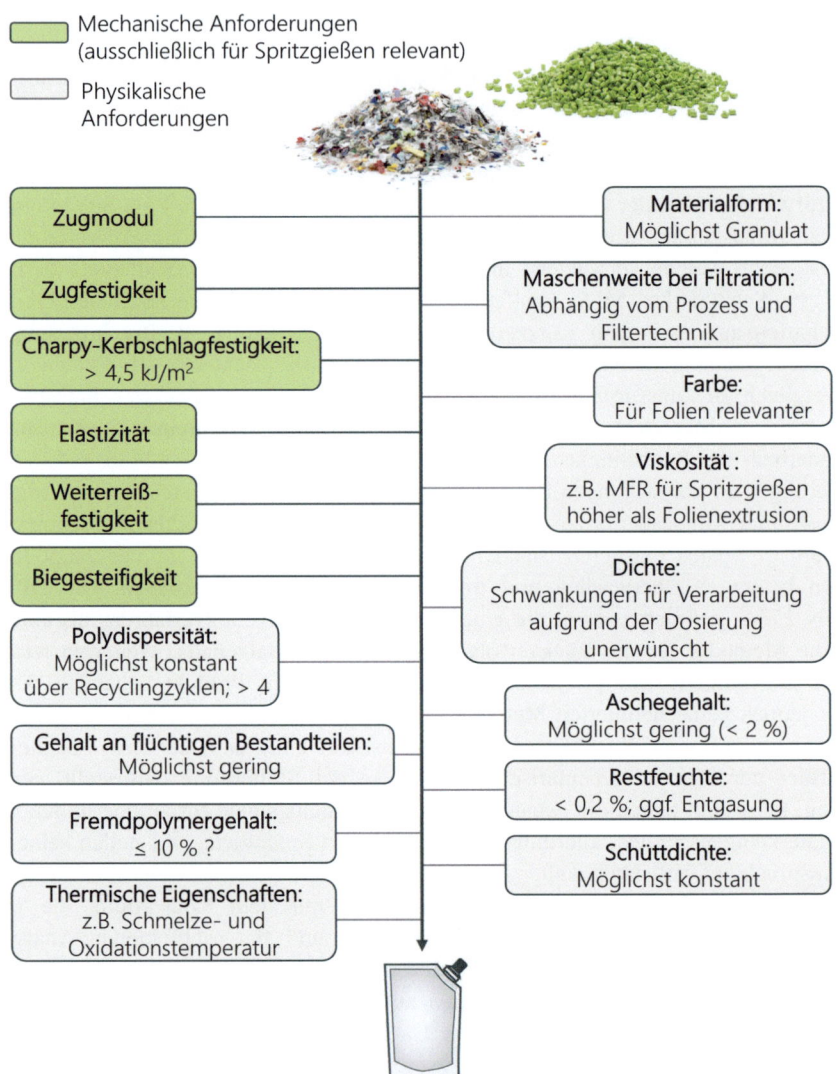

Abb. 4.1 Definition relevanter Eigenschaften an das zu verarbeitende Rezyklat

4.1 Aufbereitung von Rohstoffen aus haushaltsnahen Sammlungen

Anja Reveriego Wind

Die oben beschriebenen notwendigen Materialeigenschaften bzw. Anforderungen an PCR-Rezyklate werden maßgeblich durch den Sammlungs-, Sortierungs- und Aufbereitungsprozess beeinflusst. Kunststoffe (spezifisch Polyolefine) aus der haushaltsnahen Sammlung (gelber Sack) von Leichtverpackungen (LVP) werden in Deutschland im Rahmen der erweiterten Herstellerverantwortung (EPR) bei den dualen Systemen registriert und lizenziert, durch die Kommunen bei den Haushalten gesammelt und von privaten Verwertungsorganisationen (wie z. B. Interzero) sortiert und dem Recycling zugeführt.

Der nachfolgend beschriebene Prozess beschreibt exemplarisch das mechanische Recycling von rigiden Kunststofffraktionen (PP und PE-HD), wie es am Interzero Standort in Eisenhüttenstadt durchgeführt wird. Dieser Prozess wird in diesem Projekt repräsentativ genutzt, da die dort produzierten Materialien bei den in dem Projekt durchgeführten Versuchen unter anderem zum Einsatz kamen.

Input- und Outputmaterial

Als Inputmaterial für den Recyclingprozess wird die rigide Kunststofffraktion aus der LVP-Sammlung in Deutschland verwendet. Interzero betreibt Sortieranlagen in Deutschland und generiert so das Inputmaterial für den Recyclingprozess. Die beiden Hartkunststoffsorten PP und PE werden in den Sortieranlagen sortenrein zu Ballen von 500 kg bis 600 kg verpresst und anschließend ins Recyclingwerk geliefert und dort zu Granulat bzw. Agglomerat verarbeitet. Je nach herzustellendem Produkt unterscheiden sich die benötigten Prozessschritte oder verwendeten Aggregate. Durch die Firma Interzero werden spezifisch drei Produkte hergestellt, von denen im Rahmen des Projektes alle außer dem Agglomerat analysiert und verarbeitet wurden:

- recythen® (PP und PE-HD): Basis-Rezyklat aus Verpackungskunststoffen ohne Additive;
- procyclen® (PP und PE-HD): Rezyklat das durch den Zusatz von Additiven kunden- und anwendungsspezifisch (mechanisch) angepasst werden kann;
- Agglomerat: wird aus der Leichtfraktion des Prozesses hergestellt.

Der mechanische Recyclingprozess
Der mechanische Recyclingprozess lässt sich insgesamt in die folgenden Prozessschritte unterteilen, welche nachfolgend näher erklärt werden:

1. Zerkleinerung mittels Shredder
2. Metallabtrennung
3. Folienabtrennung
4. Nasszerkleinerung
5. Friktionswäsche
6. Dichtetrennung
7. Mechanische/thermische Trocknung
8. Sichtung
9. Extrusion
10. Agglomerierung
11. Homogenisierung
12. 12. Abfüllung

Die genauen Prozessschritte für die verschiedenen Fraktionen sind in Abb. 4.2 dargestellt. Im ersten Schritt werden die Kunststoffballen über ein Förderband dem **Shredder** zugeführt. Die Ballen stehen aufgereiht auf dem Förderband und der Shredder fordert selbstständig einen neuen Ballen an, sobald eine gewisse Füllmenge unterschritten ist. Als Shredder kann bspw. ein Einwellenshredder (80 mm Lochung) verwendet werden, um die gewünschte Korngröße für die folgenden Prozessschritte zu erhalten.

Da die eingesetzten Kunststoffballen mit Metallbändern umreift sind und zudem Metallverunreinigungen in der Ballenware vorliegen können, folgt die **Metallabtrennung**. Dies geschieht durch die Verwendung von Überbandmagneten, welche die Eisenpartikel der Umreifungsbänder anziehen. Feinere Metallpartikel werden mittels einer Neodyntrommel abgeschieden. Dies ist ein Magnetabscheider, welcher durch starke Neodynmagnete ferromagnetische Materialien (wie Eisen, Nickel und Kobalt) abtrennt. Es wird ein Magnetfeld erzeugt, gleichzeitig dreht sich die Trommel. Magnetische Teile werden angezogen, während nicht-magnetische Teile vorbeigleiten und so abgetrennt werden.

Anschließend folgt die **Folientrennung**. In den angelieferten Ballen befindet sich neben Hartkunststoffen auch Folienreste. Diese werden mittels **Windsichtung** abgetrennt. Dabei wird das Material in einen Luftstrom eingeführt. Die leichten Folienpartikel werden in dem Luftstrom mitgerissen, während die schwereren Hartkunststoffpartikel herunterfallen. Die beiden Fraktionen werden in unterschiedlichen Linien weiterverarbeitet.

Die sogenannte **Nasszerkleinerung** erfolgt in einer Schneidmühle. Das Material wird unter Wasserzugabe in die Schneidmühle eingeführt. Die Messer (ähnlich dem Shredder) zerkleinern das Material weiter auf die gewünschte Korngröße von 15 mm. Durch die Zugabe von Wasser wird ein Aufheizen des Materials während des Schneidprozesses verhindert, während das Material bereits vom groben Schmutz befreit wird.

4 Herstellung und Analyse kommerziell erhältlicher Rezyklate

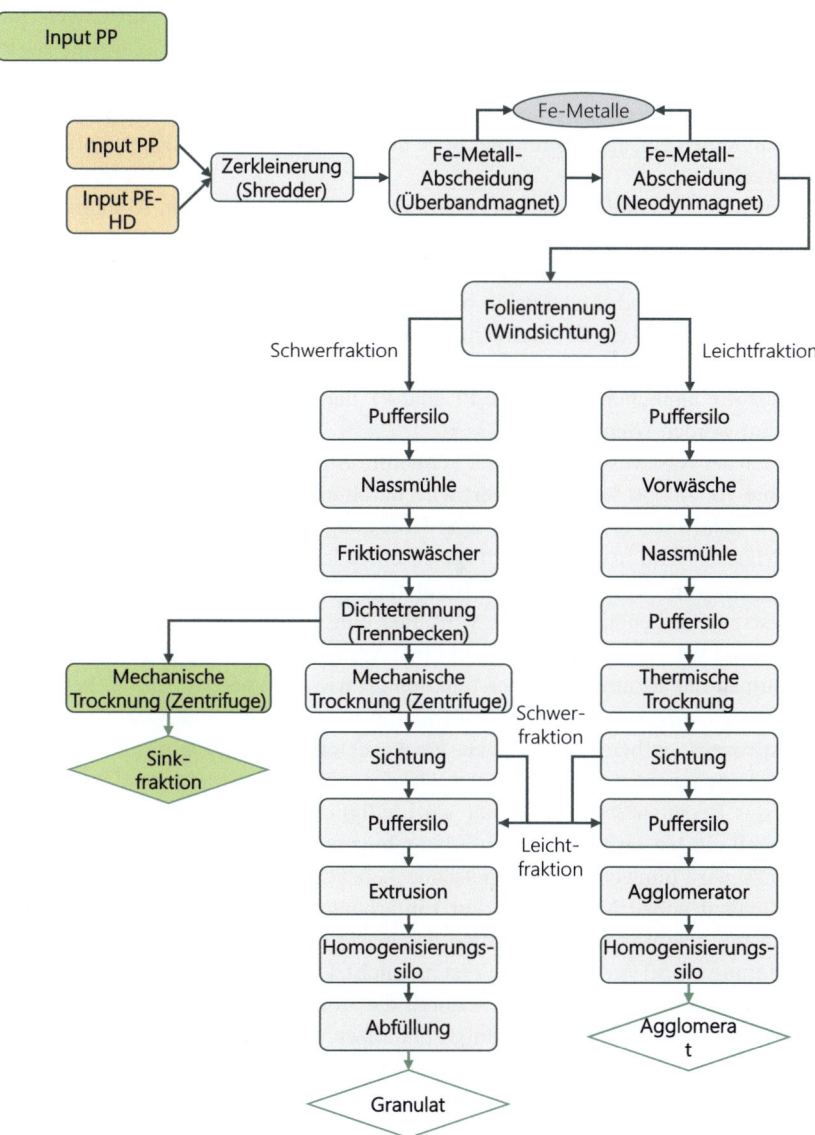

Abb. 4.2 Prozessschritte der Aufbereitung von Post-Consumer-Rezyklaten (Interzero)

Die zerkleinerte Hartfraktion geht je nach Liniendesign durch einen zwei- oder drei-stufigen Waschprozess, die **Friktionswäsche**. Bei dieser Waschmethode wird die mechanische Reibung zur Reinigung der Kunststoffpartikel genutzt. Im inneren der Maschinen werden die Materialien über Paddel gegen Siebe geschlagen. Die Verunreinigungen gelangen durch die Siebe und werden so von der Kunststofffraktion abgetrennt.

Zur weiteren Anreicherung der Hartkunststofffraktion wird zur Abtrennung von dichteren Fremdstoffen eine **Schwimm-Sink-Trennung** durchgeführt. Dazu wird das Material in ein Trennbecken eingeführt. Die gewünschte Hartkunststofffraktion schwimmt aufgrund ihrer Dichte oben, während die unerwünschten Fremdstoffe auf den Boden sinken. Die Schwimmfraktion wird abgeschöpft und dem weiteren Prozess zugeführt. Eine Herausforderung stellen in diesem Prozessschritt allerdings Kunststoffe ähnlicher Dichte wie PE und PP dar, da diese meist nicht vollständig getrennt werden können.

Nach der Nasswäsche, sowie der Schwimm-Sink-Trennung hat das Material eine Feuchte von 40–50 %. Dieser Wert wird durch eine **mechanische Trocknung** bis auf 2 % reduziert. Für die mechanische Trocknung wird die Zentrifugalkraft genutzt. Das Material wird in einer Zentrifuge geschleudert und das Wasser somit entfernt. Die **thermische Trocknung** mittel Heißluft (< 65 °C) wird nur für die Leichtfraktion eingesetzt. Die benötigte Wärme wird über eine Wärmepumpe erzeugt. Nach der Trocknung wird das Material **erneut** einer **Windsichtung** zugeführt, um nochmal Leichtmaterial abzutrennen. Dies funktioniert wie oben bereits beschrieben.

Die nun aufgereinigte Kunststofffraktion wird im nächsten Schritt im **Extrusionsprozess** aufbereitet. Je nach gewünschtem Produkt wird ein Ein- oder Doppelschneckenextruder eingesetzt. Der Einschneckenextruder wird zur Herstellung des Recythen® genutzt. Hier wird lediglich die Hartkunststofffraktion und eventuell ein Masterbatch zur Einfärbung hinzugegeben. Zur Herstellung des Procyclen® wird hingegen ein Doppelschneckenextruder verwendet. Hier besteht die Möglichkeit neben Masterbatch zur Einfärbung auch diverse Additive beizumischen, um das Material hinsichtlich der gewünschten Eigenschaften anzupassen (Dosierung bis 50 % Additivgehalt ist möglich). Das Material wird in beiden Fällen in den Extruder eingeführt, wo es durch die Rotation der Schnecke(n) sowie die zusätzliche Schneidverdichtung aufgeschmolzen wird. Die Temperatur im Zylinder wird durch Heiz-/ bzw. Kühlprozesse auf ca. 200 °C konstant gehalten. Das aufgeschmolzene Material wird durch einen Laserfilter gepresst, um noch im Material befindliche Fremdstoffe abzutrennen. Da während des Extrusionsprozesses Gase aus Restfeuchte, Lufteinschlüssen oder Zersetzungsprodukten entstehen können, wird das gefilterte Material durch ein Vakuumsystem entgast. Damit erreicht man die gewünschte Dichte des Materials und beugt Materialfehlern vor. Das entgaste

Material wird im Anschluss durch eine Lochmatrize gepresst und abgeschnitten (granuliert).

Im Vergleich dazu wird in der **Agglomeration** die Leichtfraktion aus dem Prozess verarbeitet. Diese wird dazu auf 65 °C erwärmt. Durch das Erwärmen schmelzen die Folien an und durch Bewegung verbinden sich die Folienteile zu Agglomerat.

Das produzierte Granulat bzw. Agglomerat wird in **Homogenisierungssilos** überführt, in denen das Material mittels Mischschnecken kontinuierlich umgewälzt wird. Dies dient der Lagerung aber auch der Homogenisierung, um Produktionsschwankungen auszugleichen.

Abschließend kann das Granulat/Agglomerat aus den Silos in BigBags, Octabins oder direkt in Silofahrzeuge **abgefüllt** und zum Kunden transportiert werden.

4.2 Vergleich marktgängiger Rezyklate unterschiedlicher Recycler

Hannelore Konnerth , Steffen Kuhnigk, Sabine Weber, Rainer Dahlmann und Elena Berg

Auf Basis der Materialanforderungen, der Angaben von Recyclern im Rahmen ihrer jeweiligen Internetauftritte und in bilateralen Gesprächen sowie unter Berücksichtigung des Erfahrungsschatzes der Konsortialpartner wurde im Anschluss an die Überlegungen aus Kap. 3 eine Materialauswahl getroffen. Tab. 4.1 zeigt eine Übersicht der Rezyklate betrachteter Recycler sowie deren Bezeichnungen, welche auch nachfolgend im Text so verwendet werden. Als Vergleich für den an das Material anspruchsvollen BOPE-Prozess wurde darüber hinaus ein kommerziell verfügbares PE-Rezyklat aus gewerblichen PCR-Abfällen ausgewählt. Im Vergleich zu Abfällen beim Endkonsumenten, welche über die Haushaltssammlung oder andere Rückgabesysteme in ein Recycling gelangen, stammen gewerbliche Abfälle von industriellen Endanwendern, Supermärkten und Institutionen (z. B. Stretch- oder Schrumpffolien zur Palettensicherung). Beim Recycling von gewerblichen Abfällen können aufgrund der guten Sortenreinheit daher technisch weniger herausfordernd ungefüllte und transparente PE-Rezyklate gewonnen werden.

Zu den wichtigen Kriterien, welche die Verarbeitbarkeit beeinflussen, zählen z. B. die Schmelzefließrate, (engl.: Melt Flow Rate, MFR) und die Dichte. Der MFR wird industriell häufig bestimmt, um die Verarbeitbarkeit von Kunststoffen

Tab. 4.1 Betrachtete Rezyklate inkl. Produktnamen der Recycler

Recycler Abfall-fraktion	Vogt Plastic GmbH	Der Grüne Punkt Holding GmbH & Co. KG	Ecoplast KunststoffrecyclingGmbH	Interzero Plastics Sorting GmbH	Morssinkhof Plastics GmbH
Fraktion 329 Polyethylen	210-S			recythen® HDPE (mehrere Chargen)	
Fraktion 310 Folien oder vergleichbar	420-S	Systalen LD-C12200 gr000 (abgekürzt: Systalen)	NAV 103		
Vorsortierte Siedlungsabfälle (PCR)			NAV 101, NAV 102		
Gewerbeabfälle			CWT 100LG		Definierter Stoffstrom aus Gemüsekisten

zu bewerten. Zudem sind Kenntnisse über den Aschegehalt und weitere Verunreinigungen relevant. Über den Aschegehalt können beispielsweise anorganische Anteile quantifiziert werden, welche aufgrund ihrer kleinen Abmaße im Recycling verfahrenstechnisch nicht von der umgebenden Polymermatrix entfernt werden können. Daher beeinflusst das Produkt der Veraschung die Dichte des Rezyklats und nimmt aufgrund möglicher enthaltender Verunreinigungen negativen Einfluss auf die Oxidationsgeschwindigkeit. Verunreinigungen beeinflussen allgemein die Produktqualität, da sie Einfluss auf die optischen, mechanischen und olfaktorischen Eigenschaften nehmen. Zudem haben hohe flüchtige Bestandteile ebenfalls einen negativen Einfluss auf die Verarbeitung, da diese im Prozess ausgasen können und möglicherweise zur Blasenbildung führen. Weitere Daten, z. B. über die Schmelztemperatur, die Kristallisationstemperatur und die Oxidationsstabilität sind im Hinblick auf optimale Prozessbedingungen erforderlich.

Auszüge der Untersuchungen an ausgewählten PE-HD-Rezyklaten (Abfallfraktion 329) und Folienrezyklaten (Abfallfraktion 310) sind in Tab. 4.2 zu sehen. Vergleichend wurden für die Materialien die Oxidationstemperatur (T_{Air}) unter Luftatmosphäre mit einer Heizrate von 10 K/min und die Oxidationsinduktionszeit (OIT) bei 200 °C und 220 °C unter Sauerstoffatmosphäre mittels der Differenzkalorimetrie (engl. Differential Scanning Calorimetry, DSC), der Masseverlust zwischen 100–300 °C mittels thermogravimetrischer Analyse (TGA) unter Luftatmosphäre (ML300), der MFR-Wert (5 kg/190 °C), sowie der Anteil flüchtiger Verbindungen (175 °C, 5 h, Vakuum) und der Aschegehalt (550 °C, 2,5 h) bestimmt. Darüber hinaus wurden Abschätzungen zum PP-Anteil in den PE-Rezyklaten getroffen, wobei die angewendete Methodik in Abschn. 5.3.1 nachzulesen ist.

Die Ergebnisse zeigen, dass die meisten PCR-Materialien im Vergleich zu Neuware-Materialen erhöhte Anteile an flüchtigen Bestandteilen, stark erhöhte Aschegehalte (z. T. über 2 % hinaus), PP-Fremdpolymeranteile sowie niedrigere Oxidationsstabilitäten besitzen. Diese Bedingungen stellen möglicherweise eine Herausforderung für die Rezyklatverarbeitung dar (Vgl. Kap. 5–6). Auf Basis dieser Rezyklatcharakterisierung in Kombination mit der Verarbeitbarkeit in den Prozessen Spritzgießen, Extrusion von biaxial-verstreckten Folien und Extrusion von Blasfolien (Vgl. Kap. 5–6) sowie der Verfügbarkeit der Rezyklate wurde eine Vorauswahl für das Demonstratorprodukt getroffen.

Für einzelne Rezyklate wurden darüber hinaus detailliertere Analysen zum Aschegehalt und zur Oxidationsstabilität durchgeführt bzw. Untersuchungen wiederholt. Dies gilt insbesondere für die Proben Systalen und 420-S, da bei diesen Materialien höhere Aschegehalte und geringere Oxidationstemperaturen festgestellt wurden. Da solche Eigenschaften auf kritische Verunreinigungen und

Tab. 4.2 Beispiele ausgewählter Analyseergebnisse von PE-HD- und Folien-Rezyklate

Probe	DSC T_{Air} [°C]	TGA ML_{300} [%]	OIT 200°C [min]	OIT 220°C [min]	MFR 190°C/5kg [g/10min]	Flüchtige Bestandteile [ppm]	Veraschungs-rückstand [%]	Abschätzung PP-Anteile (DSC) [%]
210-S	234,1 / 234,8	-0,57 / -0,73	8,9	1,5	1,28	1766	0,79	1
recythen® PE-HD	234,0 / 234,3	-0,22 / -0,31	7,8	1,6	1,93	3189	0,95	5
420-S	209,8 / 211,5	-1,22 / -0,45	1,3	0,5	3,15	3723	2,78	6
Systalen	215,2 / 216,3	-1,06 / -1,03	2,3	1,1	3,42	8461	2,65	15
NAV 102	222,5 / 217,2	-0,27 / 0,17	3,8	0,5	2,85	895	0,75	1
CWT 100 LG	216,9 / 219,6	-0,50 / -0,30	1	0,4	1,3	524	1,14	0

reduzierte thermische Stabilität hinweisen, ist es wichtig, diese Ergebnisse durch Wiederholungsprüfungen zu validieren und mögliche Schwankungen zu bewerten. Dies liefert eine fundierte Basis, um die Konsistenz der Materialeigenschaften sicherzustellen und die Verarbeitbarkeit sowie die Langzeitstabilität der Rezyklate für industrielle Anwendungen zuverlässig einschätzen zu können. Abb. 4.3 zeigt zunächst die anorganischen Anteile derselben Rezyklate mit z. T. mehreren Produktchargen.

Die Ergebnisse zeigen ebenfalls erhebliche Unterschiede im Aschegehalt und teilweise höhere Anteile als bei der ersten Messung. An dieser Stelle kann nicht spezifiziert werden, um welche Füllstoffe oder Pigmente es sich im Detail handelt. Nicht alle anorganischen Stoffe beeinträchtigen zwangsweise den Wiedereinsatz (z. B. Titandioxid, TiO_2) in Sekundärprodukten. Zur genaueren Bestimmung der anorganischen Bestandteile wurden daher ausgewählte Rezyklat- als auch Veraschungsproben mittels Energiedispersiver Röntgenspektroskopie

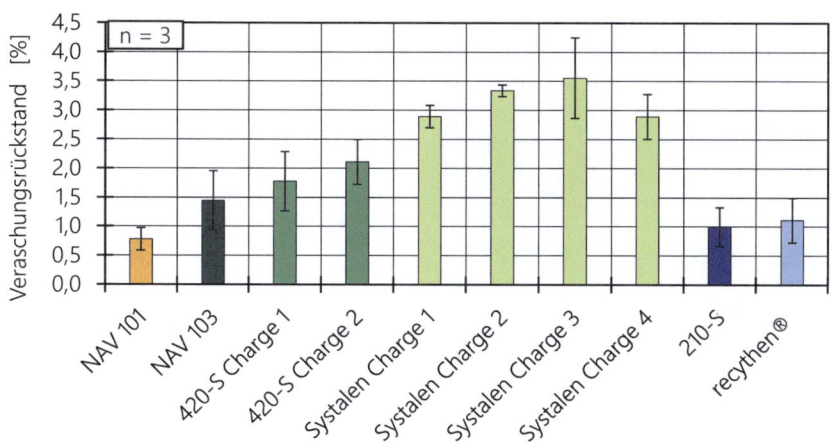

Abb. 4.3 Aschegehalt verschiedener PE-Rezyklate mittels Veraschung nach [1]

(EDX) betrachtet. Eine Kombination aus einem Rasterelektronenmikroskop (REM) und EDX ermöglicht eine ortsaufgelöste Darstellung sowie eine halbquantitative Analyse in Form von relativen Elementanteilen. Abb. 4.4 zeigt links die Elementverteilung im Rezyklat 420-S, d. h. Aufnahmen, die die Verteilung der in dem Beispiel meist vorkommenden Elemente zeigen. Bei den Elementen Calcium und Titan wird häufig auch das Element Sauerstoff detektiert und weist demnach auf die Füllstoffe Calciumcarbonat ($CaCO_3$) und TiO_2 als Weißpigmente oder zur Verbesserung der Materialeigenschaften hin. Für das Element Chlor (Cl) könnten Sperrschichten aus Polyvinylidenchlorid (PVDC) in Verpackungsfolien, Bestandteile aus Polyvinylchlorid (PVC) oder Füllgutreste in Form von Salz ursächlich sein. Rechts in der Abb. 4.4 ist darüber hinaus die Massenverteilung der veraschten Probe zu sehen, welche ebenfalls Schwermetalle enthält. Mineralische Füllstoffe (z. B. $CaCO_3$) werden durch Angabe der Summenformel der Hauptkomponente beschrieben, beinhalten je nach Reinheit jedoch auch weitere Komponenten. Carbonate und auch Silikate können Spuren von Schwermetallen (z. B. Eisen (Fe), Kobalt (Co), Mangan (Mn), Kupfer (Cu)) enthalten, welche die thermische Stabilität des Materials beeinflussen können. Aluminium wird zudem häufig als Barriere auf flexible Verpackungen aufgedampft. [2]

Darüber hinaus wurde erneut die Temperatur des Oxidationsbeginns (T_{Air}) gemessen. Hierbei handelt es sich um eine dynamische Erwärmungsprüfung. Die

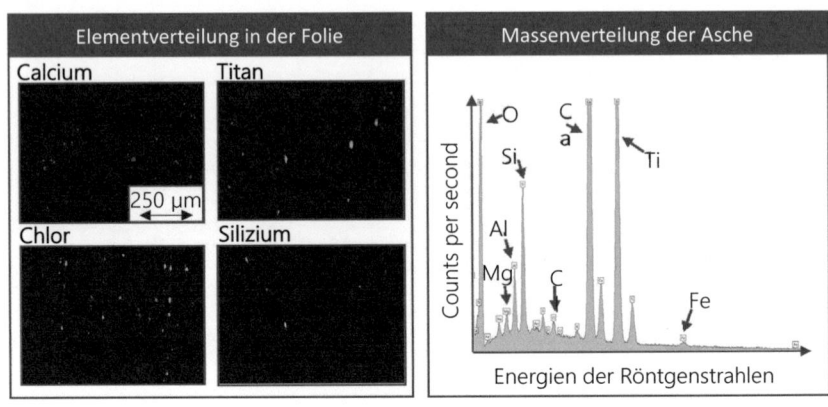

Abb. 4.4 Ergebnisse der energiedispersiven Röntgenspektroskopie (EDX) nach [2]

Probe wurde mit einer Aufheizrate von 10 K/min in einer oxidierenden Atmosphäre (Luft) erhitzt. Die extrapolierte Anfangstemperatur, bei der das Prüfmuster zu oxidieren beginnt, wird als T_{Air} gemessen. In Abb. 4.5 ist zu erkennen, dass das 420-S Material je nach Charge eine ähnliche thermische Stabilität wie das Neuware-Referenzmaterial aufweist. Der T_{Air}-Wert des Materials NAV 103 ist ebenfalls recht hoch, wohingegen die Materialien von Systalen deutlich geringere Werte zeigen. Möglicherweise gibt es hier einen Zusammenhang zu den erhöhten Aschegehalten. Es sind also deutliche Unterschiede in den T_{Air}-Werten der Materialien unterschiedlicher Recycler erkennbar. Die Werte für 210-S und für recythen® sind erhöht, da es sich jeweils um ein PE-HD handelt. So besitzt PE-HD von Grund auf eine höhere thermische Stabilität. Mischungen aus unterschiedlichen PE-Typen können daher auch zu einer Verfälschung des T_{Air}-Wertes führen. Weiterhin zeigen die detaillierten Analysen leichte Abweichungen zu den Ergebnissen in Tab 4.2 Beispiele ausgewählter Analyseergebnisse von PE-HD- und Folien-Rezyklate' should be there Dies kann u. a. auf unterschiedliche Chargen und Orte der Probenentnahme zurückgeführt werden und zeigt den Einfluss aufgrund von Materialschwankungen. [1]

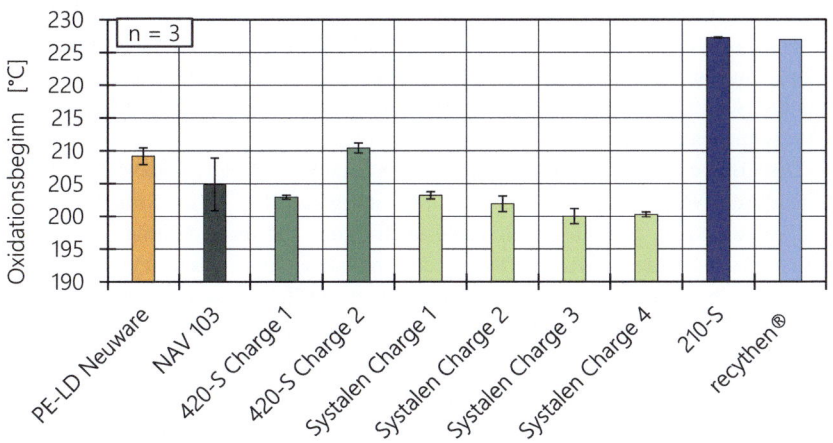

Abb. 4.5 Oxidationsbeginn bei verschiedenen PE-LD-Rezyklaten nach [1]

4.3 Einfluss saisonaler Inputschwankungen

Pia Fischer, Elena Berg, Rainer Dahlmann und Christian Hopmann

Eine besondere Herausforderung bei der Verarbeitung von Post-Consumer-Rezyklaten stellen saisonale Schwankungen dar, die sich auf die Materialzusammensetzung und die resultierenden Materialeigenschaften auswirken. Auch bei Neuware-Material sind Chargeneinflüsse bekannt, allerdings ist damit zu rechnen, dass die Schwankungen der Materialeigenschaften bei Rezyklaten aus Haushaltsabfällen deutlich ausgeprägter sind. Ein einfaches Beispiel zur Verdeutlichung bilden hier Feierlichkeiten wie Weihnachten, die mit Geschenken und Verpackungen einhergehen, während sich in der Sommerferienzeit beispielsweise gehäuft Sonnenmilchverpackungen mit entsprechenden aggressiven Rückständen im Gelben Sack auffinden lassen. Besonders für Verarbeiter ist es entscheidend, die mögliche Schwankungsbreite von Rezyklaten zu kennen, um entweder durch Mischen verschiedener Chargen oder aber durch gezielte Prozessanpassungen Qualitätseinbußen zu vermeiden.

Für diese wichtige Fragestellung stellte der Konsortialpartner Interzero über den Verlauf der Monate Januar bis Juni sechs aufeinander folgende Chargen des gleichen Materials zur Verfügung. Diese wurden anschließend durch das IKV umfassend analysiert und im Spritzgießprozess verarbeitet, um die

Prozessstabilität und den Einfluss der Schwankungen auf die Bauteilqualität zu analysieren. Dabei lag der Fokus auf chargenbedingten Veränderungen der (anorganischen) Verunreinigungsanteile sowie des Fließverhaltens, da diese Materialeigenschaften das Verarbeitungsverhalten in beiden analysierten Prozessen signifikant beeinflussen. [3]

Die Bewertung der Materialzusammensetzung erfolgte deswegen einerseits durch Veraschung zur Bestimmung anorganischer Verunreinigungsanteile und andererseits anhand zweier Messverfahren zur Bestimmung des Fließverhaltens. Da diese Messmethodik den meisten Verarbeitern zur Verfügung steht, wurden konventionelle Melt-Flow-Raten (MFR)-Messungen durchgeführt. Ergänzt wurden diese durch Messungen der rep. Viskosität über Hochdruck-Kapillarrheometrie, da hier eine Annäherung an die realen Druck- und Scherverhältnisse während der Verarbeitung möglich ist. [3]

Der Anteil anorganischer Verunreinigungen wurde in einem ersten Schritt durch die Verbrennung der Rezyklatchargen in einem Veraschungsofen bestimmt. Dazu wurden die verschiedenen Chargen jeweils für 1,5 h bei 600 °C verascht und anschließend der Rückstand im Verhältnis zum ursprünglichen Probengewicht gemessen, um den prozentualen Anteil anorganischer Rückstände zu berechnen. Die Ergebnisse der Veraschungsuntersuchungen sind in Abb. 4.6 über die verschiedenen Chargen gemeinsam mit dem gemessenen MFR (190 °C; 5 kg) dargestellt. [3]

Der Ascheanteil schwankt für alle Materialchargen nur leicht zwischen 0,9 % und 1,0 %. Der MFR aller Chargen ist verhältnismäßig niedrig und steigt von 1,78 g/10 min (Charge 2) auf bis zu 2,74 g/10 min (Charge 4), was einen Einfluss auf die Prozessstabilität vermuten lässt. Auch wenn die Ascheanteile und MFR-Messwerte insgesamt über die Chargen einem ähnlichen Verlauf folgen, kann nicht direkt auf eine Korrelation zwischen beiden Größen geschlossen werden, da Aspekte wie Fremdpolymeranteile das Fließverhalten ebenfalls stark beeinflussen können. [3]

Ergänzend zum MFR wurde die Viskosität der verschiedenen Chargen über verschiedene Schergeschwindigkeiten unter prozessnahen Bedingungen (230 °C) bestimmt. Die Ergebnisse in Abb. 4.7 zeigen, dass sich die Chargen über eine steigende Schergeschwindigkeit in zwei Bereiche clustern. Charge 2 und 6 haben die höchsten Viskositäten, was mit den Tendenzen der MFR-Messung korreliert, da die Chargen hier einen vergleichsweise niedrigen MFR aufweisen. Die Unterschiede in den Viskositätsverläufen der Chargen 1, 3, 4 und 5 lassen sich mithilfe der Ergebnisse der HKR-Messungen nur schwer korrelieren. [3]

Die dargestellten Ergebnisse werden in den folgenden Verarbeitungsversuchen genutzt, um sowohl im Extrusions- als auch im Spritzgießprozess einen Bezug

4 Herstellung und Analyse kommerziell erhältlicher Rezyklate

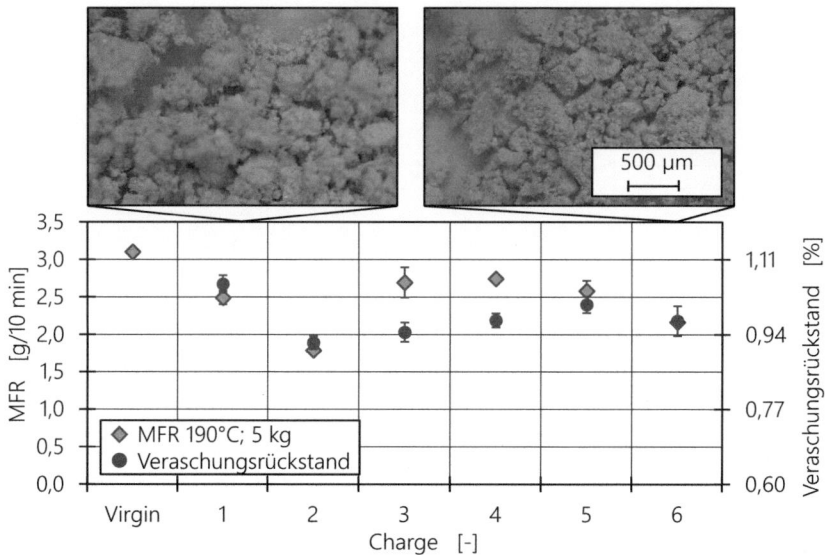

Abb. 4.6 Melt-Flow-Rate und Veraschungsrückstand in Abhängigkeit der Rezyklatcharge nach [3]

zwischen den gemessenen Materialeigenschaften und der resultierenden Prozessstabilität und Bauteilqualität herzustellen. Abschließend wird in Kap. 6.3.3 ein Assistenzsystem des Projektpartners Arburg eingesetzt, um die Möglichkeit zu bewerten, Chargenschwankungen direkt im laufenden Prozess mithilfe von Regelgrößen auszugleichen. [3]

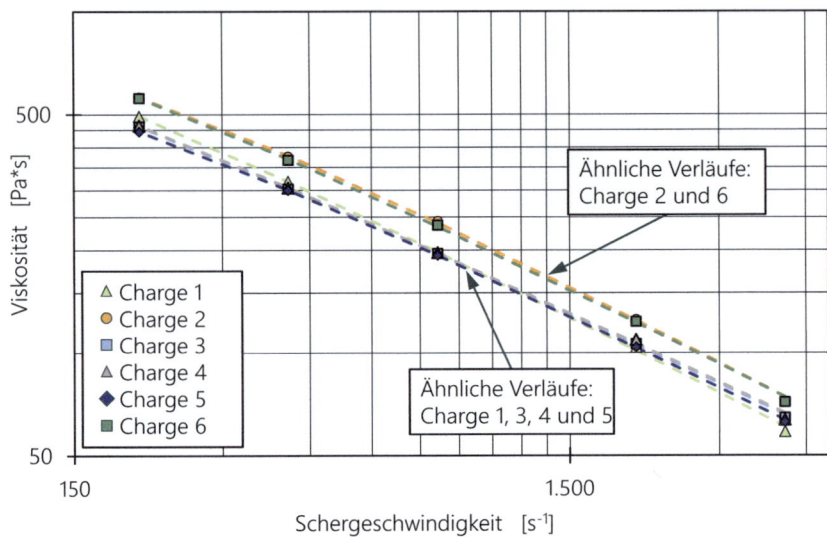

Abb. 4.7 Resultierende Viskosität in Abhängigkeit der Rezyklatcharge nach [3]

Literatur

1. E. Berg, „Usage potentials for different qualities of recyclates in plastics packaging", gehalten auf dem 31. Internationalen Kunststofftechnischen Kolloquium, Aachen, Deutschland, 07. Septemper 2022.
2. E. Berg, M. Schön und R. Dahlmann, „Usage potentials for different qualities of recyclates in plastics packaging", *Umdruck zum 31. Internationalen Kunststofftechnischen Kolloquium.*, Aachen, 07.-08.09.2022.
3. P. Fischer, E. Berg, C. Hopmann, R. Dahlmann „Investigating the impact of seasonal input stream fluctuations on post-consumer polyethylene processing", im Veröffentlichungsprozess bei *Polymers*

Open Access Dieses Kapitel wird unter der Creative Commons Namensnennung - Nicht kommerziell 4.0 International Lizenz (http://creativecommons.org/licenses/by-nc/4.0/deed.de) veröffentlicht, welche die nicht-kommerzielle Nutzung, Vervielfältigung, Bearbeitung, Verbreitung und Wiedergabe in jeglichem Medium und Format erlaubt, sofern Sie den/die ursprünglichen Autor(en) und die Quelle ordnungsgemäß nennen, einen Link zur Creative Commons Lizenz beifügen und angeben, ob Änderungen vorgenommen wurden.

Die in diesem Kapitel enthaltenen Bilder und sonstiges Drittmaterial unterliegen ebenfalls der genannten Creative Commons Lizenz, sofern sich aus der Abbildungslegende nichts anderes ergibt. Sofern das betreffende Material nicht unter der genannten Creative Commons Lizenz steht und die betreffende Handlung nicht nach gesetzlichen Vorschriften erlaubt ist, ist auch für die oben aufgeführten nicht-kommerziellen Weiterverwendungen des Materials die Einwilligung des jeweiligen Rechteinhabers einzuholen.

Einsatz von Rezyklat als Rohstoff in der Folienverarbeitung

5

Elena Berg, Rainer Dahlmann, Ralf Wiechmann, Fabian Nentwig, Hannelore Konnerth, Steffen Kuhnigk und Sabine Weber

Inhaltsverzeichnis

5.1	Voruntersuchungen zur Verarbeitbarkeit von Rezyklaten	48
	5.1.1 Einfluss unterschiedlicher Rezyklate in der Blasfolienextrusion	49
	5.1.2 Einfluss unterschiedlicher Rezyklate im Folienreckprozess	57
5.2	Verarbeitung ausgewählter Rezyklatqualitäten im industriellen Maßstab	62
	5.2.1 Herstellen von Siegelfolien auf einer EVO Fusion Blasfolienanlage	62
	5.2.2 Herstellen von BOPE-Folien auf einer Pilot-Folien-Reckanlage	66
5.3	Einfluss durch Kreuzkontaminationen von Polyolefinen	68
	5.3.1 DSC-Analysen zur Abschätzung der Kontaminationsanteile (PE/PP)	68
	5.3.2 Einfluss des Fremdpolymeranteils (PP/PE) auf die Folieneigenschaften	71
5.4	Einfluss der Materialzusammensetzung auf die Degradation	73
	5.4.1 Einfluss auf die Stippenbildung	76
	5.4.2 Einfluss auf die Zugeigenschaften	78
5.5	Herstellung des Demonstrator-Folienlaminats	82
	5.5.1 Herstellung der Blasfolie	83
	5.5.2 Herstellung der BOPE-Folie	87
	5.5.3 Bedrucken der BOPE-Folie und Kaschieren beider Folien	90
Literatur		93

E. Berg · R. Dahlmann (✉)
Lehrstuhl und Institut für Kunststoffverarbeitung (IKV), Industrie und Handwerk an der RWTH Aachen, Aachen, Deutschland
E-Mail: publications@ikv.rwth-aachen.de

E. Berg
E-Mail: elena.berg@ikv.rwth-aachen.de

R. Wiechmann · F. Nentwig
Reifenhäuser GmbH & Co. KG Maschinenfabrik, Troisdorf, Deutschland
E-Mail: Ralf.Wiechmann@reifenhauser.com

© Der/die Autor(en) 2025
R. Dahlmann und C. Hopmann (Hrsg.), *Nachhaltige Kunststoffverpackungen aus Post Consumer-Rezyklaten,* SDG - Forschung, Konzepte, Lösungsansätze zur Nachhaltigkeit, https://doi.org/10.1007/978-3-658-48211-4_5

In diesem Kapitel werden die im vorangegangenen Kap. 4 durchgeführten Analysen an marktgängigen Rezyklaten weitergeführt, indem ausgewählte Materialien zu Folien verarbeitet und die dabei auftretenden Herausforderungen untersucht werden. Im Fokus stehen sowohl die Verarbeitung der Rezyklate als auch die Bewertung der resultierenden Folieneigenschaften, die anschließend mit gängigen Anforderungsprofilen verglichen werden. Ziel ist es, ein tiefgehendes Verständnis über die Einsatzmöglichkeiten kommerziell verfügbarer Recyclingmaterialien in Folienprodukten zu gewinnen und zu analysieren, inwieweit Neuware durch Rezyklate substituiert werden kann. Dabei werden besonders die Auswirkungen von Verunreinigungen, Vermischungen und degradationsbedingten Werkstoffveränderungen betrachtet, die die molekulare Struktur sowie die mechanischen und weiteren gebrauchstechnischen Eigenschaften von Folien beeinflussen.

5.1 Voruntersuchungen zur Verarbeitbarkeit von Rezyklaten

Elena Berg und Rainer Dahlmann

Die Voruntersuchungen zur Verarbeitbarkeit von Rezyklaten wurden sowohl für den Blasfolienextrusionsprozess als auch für den biaxialen Streckprozess durchgeführt und werden nachfolgend beschrieben.

F. Nentwig
E-Mail: fabian.nentwig@reifenhauser.com

H. Konnerth · S. Kuhnigk · S. Weber
Brückner Maschinenbau GmbH , Troisdorf, Deutschland
E-Mail: hannelore.konnerth@brueckner.com

S. Kuhnigk
E-Mail: steffen.kuhnigk@brueckner.com

S. Weber
E-Mail: sabine.weber@brueckner.com

5.1.1 Einfluss unterschiedlicher Rezyklate in der Blasfolienextrusion

Elena Berg und Rainer Dahlmann

Zur Untersuchung der Verarbeitbarkeit kommerziell erhältlicher Rezyklate zu Blasfolien und resultierender Produkteigenschaften wurden zunächst Voruntersuchungen an einer Technikumsanlage im IKV (Typ KFB 45/600 der Firma Kuhne Anlagenbau GmbH, St. Augustin, Deutschland) durchgeführt. Bei der Verarbeitung von Rezyklaten zu Blasfolien spielen insbesondere die Blasenstabilität, der Extruderdruck, die Folienhomogenität und Verunreinigungen im Material eine besondere Rolle.

In der Blasfolienextrusion ist die Schmelze bis zum Erstarren einem freien Spiel unterschiedlicher Kräfte in Längs- und Querrichtung ausgesetzt [1]. Zur Charakterisierung der Verarbeitbarkeit wurden in der Fachliteratur u. a. qualitative Zusammenhänge zwischen der Blasenstabilität und der Dehnungsviskosität hergestellt [2–5]. Zur Beurteilung des Dehnungsverhaltens von Polymerschmelzen wird in der Praxis häufig die Schmelzefestigkeit mittels des Rheotens-Versuchs gemessen [6]. Dabei wird eine gute Blasenstabilität mit einer hohen Schmelzefestigkeit erzielt, welche wiederum die Fähigkeit beeinflusst ausgewogene Folieneigenschaften zu erhalten. Die Polymereigenschaften, die die Schmelzefestigkeit beeinflussen, sind das Molekulargewicht, die Molekulargewichtsverteilung und Kettenverzweigungen. Kunststoffverarbeiter kompensieren bei Bedarf den Einfluss der Schmelzefestigkeit durch Anpassung der Schmelzetemperaturen oder der Ausstoßleistung [7, 8].

Oszillationsrheometer sind heute für die Charakterisierung von Polymeren weit verbreitet. Über die Phasenverschiebung zwischen der angelegten Kreisfrequenz und dem gemessenen Drehmoment können die elastischen Anteile G' (Speichermodul) mit dem Hookschen Gesetz und die viskosen Anteile G" (Verlustmodul) mit dem Newtonschen Reibungsgesetz ermittelt werden. Die Frequenz des Schnittpunktes der Kurven des Speicher- und Verlustmoduls, auch genannt Cross-Over-Point (COP), gibt Auskunft über die Relaxationszeit eines Polymers und wird in der Literatur ebenfalls beschrieben als Maß für die gewichtsmittlere Molasse. Weiterhin kann die Inverse des COP-Moduls mit dem PDI korreliert werden [9–11]. Der COP erlaubt qualitative Aussagen über die Schmelzefestigkeit, da beide Materialkennwerte durch dieselben Materialeigenschaften beeinflusst werden [8, 12]. Je niedriger der Schnittpunkt von G" und G' auf der horizontalen und vertikalen Achse ist, desto größer ist daher die Schmelzefestigkeit. Abb. 5.1 zeigt beispielhaft die Schnittpunkte der Speicher- und

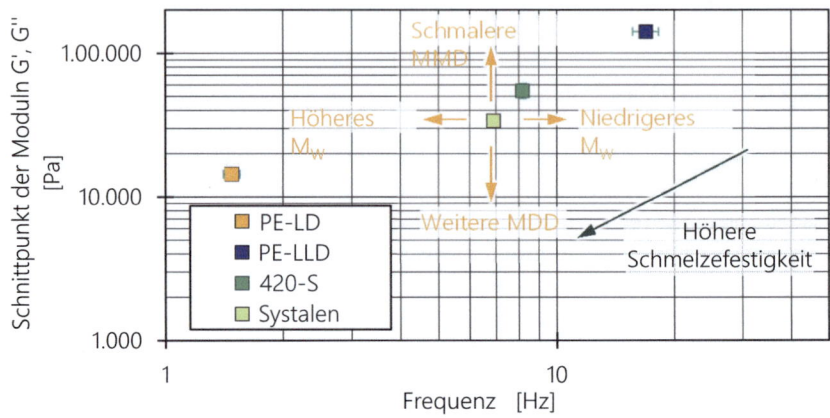

Abb. 5.1 Schnittpunkt des Speicher- und Verlustmoduls für Neuwarematerialien und Folienrezyklate

Verlustmodule für ein Neuware PE-LD und ein Neuware PE-LLD als auch für zwei Folienrezyklate. Es ist zu erkennen, dass die Werte für die Rezyklate 420-S und Systalen zwischen den Werten für das gemessene PE-LD und PE-LLD liegen mit Tendenz Richtung des PE-LLDs. Dies erscheint auf Basis einer typischen Folienzusammensetzung einleuchtend, da Blasfolien häufig aus PE-LD- und PE-LLD-Blends hergestellt werden, um ein Gleichgewicht zwischen Verarbeitbarkeit und mechanischen Eigenschaften zu schaffen. Auf Basis der Ergebnisse aus den Oszillationsmessungen zeigen die untersuchten Rezyklate demnach keine Einschränkungen für eine Verarbeitbarkeit in der Blasfolienextrusion.

Nach ersten qualitativen und quantitativen Materialanalysen wurden im Anschluss ausgewählte Rezyklate zu Mono-Blasfolien verarbeitet. Hierzu wurde ein Extruder mit den Abmessungen 45D und L/D = 24 sowie eine 80 mm-Düse verwendet. Der Düsenspalt wurde auf 1 mm, die gewünschte Foliendicke auf 100 µm, das Blasverhältnis auf 2,4 und der Ausstoß auf 10 kg/h eingestellt. Die Düsentemperatur wurde zwischen 170 °C und 240 °C variiert. Es wurden die Rezyklate 420-S und Systalen verarbeitet. In Abb. 5.2 sind beispielhafte Folien mit unterschiedlichen Fehlstellen und Oberflächendefekten dargestellt. Die Aufnahmen zeigen eine allgemein hohe Stippendichte sowie große Löcher in der Folienbahn.

5 Einsatz von Rezyklat als Rohstoff in der Folienverarbeitung

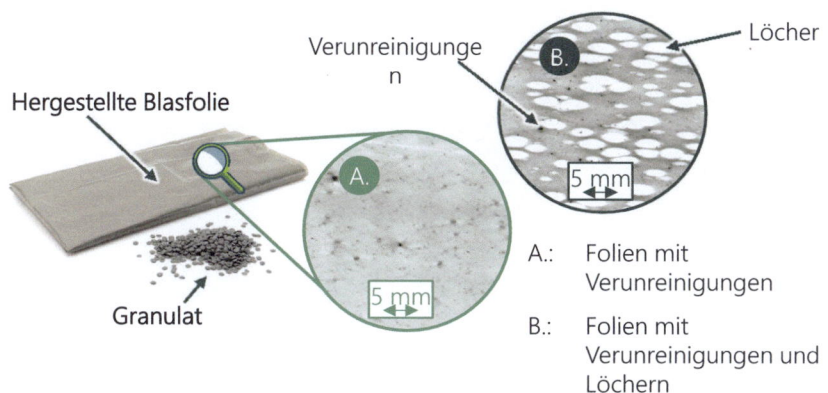

Abb. 5.2 Aufnahmen hergestellter Blasfolien mit verschiedenen Oberflächendefekten [21]

Das Auftreten von Aufrissen in der Folienbahn ist abhängig vom verwendeten Rezyklat und der eingestellten Verarbeitungstemperatur. Mit steigender Verarbeitungstemperatur treten die Löcher in einer höheren Anzahl und größer auf. Eine Vortrocknung des Materials bei 80 °C für 3 h (Umlufttrocknung) schafft Abhilfe und kann je nach Rezyklat entsprechende Aufrisse vollständig vermeiden. In den Versuchen zeigt das Systalen im Vergleich zum 420-S eine höhere Anzahl an Löchern und diese bereits ab einer Verarbeitungstemperatur von 170 °C. Das Material 420-S hingegen konnte bis zu einer Temperatur von 220 °C ungetrocknet ohne Löcher verarbeitet werden. Es wird angenommen, dass enthaltene flüchtige Bestandteile aus der Folie ausgasen und somit zu den gezeigten Fehlstellen führen. Ergebnisse aus Abschn. 4.1 zeigen für das Systalen doppelt so viel flüchtige Bestandteile wie für das Material 420-S. Neben einer Wägung vor und nach einer mehrstündigen Lagerung bei erhöhten Temperaturen in einem Vakuumofen wurden ebenfalls einzelne Granulatkörner angeschliffen und die Strukturen miteinander verglichen. Es konnten beim Systalen, welches sehr stark ausgeprägte Löcher in der Folie zeigte, große Hohlräume im Granulat beobachtet werden. Dabei zeigen von neun aufgeschnittenen Granulatkörnern ca. die Hälfte besonders große Hohlräume mit einem Durchmesser von etwa 100 µm (vgl. Abb. 5.3). Für eine weitere Verarbeitung und Analyse sowie insbesondere für die Materialauswahl des Demonstrators wird daher ein Material mit geringeren flüchtigen Bestandteilen, d. h. ohne größere Hohlräume im Schnitt, bevorzugt.

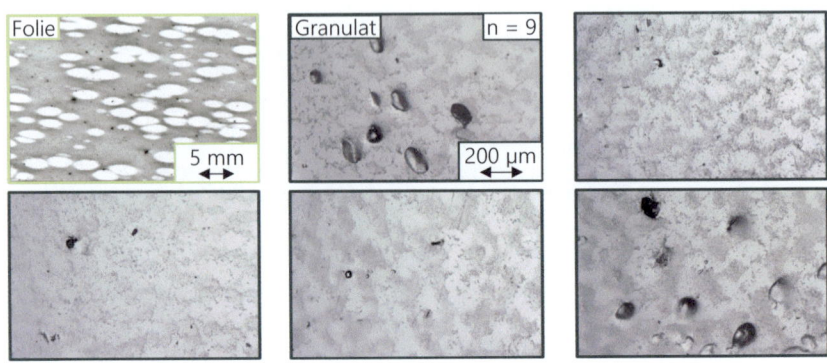

Abb. 5.3 Anschliffe von Granulatproben am Beispiel des Systalens [13]

Im vorgetrockneten Zustand konnten beide Materialien ohne Schwierigkeiten verarbeitet werden. Im Anschluss an die Verarbeitungsversuche wurden Zugprüfungen an den 420-S-Proben in Abhängigkeit der Verarbeitungstemperatur vorgenommen. Die Ergebnisse zeigen am Beispiel der Zugfestigkeit in Extrusionsrichtung (machine direction, MD) für niedrigere Temperaturen höhere Folieneigenschaften (vgl. Abb. 5.4). Demnach sind auch für die mechanischen Eigenschaften neben dem Auftreten von Löchern und einer verbesserten energetischen Bilanz niedrige Verarbeitungstemperaturen von Vorteil.

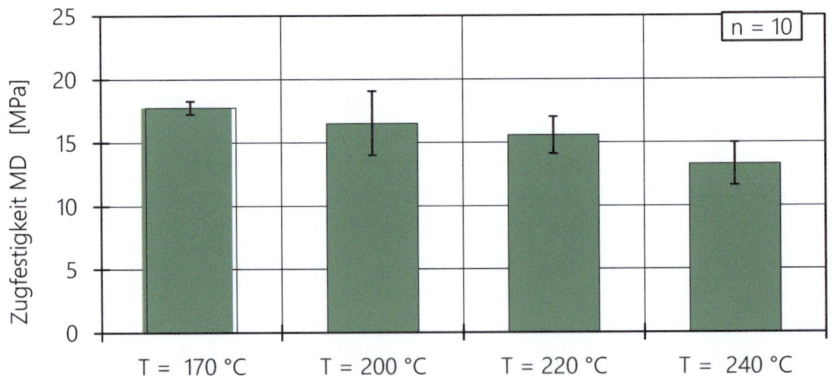

Abb. 5.4 Zugfestigkeit der Folien 420-S in Abhängigkeit der Verarbeitungstemperatur

5 Einsatz von Rezyklat als Rohstoff in der Folienverarbeitung

Bei näherer Betrachtung der Folien können neben Löchern in der Folie eine Vielzahl unterschiedlicher Stippen identifiziert werden, die sich in ihrer Größe und Form stark unterscheiden. Stippen sind kleine visuelle Defekte oder Erhebungen in der Folienbahn aufgrund von isolierten Verunreinigungen [14]. Auslöser für ihr Auftreten in PE-Folien sind z. B. hochmolekulare oder vernetzte polymere Anteile, nicht geschmolzene oder feste Polymer- und Fremdpolymerfragmente, Agglomeratbildungen von Füllstoffen sowie weitere Verschmutzungen [15]. Neben Marketingaspekten erhöhen solche Fehlstellen u. a. die Gefahr von Löchern oder gar Abrissen der Folienbahn, schützen das spätere Produkt weniger gut gegen äußere Einflüsse und beeinflussen weiterführende Verarbeitungsprozesse (z. B. Bedrucken, Aufbringen von Barriereschichten, Kaschieren). Es wurde daher der Ursprung solcher Stippen untersucht, um mögliche Maßnahmen zur Reduzierung solcher zu ermitteln [16].

In diesem Zusammenhang wurden den PCR-Folien aus 420-S Proben entnommen und visuell mit einem Heiztischmikroskop untersucht. Abb. 5.5 zeigt Beispiele von zwei optisch erkennbaren Stippen bei Raumtemperatur und bei 300 °C. Es wird deutlich, dass die Stippen bei Raumtemperatur aufgrund der typischen grau-grünen Rezyklatfarbe nur quantitativ und nicht qualitativ charakterisiert werden können. Die tatsächlichen Farben und Formen der Stippen werden erst nach dem Schmelzen sichtbar.

Generell lassen sich die Ergebnisse anhand ihres äußeren Erscheinungsbildes in drei Gruppen einteilen (vgl. Abb. 5.6): transparent und scharfkantig im

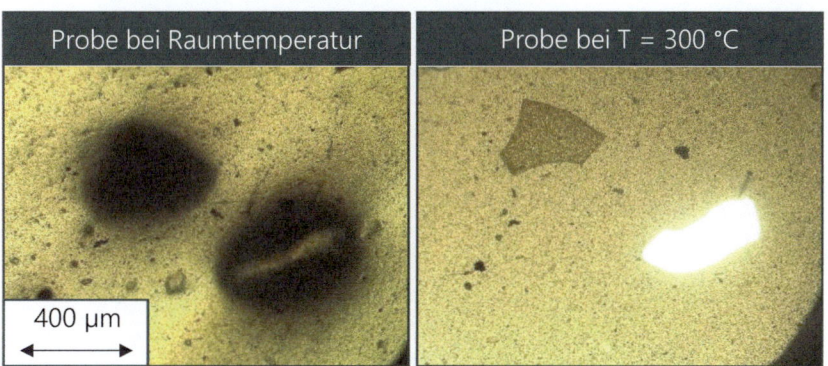

Abb. 5.5 Beispiel für zwei visuell störende Stippen

Durchlicht, bräunlich und scharfkantig sowie schwarz mit ausgefransten Rändern. Gruppe 1 und Gruppe 2 machen jeweils ca. 35 % aus. Es wird vermutet, dass die Gruppe 3 auf verschiedene Kautschuke (z. B. Nitril-Butadien-Kautschuk (NBR) in Einweghandschuhen) zurückzuführen ist. Weitere mikroskopische Aufnahmen mittels Heiztisch in Kombination mit einer Fourier-Transformations-IR-Spektroskopie (FTIR) zeigen Stippen, die typisch für Fasern (z. B. Cellulose) oder Polyurethan sind. Gruppe 2 scheint auf einem polaren Material zu basieren. Eine scharfkantige, bräunliche Probe wurde mit Jodlösung behandelt, die polares Material braun färbt, und es wurde eine leichte Färbung der Stippe beobachtet. Das FTIR-Spektrum ähnelt einem acrylähnlichen Material und die thermische Mikroskopie (die Stippe schmilzt nicht) deutet auf ein vernetztes oder abgebautes Material hin. Bei allen Tests werden ausschließlich große Stippen (> 200 μm) analysiert, wobei viele andere Verunreinigungen in den Proben sichtbar waren, die aber aufgrund ihrer Größe vernachlässigt wurden.

Die helleren Stippen aus Gruppe 1 wurden genauer analysiert. Abb. 5.7 zeigt mikroskopische Aufnahmen zweier Mikrotomschnitte ausgewählter Stippen während der Erwärmung der Probe. Während die Stippen bei ca. 100 °C zu schmelzen beginnen, schmilzt die umgebende Folie jeweils bei ca. 115 °C. Der Unterschied zwischen den Stippen besteht darin, dass Stippe 1 vollständig schmilzt (ca. 120 °C) und Stippe 2 gar nicht oder erst deutlich über 220 °C (d. h. oberhalb der Verarbeitungstemperatur von Polyethylen). Die IR-Analysen zeigen für Stippe 1 ein Polyethylen und für Stippe 2 ein Ethylen-Vinylacetat (EVA), wobei letzteres

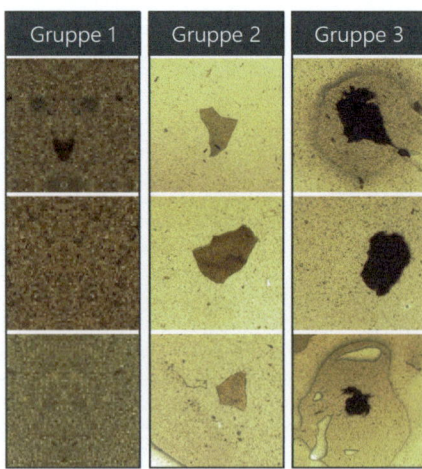

Abb. 5.6 Drei Gruppen der am häufigsten identifizierten Stippen (T = 300 °C)

aufgrund der Thermoanalyse vernetzt zu sein scheint. Prinzipiell können nicht schmelzende Stippen vernetzte Materialien oder Klebstoffe sein [17].

Um zu überprüfen, ob vernetztes Material vorhanden ist, wurde auch das Verhalten von erwärmtem Material unter Scherung untersucht. Abb. 5.8 zeigt ein typisches Ergebnis einer solchen Stippe in einem optischen Rheologiesystem bei einer Temperatur von 250 °C. Es ist zu erkennen, dass sich diese Art von Stippe unter Scherung verformt und im Grunde genommen verschmiert, aber nicht verschwindet. Die Stippe besteht also wahrscheinlich aus hochmolekularen oder vernetzten Strukturen und wird durch thermische und/oder

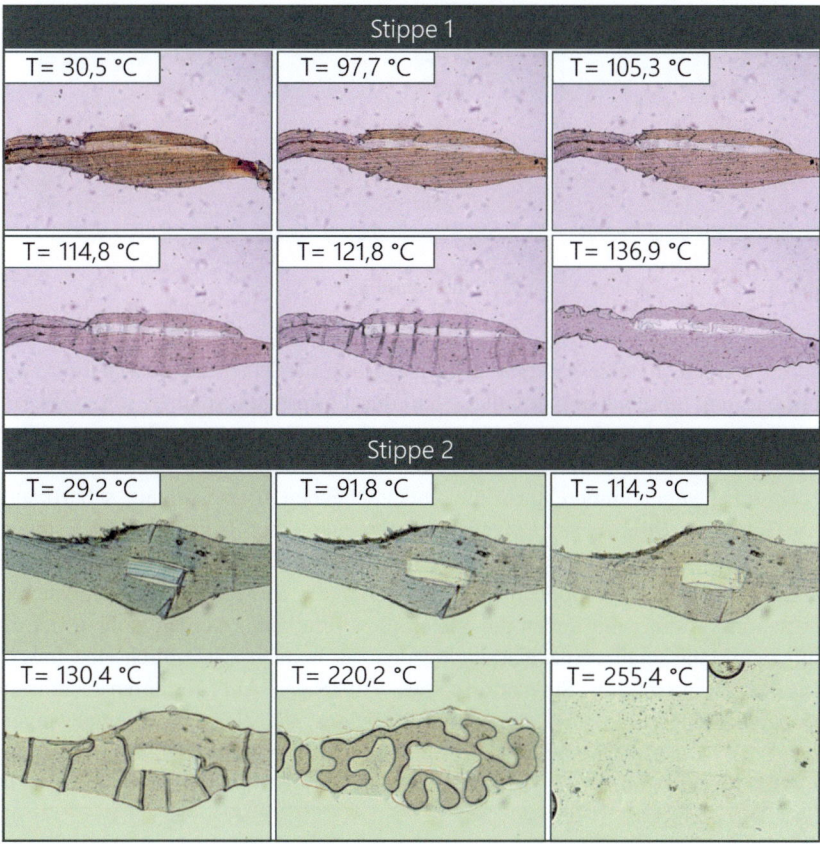

Abb. 5.7 Heiztischmikroskopie-Bilder von zwei ausgewählten Stippen der Gruppe 1

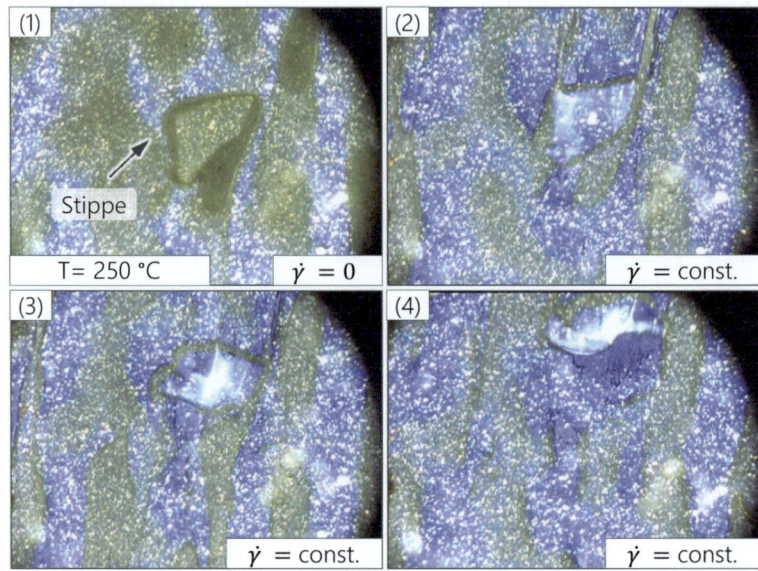

Abb. 5.8 Stippe der Gruppe 1 unter Scherbelastung

thermo-oxidative Prozesse verursacht. Aufgrund der Materialeigenschaften (verformbar und abtrennbar) gestaltet sich die Entfernung solcher sog. Gele im Extrusionsprozess recht schwierig (z. B. Dispergierung, Oberflächenfiltration) oder wartungs- und kostenintensiv (z. B. Tiefenfiltration).

Es wird angenommen, dass die entsprechenden transparenten, scharfkantigen Gele bzw. Stippen aus Polyethylen oder möglichen Copolymeren bestehen. Dabei stellt sich die Frage, inwieweit sich diese verfahrenstechnisch reduzieren lassen und welche Komponenten im Material die Stippenbildung katalysieren. Extrusionssysteme, mit denen die Materialien verarbeitet werden, sollten bei der Stippenbildung nicht vernachlässigt werden. So können z. B. durch eine falsche Schneckenkonstruktion Stagnationszonen entstehen. Auf verfahrenstechnische Möglichkeiten wurde im Rahmen des Projektes allerdings nicht eingegangen. Eine Analyse der Stippenbildung in Abhängigkeit der Materialzusammensetzung folgt in Abschn. 5.4.

5.1.2 Einfluss unterschiedlicher Rezyklate im Folienreckprozess

Hannelore Konnerth, Steffen Kuhnigk und Sabine Weber

Zur Untersuchung der Verarbeitbarkeit unterschiedlicher Rezyklate im Folienreckprozess wurden mit ausgewählten Rezyklaten aus Abschn. 4.1 Versuche an Laboranlagen durchgeführt. Das Ziel der Vorversuche im Brückner-Technikum war es, anhand von Materialanalysen und der angepassten Prozessführung Aussagen und Trends hinsichtlich der Eignung bestimmter Rezyklate für die Produktion von biaxial-orientierten PE-Folien (BOPE) zu treffen. In Abhängigkeit verschiedener Rezyklatqualitäten und – anteile wurde hierzu die Verarbeitbarkeit der Rezyklate mithilfe von Prozessdaten während der Extrusion und der Verstreckung untersucht. Dabei wurden die Prozessparameter möglichst konstant gehalten und der Einfluss unterschiedlicher Rezyklat auf den Prozess untersucht. So ist beispielsweise der Differenzdruckanstieg am Filter ein Indikator für viele Fremdpartikel und Verunreinigungen. Des Weiteren wurde eine erste Bewertung der optischen Eigenschaften und des Schrumpfs der versteckten Muster sowie der Zugeigenschaften hinsichtlich der Verwendung einer BOPE-PCR-haltigen Folie für das Demonstratorprodukt durchgeführt.

Die mechanischen Eigenschaften einer Folie sind von zentraler Bedeutung, da gerade bei den weiteren Verarbeitungsschritten der BOPE-Folie die Steifigkeit (E-Modul), die v. a. durch den Einsatz von PE-HD verbessert wird, und der thermische Schrumpf relevante Eigenschaften darstellen. Ist die Folie nicht steif genug, kann sie sich z. B. beim Bedrucken zu stark und undefiniert dehnen, wodurch ein präzises Mehrfarbendruckbild nicht möglich ist. Auch der thermische Schrumpf spielt hier eine große Rolle, so muss die Folie nicht nur beim Trocknen der Farbe dimensionsstabil bleiben, sondern z. B. auch beim späteren Siegeln der Verpackung. Zudem ist insbesondere in Hinblick auf das Demonstratorprodukt die Bedruckbarkeit der Folie im Konterdruck zu beachten, weswegen die optischen Eigenschaften der Folie ebenfalls von wesentlicher Bedeutung sind.

Zur Verarbeitung der Materialien zu 3-lagigen Castfolien wurde eine Laborextrusionsanlage mit Breitschlitzdüse (Coathanger Verteiler mit einer Breite von 270 mm und Spaltdicke von ca. 1,2 mm) mit einem 3-Lagen Adapter (ABA), einem Doppelschneckenextruder (D = 40 mm; L/D = 56) mit Entgasung und einem Schmelzefilter mit einer Filtermaschenweite von 200 µm genutzt. Anschließend wurden die Castfilmmuster (9 cm x 9 cm) mithilfe eines Laborreckrahmens in einem zusätzlichen Offline-Prozessschritt sequentiell verstreckt (5 × 7), um biaxial-orientierte Folie im Labormaßstab herzustellen. Es wurden

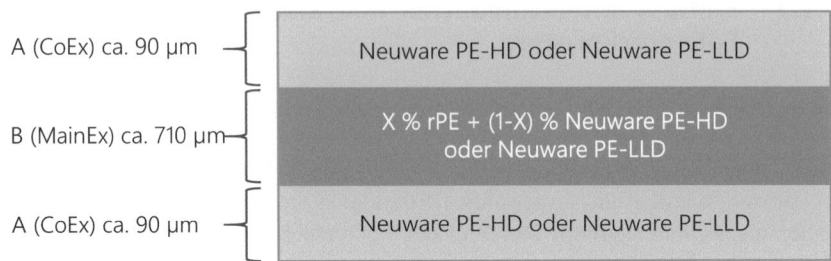

Abb. 5.9 Lagenaufbau der extrudierten Castfilme mit X % rPE (Rezyklat)

zunächst Castfilme mit jeweils 10 %, 20 %, 30 % und 50 % rPE-Anteil in verschiedenen Materialkombinationen hergestellt, um die generelle Prozesseignung zu überprüfen. Abb. 5.9 zeigt den Lagenaufbau der extrudierten Castfilme für einen variierenden Rezyklatanteil.

Mit erhöhtem Anteil an Rezyklat in der Kernschicht steigt die Anzahl an sichtbaren Oberflächendefekten in der Folie. Bei den recycelten PE-HD-Materialien führt ein zunehmender Anteil an Rezyklat zu vermehrter Stippenbildung, wohingegen bei den PE-LD/PE-LLD-Rezyklaten kaum Stippen auftreten. Bei den beschriebenen Stippen handelt es sich um transparente Materialverdickungen, die häufig die äußere Lage der Folie (eng. Skinlayer) durchbrechen und somit die Optik und potenziell die Weiterverarbeitbarkeit der Folie stark beeinträchtigen. Abb. 5.10 zeigt beispielhafte Kamera- und Mikroskopie-Aufnahmen eines Castfilms mit entsprechenden Stippen. Da die detektierten Stippen größer sind als die Feinheit des eingesetzten Schmelzefilters, wird angenommen, dass es sich um (teil-)vernetzte, weiche PE-HD-Partikel handelt.

Die verstreckten Muster zeigen neben vielen Stippen, insbesondere bei recyceltem Polyethylen, auch zahlreiche Fremdpartikel, v. a. bei rHDPE-1, rHDPE-3 und rLDPE-4 (Abb. 5.11, links). Für diese Materialien zeigte sich während der Verarbeitung ebenfalls ein erhöhter Druckanstieg vor dem Schmelzefilter, was darauf hindeutet, dass der Filter sich mit Partikeln zusetzt. Zudem kam es während der Versuche zu Ablagerungen an der Kühlwalze und zu Kondensat am Luftmesser sowie zu starken Ablagerungen an der Düsenlippe. Hier könnte ein Zusammenhang zu den Ergebnissen aus den Laboranalysen bestehen, bei denen ein erhöhter Bestandteil an PP, an flüchtigen Verbindungen sowie ein erhöhter Aschegehalt im Vergleich zu den weiteren Materialien festgestellt wurde. Zudem zeigen die meisten Folien eine Färbung von leicht weiß oder grün/braun, gegeben durch die Farbe des Granulats. Beim rLLDPE-1 (experimental grade)

5 Einsatz von Rezyklat als Rohstoff in der Folienverarbeitung

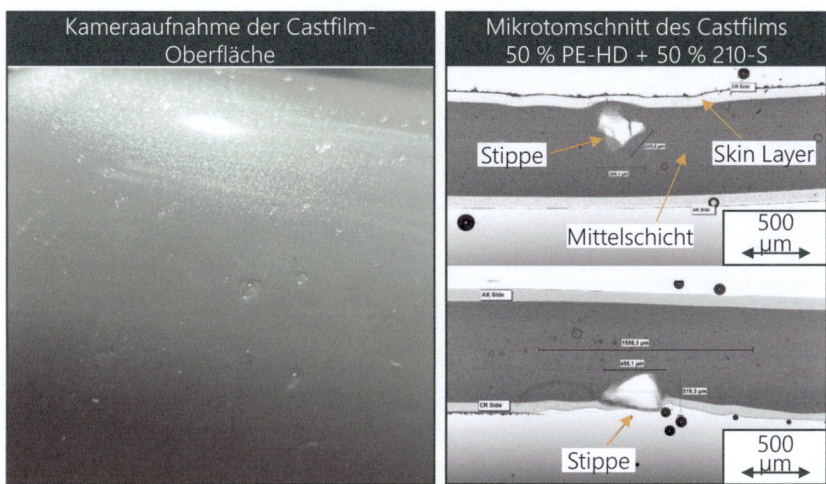

Abb. 5.10 Kamera- und Mikroskopieaufnahmen zu detektierten Stippen

Material traten kaum Fremdpartikel auf, allerdings eine starke weiße Färbung. Daher stellen die optisch vielversprechendsten Folien diejenigen mit Anteilen von rLDPE-2 und rLDPE-3 dar, wobei letzteres eine geringere Anzahl an Fremdpartikeln aufweist (Abb. 5.11, rechts). Bei beiden Materialien handelt es sich um 100 % PCR-Material, wobei rLDPE-2 zu großen Anteilen aus vorsortierten Haushaltsabfällen und rLDPE-3 hauptsächlich aus Gewerbeabfällen stammt.

In Abb. 5.12 ist ein subjektiver Vergleich der getesteten PCR-Materialien hinsichtlich Verarbeitbarkeit während des Extrusionsprozesses sowie der optischen und mechanischen Eigenschaften der verstreckten Folie dargestellt.

In Bezug auf die gemessenen Folieneigenschaften zeigten die verstreckten Folien mit recycelten PE-HD-Anteilen eine verringerte Bruchdehnung, vermutlich aufgrund der hohen Anzahl an Stippen, sowie erhöhte Haze-Werte, möglicherweise aufgrund zahlreicher Verunreinigungen in den Rezyklaten. Zwischen den verwendeten PE-HD-Rezyklaten können keine signifikanten Unterschiede festgestellt werden. Der Einfluss von recyceltem PE-LD/PE-LLD zeigt sich v. a. durch eine signifikante Abnahme der Zugfestigkeit, der Bruchdehnung und des E-Moduls sowie einer Zunahme des Schrumpfes mit zunehmendem Rezyklatanteil, vermutlich aufgrund der unterschiedlichen Materialeigenschaften des PE-LD im Vergleich zu PE-HD. Gewisse Unterschiede zwischen den einzelnen Rezyklaten beim Haze-Wert können möglicherweise auf eine unterschiedliche Menge an

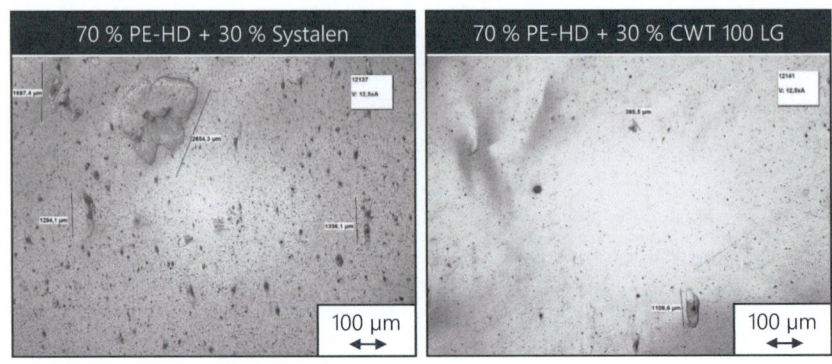

Abb. 5.11 Beispiele von Mikroskopieaufnahmen gereckter Folien mit Fremdpartikeln

Matrix	PCR PE 30 %	Ratio	Verarbeit-barkeit	Geruch	Stabilität	Optik	Mechanik
PE-HD	rHDPE-1	5x7	+	+/-	Im Offline-Prozess nicht bewertbar	-	(+)
	rHDPE-2	5x7	+	+		-	(+)
	rHDPE-3	5x7	+/-	+/-		-	(+)
	rLDPE-1	5x7	+/-	-		-	(+/-)
	rLDPE-2	5x7	+	+/-		+/-	(+/-)
	rLDPE-3	5x7	+	+/-		+/-	(+/-)
	rLDPE-4	5x7	+/-	-		-	(+/-)
	rLLDPE-1	5x7	+	-		(+)	(+/-)
PE-LLD	rLLDPE-1	5x7	+	-		(+)	(+/-)
	rLDPE-3	5x7	+	+/-		+/-	(+/-)
	rHDPE-1 (D)	5x7	+	+		-	(+/-)

Abb. 5.12 Übersicht und Vergleich der PE-Folien mit einem Rezyklatanteil von 30 %

Verunreinigungen zurückgeführt werden. Zudem zeigt Systalen im Vergleich zu den anderen PE-LD-Materialien einen höheren E-Modul in MD und TD. Auffällig bei dem Rezyklat sind die höheren Anteile an Verunreinigungen wie flüchtige Bestandteile, Aschegehalt und v. a. der erhöhte PP-Anteil von ca. 15 %.

Da die bisherigen Untersuchungen an den Laboranlagen gezeigt haben, dass mit PE-Rezyklaten viele Stippen eine Herausforderung an den BO-Prozess darstellen, wurde der Einfluss von Additiven auf die Rezyklatqualität untersucht. Ziel der Untersuchungen war es herauszufinden inwieweit geeignete Stabilisatoren die weitere Materialschädigung und Kompatibilisatoren den möglichen Einfluss des PP-Fremdpolymers in PE reduzieren und damit die Prozessbedingungen und Folieneigenschaften verbessern. Für die Untersuchungen wurden gemeinsam unter den PlasticBOND Partnern Interzero, Brückner und dem IKV speziell additivierte Rezyklate hergestellt, verarbeitet und analysiert.

Bei den Rezyklaten handelt es sich um recyceltes PE-HD bei denen in einem nachgelagerten Extrusionsschritt ein Stabilisator (PE-HD-S) oder ein Kompatibilisator (PE-HD-K) zugesetzt wurde. Zunächst wurden die Zusammensetzung und die thermischen Eigenschaften der Materialien analysiert. Die Ergebnisse zeigen für das additivierte Rezyklat ähnliche Eigenschaften wie für das unadditivierte Rezyklat (PE-HD-0) z. B. hinsichtlich Verunreinigungen (flüchtige Bestandteile, Aschegehalt, je ca. 5 % PP-Anteil). Auffällig ist die deutlich erhöhte Oxidationsstabilität (Oxidationstemperatur und OIT) des stabilisierten Materials PE-HD-S. Beispielsweise zeigte PE-HD-S eine um etwa 62 °C höhere Oxidationstemperatur im Vergleich zu PE-HD-0.

Mit den additivierten und dem unadditiviertem Materialien wurden in einem nächsten Schritt Castfilm-Muster an der Laborextrusionsanlage mit 30–80 % Gesamt-Rezyklatanteil hergestellt und anschließend am Laborreckrahmen zu BO-Folien verstreckt. An den verstreckten Folien wurden nachfolgend Untersuchungen durchgeführt, um die optischen und mechanischen Eigenschaften zu bestimmen.

Bei der Extrusion der verschiedenen Materialien waren keine Unterschiede zwischen den additivierten und dem unadditivierten Material im Prozess erkennbar. Ebenso können keine optischen Unterschiede an den Castfilmen festgestellt werden. Alle Castfilme weisen zwar diverse Arten von Verunreinigungen und Defekten auf, jedoch alle in ähnlichem Umfang und Ausprägung. Dabei zeigen die Castfilme auch wieder eine hohe Anzahl der für PE-HD typischen Stippen. An den verstreckten Mustern können ebenso keine signifikanten Unterschiede hinsichtlich der optischen und mechanischen Eigenschaften zwischen dem additivierten und unadditivierten Rezyklat festgestellt werden. Somit konnte durch den Zusatz des Stabilisators und Kompatibilisators keine signifikante Veränderung oder Optimierung der Folieneigenschaften erzielt werden. Da im Rahmen dieser Versuche eine direkte Zudosierung der Additive während der Rezyklatherstellung nicht möglich war, wurden die Additive in einem nachgelagerten Extrusionsschritt dem recycelten PE-HD zugefügt. Dadurch könnte bereits eine thermische Schädigung des Materials erfolgt sein und einen möglichen positiven Effekt durch den Zusatz des Kompatibilisators überlagern. Ebenso denkbar ist, dass während der ersten Extrusion bei der Herstellung das Material geschädigt wurde, und z. B. der Stabilisator nicht mehr seine eigentliche Wirkung erzielen konnte.

5.2 Verarbeitung ausgewählter Rezyklatqualitäten im industriellen Maßstab

Elena Berg und Rainer Dahlmann

Im Gegensatz zu den Voruntersuchungen wurde bei den Untersuchungen im industriellen Maßstab das PCR-Material mit variierenden Anteilen aus Gründen der Geruchsbildung und der Oberflächenkontamination ausschließlich in der Kernschicht der Folie (engl.: Core-Layer) eingesetzt. Des Weiteren hat sich die Verwendung des Hauptextruders mit Doppelschnecke und Entgasung als vorteilhaft gegenüber möglicher Gaseinschlüsse in Rezyklaten erwiesen.

Die Voruntersuchungen zur Verarbeitbarkeit von Rezyklaten wurden sowohl für den Blasfolienextrusionsprozess als auch für den biaxialen Streckprozess parallel durchgeführt und werden nachfolgend beschrieben.

5.2.1 Herstellen von Siegelfolien auf einer EVO Fusion Blasfolienanlage

Ralf Wiechmann und Fabian Nentwig

Für Versuche zur Verarbeitbarkeit unterschiedlicher Rezyklate im Blasfolienprozess und für Vorversuche zum Demonstratorprodukt wurde eine EVO Fusion Blasfolienanlage der Firma Reifenhäuser Blown Film GmbH, Troisdorf, eingesetzt (vgl. Abb. 5.13). Den Kern der Anlage bildet der EVO Ultra Fusion Doppelschneckenextruder, welcher für die mittlere Folienschicht eingesetzt wird. Diese Schicht besteht aus einem maximalen PE-PCR-Anteil und wird von zwei

Deckschichten aus 100 % Neuware-Kunststoff umschlossen. Letztere werden jeweils von einem Einschneckenextruder (60 mm Schneckendurchmesser, L/D = 30) bereitgestellt. Der gleichdrehende Doppelschneckenextruder (1) kann auf zweierlei Wegen mit Rohstoffen versorgt werden: einerseits mittels eines gravimetrischen Dosiersilos für Folienflakes (2), anderseits über eine Dosiereinheit in Granulatform (3). Bei Granulaten kann es sich um Additive, Neuware oder aber auch Rezyklat handeln. Der sogenannte Zuführtrichter (4) zwingt das jeweilige Gemisch in die Einzugszone des Doppelschneckenextruders. Mithilfe einer Entgasungseinheit (5) lassen sich, im Vergleich zu den Vorversuchen aus Kapitel 5.1, mögliche eingeschlossene Gase, Feuchtigkeit oder gasförmige Abbauprodukte (z. B. von Druckfarben) entfernen. Weitere Verschmutzungen können mittels einem an der Ausstoßzone angebrachten automatischen Siebwechslers reduziert werden.

Das Ziel der Versuche im Reifenhäuser Folien-Technikum bestand darin, den Einfluss unterschiedlicher Rezyklattypen, die Auswirkungen durch die Zugabe eines Kompatibilisators und der Variation der Extruderdrehzahl auf die mechanischen Folieneigenschaften im industriellen Maßstab zu untersuchen. Hierzu wurde in allen Versuchen eine Siegelfolie mit einer Stärke von 60 μm und einem Anteil von ca. 70 % PCR produziert. Der schematische Aufbau des Dreischichtsystems ist in Abb. 5.14 dargestellt. Als Mittelschicht wurden verschiedene PCR-Typen inkl. eines PE-mLLDs als Booster-Rohstoff und/oder eines Kompatibilisators eingesetzt. Bei den durchgeführten Versuchen kamen die Rezyklate NAV101, NAV103 und 420-S zum Einsatz. Als Booster für PCR-Materialien wurde das PE-mLLD 7120BE der Firma Sabic, Sittard, Niederlande und als Kompatibilisator das Produkt REVive der Ampacet Corporation, Dudelange, Luxemburg eingesetzt.

Zur Analyse der produzierten Folien wurden diese verschiedenen Prüfungen unterzogen. Abb. 5.15 und 5.16 zeigen die Zugfestigkeit, jeweils in MD (maschine direction) und CD (cross direction), sowie die Weiterreißfestigkeit nach dem Elmendorf-Verfahren in Abhängigkeit der unterschiedlichen eingesetzten Materialien. Der Vergleich der verschiedenen PCR-Typen zeigt für das Rezyklat NAV 103 aus haushaltsnahen Sammlungen ähnliche Werte für die Zugfestigkeit wie das sortenreine Rezyklat NAV 101 mit einer Tendenz zu einer geringeren Weiterreißfestigkeit (insbesondere in MD). Das Rezyklat 420-S besitzt insgesamt leicht geringere mechanische Kennwerte, was ggf. auf den sehr niedrigen Anteil an PP in der Zusammensetzung zurückgeführt werden kann. Des Weiteren zeigt der PP/PE-Kompatibilisator kaum einen Einfluss auf die Zugfestigkeit, aber einen positiven Einfluss auf die Weiterreißfestigkeit. Das

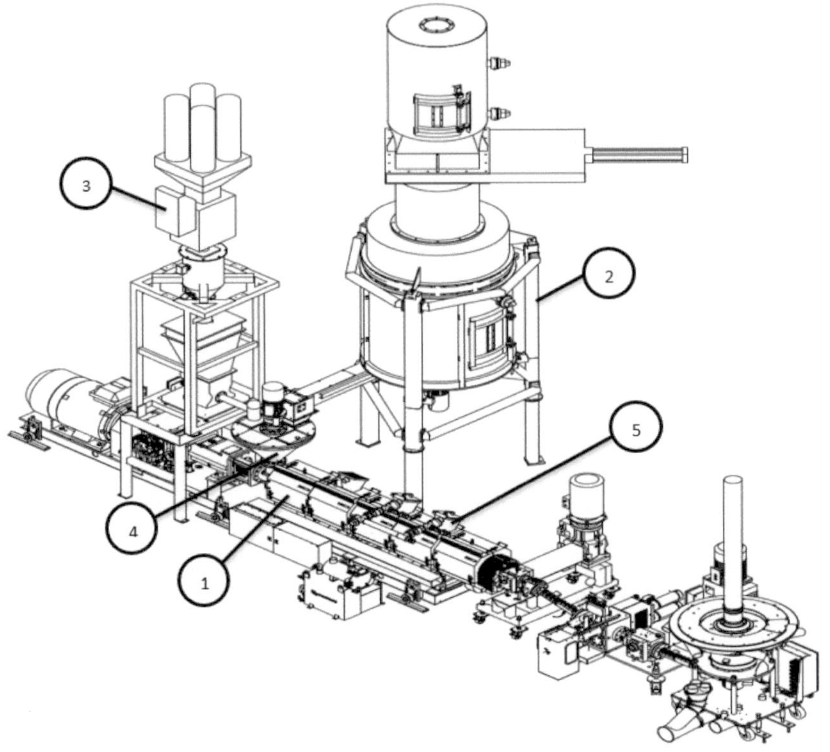

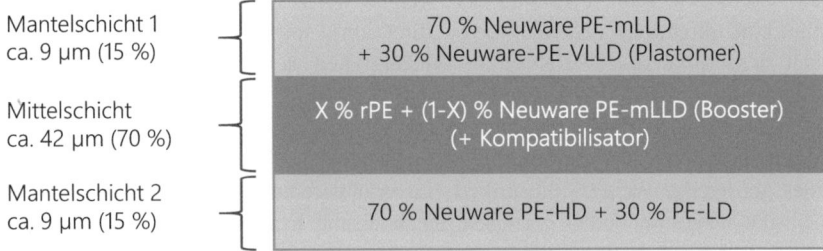

Abb. 5.13 Schematische Darstellung der EVO Fusion Blasfolienanlage [Reifenhäuser]

Mantelschicht 1 ca. 9 μm (15 %)	70 % Neuware PE-mLLD + 30 % Neuware-PE-VLLD (Plastomer)
Mittelschicht ca. 42 μm (70 %)	X % rPE + (1-X) % Neuware PE-mLLD (Booster) (+ Kompatibilisator)
Mantelschicht 2 ca. 9 μm (15 %)	70 % Neuware PE-HD + 30 % PE-LD

Abb. 5.14 Lagenaufbau der extrudierten Blasfolie

5 Einsatz von Rezyklat als Rohstoff in der Folienverarbeitung

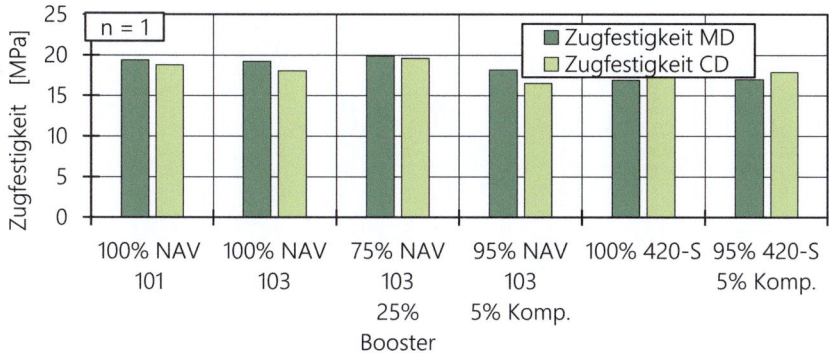

Abb. 5.15 Einfluss unterschiedlicher Rezyklate und Additive auf die Zugfestigkeit

Booster-Material scheint insbesondere die Weitereißfestigkeit in CD zu erhöhen, was aufgrund der Linearität des Polymers ersichtlich erscheint.

Weiterhin wurde der Einfluss der Extruderdrehzahl auf die mechanischen Eigenschaften in MD untersucht. Ein Vergleich der unterschiedlichen Rezyklate zeigt, dass eine Erhöhung der Extruderdrehzahlen und damit eine Erhöhung der Prozesstemperaturen zu einer Verschlechterung der Weitereißfestigkeit führen. Ein Einfluss auf die Zugfestigkeit kann nicht beobachtet werden (Abb. 5.17).

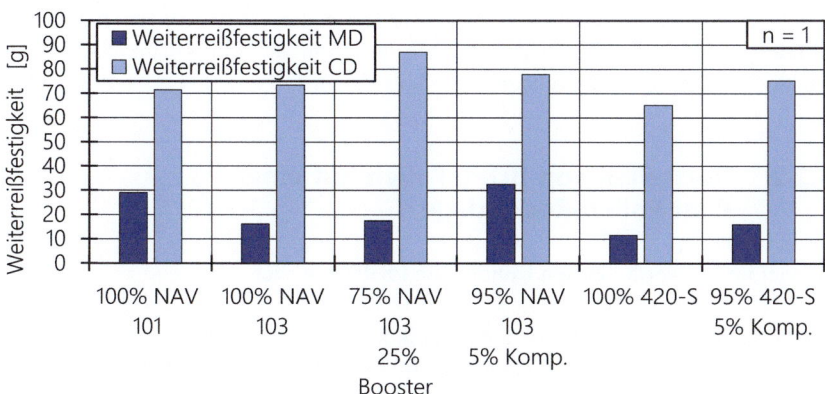

Abb. 5.16 Einfluss unterschiedlicher Rezyklate und Additive auf die Weitereißfestigkeit

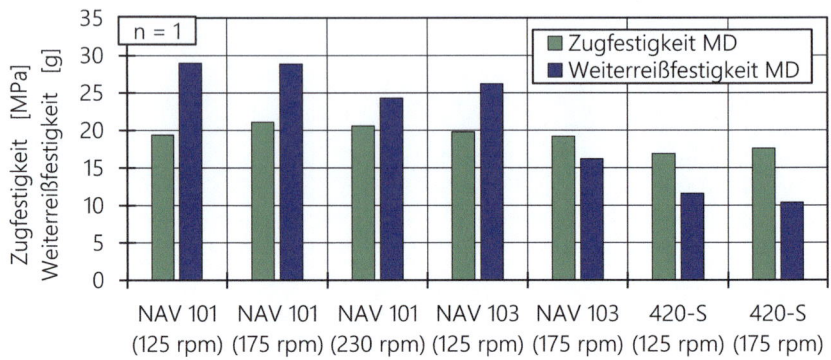

Abb. 5.17 Einfluss der Extruderdrehzahlen auf die mechanischen Eigenschaften

Neben Vorversuchen zur Siegelfolie für das Demonstratorprodukt wurden weitere Folienlaminate für unterschiedliche Einsatzzwecke produziert. Ein Beispiel hierfür ist eine Folienversandtasche, welche typischerweise eine schwarze Innenseite und eine weiße Außenseite besitzt. Für diese Anwendung konnte eine 50 µm-dicke Coexfolie mit einem Anteil von ca. 60 % PCR in der Mittelschicht hergestellt werden. Die beiden äußeren Mantelschichten bestehen jeweils aus 40 % PE-mLLD, 40 % PE-HD und 20 % eines weißen Masterbatches, bzw. aus 60 % PE-LD, 35 % PE-mLLD und 5 % eines schwarzen Masterbatches. Bei diesen Versuchen wurden zum einen ein das 420-S verwendet und zum anderen das Systalen. Der Vergleich der zwei Rezyklate zeigt, dass bei der maximalen Dehnung in MD, der Weiterreißfestigkeit in CD sowie beim Glanz das Systalen leichte Vorteile zu bieten scheint (vgl. Abb. 5.18).

5.2.2 Herstellen von BOPE-Folien auf einer Pilot-Folien-Reckanlage

Hannelore Konnerth, Steffen Kuhnigk und Sabine Weber

Bei der Pilotanlage im Brückner-Technikum ist neben höheren Ausstößen und Reckgeschwindigkeiten vor allem der Inline-Streckprozess möglich und somit eine erste Bewertung der Prozessstabilität unter produktionsähnlichen Bedingungen. Für die Vorversuche wurden 5-Lagen-Folien mit max. 30 %-PCR-Anteil mit den Rezyklaten 210-S, recythen®, NAV 102 und CWT 100 LG sowie einem

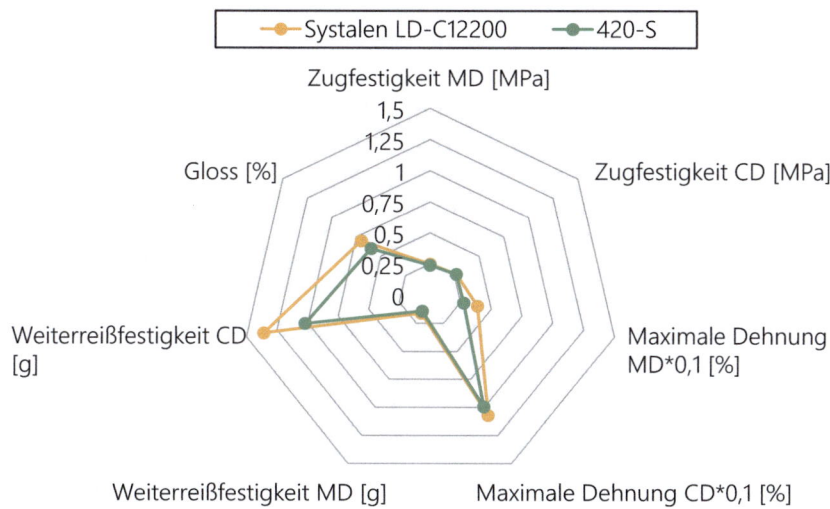

Abb. 5.18 Vergleich der Rezyklate Systalen und 420-S am Beispiel einer Versandtasche

Neuware PE-HD als Matrixmaterial hergestellt. Die Versuche an der Pilotanlage fanden aufgrund des stetig verbesserten Kenntnisstandes mit teils veränderten Prozessbedingungen statt, um bestmögliche Eigenschaften in Bezug auf optische und mechanische Eigenschaften (insbesondere den E-Modul) zu erzielen.

Dabei wurden insbesondere die Streckbedingungen angepasst, d. h. Vorheiz/Streck- und Annealingtemperaturen sowie das tatsächliche Streckverhältnis. Auch in der Extrusion wurden Drehzahlen und Temperaturen bei unterschiedlichen Materialien leicht variiert. Die Folien zeigten aufgrund variierter Prozessbedingungen unterschiedliche Kennwerte, jedoch den gleichen Trend wie die an der Laborextrusion inkl. Laborstreckrahmen produzierten Musterfolien.

Bei beiden PE-HD-Materialien traten bereits bei 10 % Rezyklatanteil in der Folie Defekte auf, die teilweise zum Aufreißen des Skinlayers führten (vgl. Abb. 5.10). Trotz Versuchsoptimierungen an der Düse konnte das Durchdringen des Skin-Layers durch Gelpartikel nicht verhindert werden. Aufgrund der optischen Defekte waren die zum entsprechenden Zeitpunkt kommerziell erhältlichen PE-HD-Rezyklate trotz akzeptabler mechanischer Eigenschaften nicht von ausreichender Qualität und somit nicht für den Einsatz in BO-Folien bzw. für das Demonstratorprodukt geeignet. Folien mit Anteilen der PE-LD-Rezyklate zeigten hingegen gute optische, jedoch reduzierte mechanische Eigenschaften sowie einen höheren Schrumpf. Im weiteren Vorgehen erschien die Verwendung von PE-LD-Rezyklaten insgesamt vielversprechender für den Einsatz im Demonstratorprodukt. Da die CWT 100 VL-haltige Folie die besten optischen Eigenschaften aufwies, wurde diese für den Pouch-Demonstrator ausgewählt. Während der gesamten Versuche mit PE-LD-Rezyklaten konnte eine gute Prozessstabilität erreicht werden. Auf Basis der Versuche an der Pilotanlage kann jedoch nur bedingt eine Aussage zur Prozessstabilität von PE-Rezyklaten auf repräsentativen Produktionsanlagen getroffen werden.

5.3 Einfluss durch Kreuzkontaminationen von Polyolefinen

Hannelore Konnerth, Steffen Kuhnigk, Sabine Weber und Rainer Dahlmann

Die DSC-Messungen an Rezyklaten aus Abschn. 4.1 zeigen häufig eine Kontamination von PP in PE-Rezyklaten. Dabei ist eine genaue Kenntnis der Materialzusammensetzung Voraussetzung, um in der Kunststoffverarbeitung reproduzierbare Ergebnisse zu erhalten und interpretieren zu können. Weiterhin ist aus produktionstechnischer Sicht die qualitative und quantitative Materialkenntnis unumgänglich, um eine stabile Prozessführung zu gewährleisten. Als übergreifendes Kriterium für die Verarbeitbarkeit und die spätere Produktqualität wurde daher durch die PlasticBOND-Partner Brückner und IKV der Gehalt an Fremdpolymeren im Rezyklat bestimmt. Insbesondere bei PE und PP ist eine Verunreinigung durch den jeweils anderen Kunststoff aufgrund der ähnlichen Dichte und den daraus resultierenden Herausforderungen in der Sortierung nicht zu vermeiden [18]. Da PE und PP im Allgemeinen unverträglich sind, entstehen separierte Phasen, welche wiederum zu unzureichenden Werkstoffqualitäten führen können [19].

5.3.1 DSC-Analysen zur Abschätzung der Kontaminationsanteile (PE/PP)

Hannelore Konnerth, Steffen Kuhnigk, Sabine Weber und Elena Berg

Die Absicht der Partner war es, auf Basis bestehender Literatur über Kalibrierkurven für typische Rezyklatzusammensetzungen auf praktikable Art und Weise den Anteil an PE und PP im jeweiligen Rezyklat zu bestimmen [18, 20, 21].

5 Einsatz von Rezyklat als Rohstoff in der Folienverarbeitung

Zur Bestätigung und Ausweitung bisheriger Ergebnisse wurden dazu physikalische Mischungen, sogenannte Polymer-Blends, aus PE- und PP-Neuware mit bekannter, abgestufter Zusammensetzung hergestellt. Die Untersuchung der PP/PE-Blends erfolgte mittels der Dynamischen Differenzkalorimetrie (DSC), da es sich hierbei um eine weitverbreitete Analysetechnik zur Untersuchung von Polymeren und deren thermischen Eigenschaften handelt und sich diese Methode der Literatur zufolge (im Vergleich zu IR-Analysen) als vorteilhaft erwiesen hat.

Abb. 5.19 zeigt die DSC-Messungen für die zweite Aufheizung der hergestellten Blends für eine Materialmischung, die sich zu gleichen Teilen aus einem PE-LD, PE-LLD und PE-HD sowie einer variierenden PP-Kontamination zusammensetzt. Für die Messungen wurden die Proben jeweils von 25 °C bis 220 °C mit einer Heizrate von 10 K/min erhitzt. Es wird deutlich, dass sich die Schmelzekurven der reinen Materialien stark überlappen und insbesondere die Schmelztemperaturen von PE-HD und PE-LLD sehr eng beieinander liegen. Der Fokus wurde daher primär auf Verunreinigungen durch PP gelegt unter der Annahme, dass PP zu besonders schlechten Verarbeitungs- und Gebrauchseigenschaften führt.

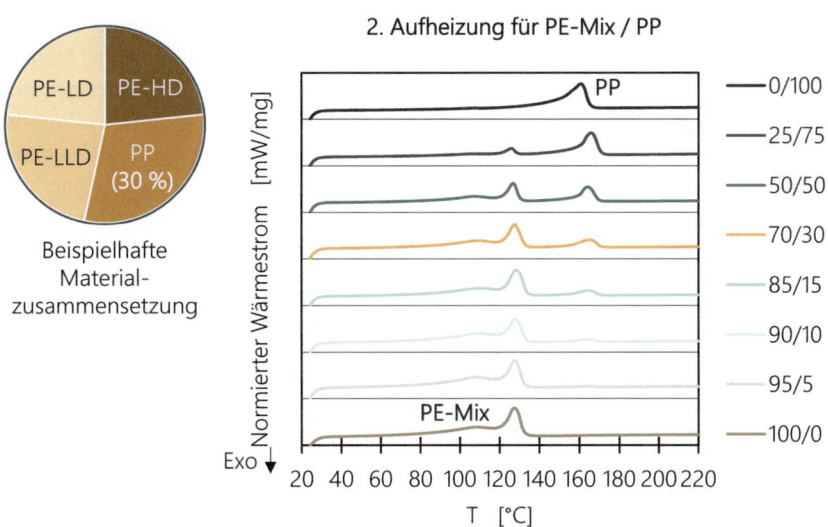

Abb. 5.19 DSC-Kurven unterschiedlicher Polyolefin-Mischungen

Mit Hilfe der DSC-Analyse lässt sich die spezifische Schmelzenthalpie, d. h. der benötigte Energiebetrag zum Schmelzen der kristallinen Anteile, des entsprechenden Polymertyps bestimmen. Bei Blends hängt die jeweilige Schmelzenthalpie von der Zusammensetzung ab. In erster Näherung nimmt bei zunehmendem bzw. abnehmendem Anteil des jeweiligen Polymertyps im Blend die entsprechende Fläche unter der Kurve, die dem Polymer zugeordnet werden kann, ab bzw. zu. Durch Ermitteln der spezifischen Schmelzenthalpien in Abhängigkeit des jeweiligen Polymer-Anteils im Blend lässt sich damit eine Kalibriergerade erstellen (vgl. Abb. 5.20). Die Ergebnisse zeigen, dass die Kalibrierkurve ohne den 100 %-PP-Wert (orange gekennzeichnet) ein sehr gutes lineares Verhalten zeigt mit einem Bestimmtheitsmaß von 0,9936. Ein nichtlinearer Zusammenhang wird an dieser Stelle zunächst ausgeschlossen, da die Kalibrierkurven weiterer PO-Blends (z. B. aus PE-HD und PP) bei PP-Kontaminationen zwischen 80–95 % ebenfalls einem linearen Verlauf folgen. Die Abweichung bei 100 % PP ist möglicherweise darauf zurückzuführen, dass das Vorhandensein von PE und PP in der Mischung Einfluss auf die Kristallisation der Komponenten nimmt bzw. die Polymere nukleierend aufeinander wirken, sodass der Anteil des kristallinen PE mit der Anwesenheit von PP variiert [22]. Es gilt weiterhin zu erwähnen, dass keine exakte Bestimmung der PP-Anteile in Rezyklaten, sondern nur eine Näherung möglich ist, da u. a. Copolymeranteile Einfluss auf die Schmelzenthalpie nehmen und überlagernde Schmelzpeaks nicht eindeutig voneinander getrennt werden können. Darüber hinaus geben die getesteten Blends nicht unbedingt die Zusammensetzung im Rezyklat wieder, was auch zu Abweichungen führen kann. Zudem gibt es auch eine gewisse Bandbreite der Schmelzenthalpien innerhalb eines Polymertyps bzw. nicht alle PE-Typen zeigen z. B. die gleiche Schmelzenthalpie, was auch wieder zu Abweichungen oder einer höheren Ungenauigkeit führen kann.

Unter Annahme eines sonst linearen Verlaufs variiert der PP-Anteil in den untersuchten kommerziell erhaltenen PE-Rezyklaten von < 1–13 %. Der PP-Anteil in Rezyklaten ist demnach stark schwankend. Daher wurde im Folgenden der Einfluss des Fremdpolymeranteils auf die Folieneigenschaften untersucht.

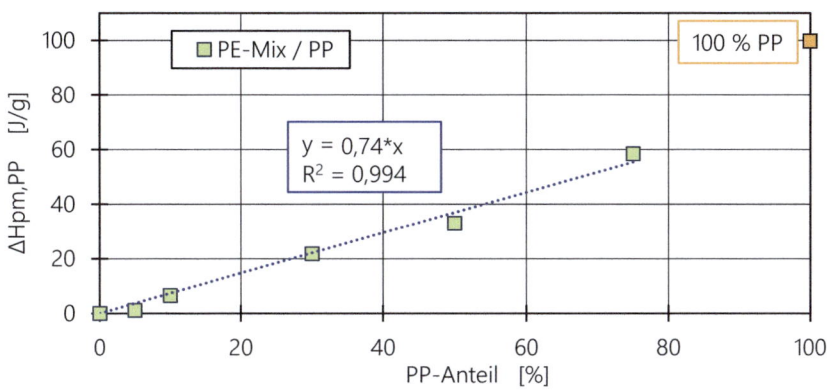

Abb. 5.20 Kalibrierkurve für einen PE-Mix mit anteiligen PP-Kontaminationen

5.3.2 Einfluss des Fremdpolymeranteils (PP/PE) auf die Folieneigenschaften

Hannelore Konnerth, Steffen Kuhnigk und Sabine Weber

Um den Einfluss von Fremdpolymeren in PE bzw. PP auf die Verarbeitbarkeit und die Folieneigenschaften zu untersuchen, wurden Folien aus vordefinierten PP/PE-Mischungen aus Neuware-Material hergestellt und anschließend die Optik, die mechanischen Eigenschaften sowie der Schrumpf bewertet. Der Fremdpolymeranteil wurde zu 5 % und 10 % gewählt, da dieser Bereich die bisher getesteten Materialien und Versuche abdeckt. Die Versuche wurden an der Laborextrusionsanlage sowie dem Laborstreckrahmen (vgl. Abschn. 5.1.2) unter Verwendung von PP- bzw. PE-Standardeinstellungen, je nach Hauptkomponente in der Folie, durchgeführt und ggf. angepasst. Wie bei den Rezyklat-Versuchen wurde die Mischung lediglich in der Kernschicht eingesetzt und für die Außenschichten wurde PP oder PE-HD, je nach Hauptbestandteil in der Kernschicht, gewählt.

Der Einfluss von geringen Mengen (5–10 %) des PP Homopolymers in PE-HD zeigt sich v. a. durch eine Erhöhung des E-Moduls (vgl. Abb. 5.21).

Bei der Zugfestigkeit zeigt sich kein eindeutiger Einfluss, insbesondere bei geringen PP-Anteilen, da geringfügige Änderungen auch üblichen Schwankungen zuzurechnen sind (vgl. Abb. 5.22).

Zudem zeigt sich nur ein geringer Einfluss auf die Optik in Form von Haze und Clarity (vgl. Abb. 5.23).

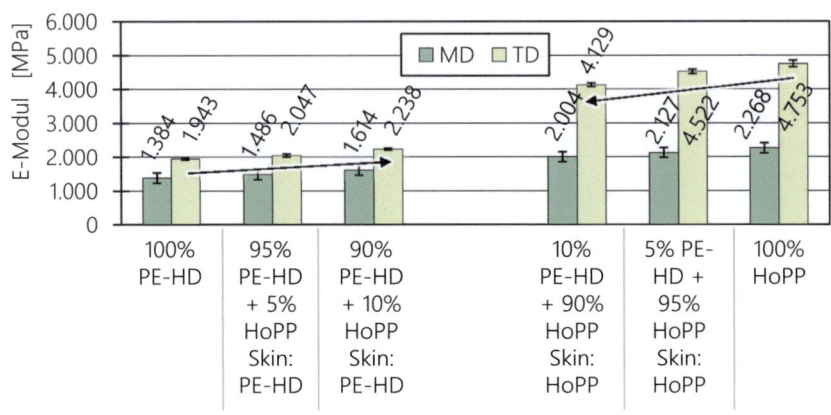

Abb. 5.21 Einfluss des PE/PP-Anteils auf den E-Modul

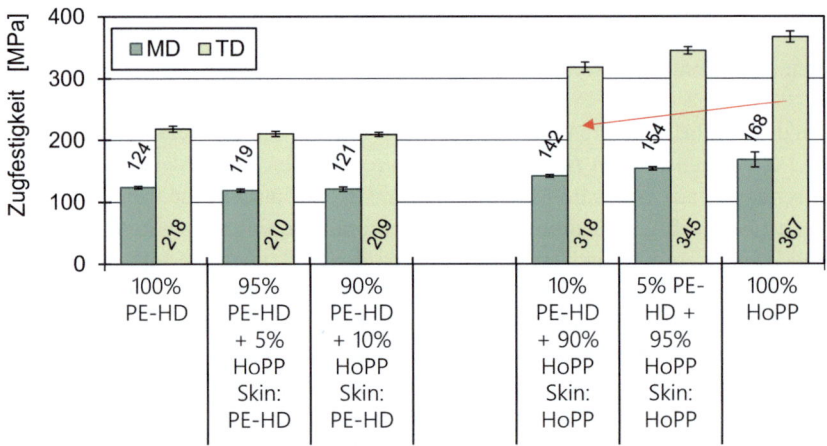

Abb. 5.22 Einfluss des PE/PP-Anteils auf die Zugfestigkeit

Folien mit Mischungen von PP Homopolymer als Hauptbestandteil führen zu einer Abnahme der Zugfestigkeit, des E-Moduls sowie der Clarity mit zunehmendem Fremdpolymeranteil von PE-HD (5–10 %) (Abb. 5.21–5.23, rechts).

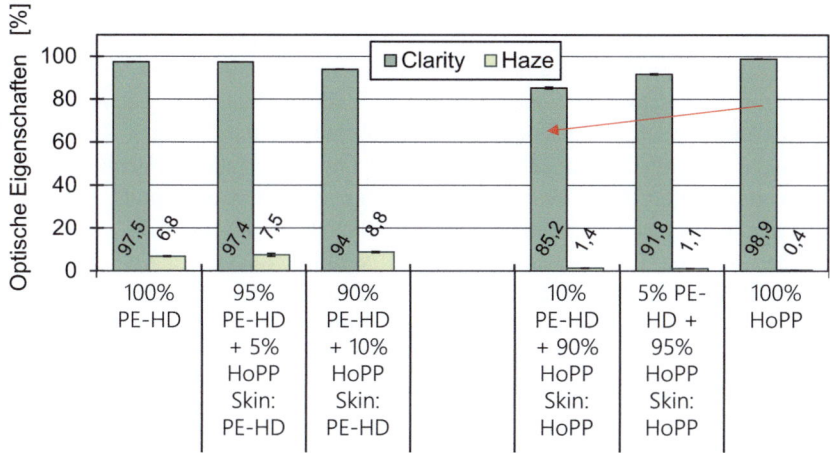

Abb. 5.23 Einfluss des PE/PP-Anteils auf die optischen Eigenschaften

Ein Einfluss auf den Schrumpf kann bei beiden Mischsystemen nicht eindeutig festgestellt werden. Das Testsystem zeigt, dass im Bereich bis 10 % Fremdpolymeranteil (PP/PE) mechanische Eigenschaften und Optik der BO-Folien durch das jeweilige Fremdpolymer beeinflusst werden können. Insbesondere in Bezug auf die mechanischen Eigenschaften zeigt sich dabei für PE-HD ein positiver und für PP ein negativer Effekt.

5.4 Einfluss der Materialzusammensetzung auf die Degradation

Elena Berg und Rainer Dahlmann

Die gezeigten Ergebnisse basieren auf der von den Verfassern veröffentlichten Arbeit [8, 25].

In der Vergangenheit wurden viele wissenschaftliche Studien durchgeführt, die den oxidativen Abbau von Polyethylenen beschreiben [23–28]. Es gibt jedoch kaum Studien, die Polyolefinblends und verschiedene Verunreinigungen, die im Recycling üblich sind, unter den gleichen Verarbeitungsbedingungen (Geschwindigkeit, Temperatur, Extruder, etc.) untersuchen [17, 29]. Es ist daher kaum möglich, materialabhängige Rückschlüsse auf einen rezyklierbaren Polyolefin-Compound zu ziehen. Ziel der Untersuchungen am IKV war es daher, den Einfluss der Mehrfachextrusion auf den allgemeinen Materialabbau, die Bildung von Gelen und resultierende mechanische Folieneigenschaften zu untersuchen.

Es wurden neun verschiedene Materialmischungen (sog. Design-Rezyklate), bestehend aus unterschiedlicher PE-Neuware und verschiedenen Verunreinigungen, compoundiert. Die Zusammensetzung eines solchen Compounds, basierend auf einer typischen Folienverpackung, ist beispielhaft in Abb. 5.24 dargestellt. Bei den anderen Proben wurden einzelne Verunreinigungen ausgelassen oder die PE-Anteile variiert. Die dargestellt Zusammensetzung, in der alle Materialkomponenten enthalten sind, wird nachfolgend als Referenz bezeichnet. Bei den verwendeten Verunreinigungen handelt es sich um ein Polypropylen (PP)-Schlagzäh-Copolymer für Folienanwendungen, ein Ethylen-Vinylalkohol-Copolymer (EVOH) mit einem Ethylengehalt von 32 Mol-%, einen mit Maleinsäureanhydrid (MAH) gepfropften Kompatibilisator auf PE-Basis für die physikalische Bindung an die PE-Phase und die chemische Bindung an polare Phasen (PA oder EVOH) sowie ein Calciumcarbonat als Füllstoff. Die Auswahl der Verunreinigungen basiert auf bestehenden Designrichtlinien (z. B. Mindeststandard DE, Recyclass, CEFLEX) sowie auf den durchgeführten Materialanalysen. Zusätzlich wurden für einen weiteren Versuchspunkt Stabilisatoren eingesetzt, die für die Re-Stabilisierung von Post-Consumer-Polyolefinen für rPE-HD, rPE-LD/LLD bzw. rPP eingesetzt werden (BASF SE, Ludwigshafen, Deutschland). Die Stabilisatormischung wurde in einer Menge von 0,04 % zugesetzt.

Um den Recyclingprozess eines Folienrezyklats für die Designrezyklate möglichst realitätsnah zu simulieren, wurde das Material vier Schmelzephasen unterzogen. Zunächst wurden die Designrezyklate auf einem Doppelschneckenextruder mit einem Schneckendurchmesser von 26 mm und einer Schmelzetemperatur von 220 °C am Extruderaustritt hergestellt. Dabei wurden Schnecken mit mehreren Scher- und Mischelementen gewählt, um einen möglichst guten Mischeffekt zu erzielen (vgl. Abb. 5.25).

Nach der Herstellung wurden die Materialien zu einer Mono-Blasfolie extrudiert. Es wurde ein Extruder mit einer Konfiguration 45D und L/D = 24 sowie eine 80 mm-Düse verwendet. Der Düsenspalt wurde auf 1 mm, die gewünschte Foliendicke auf 100 µm, das Aufblasverhältnis auf 6,25 und der Ausstoß auf 20 kg/h eingestellt. Die Düsentemperatur betrug 200 °C. Dabei resultieren entsprechende Parameter aus Vorversuchen für den Referenzpunkt für einen stabilen Prozesspunkt. Die extrudierten Folien wurden anschließend wieder mit der Doppelschnecke granuliert, wobei eine Schmelzetemperatur von 280 °C gewählt wurde, ähnlich wie bei herkömmlichen mechanischen Recyclingverfahren [30].

5 Einsatz von Rezyklat als Rohstoff in der Folienverarbeitung

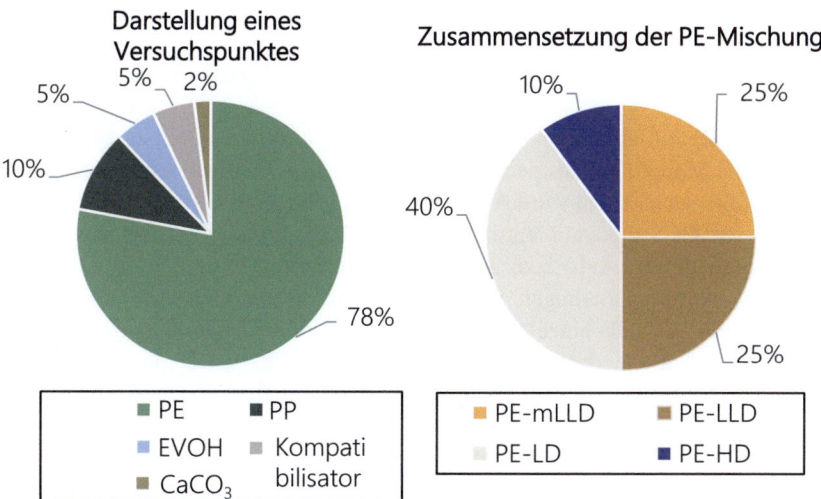

Abb. 5.24 Zusammensetzung der Referenz für hergestellte Design-Rezyklate

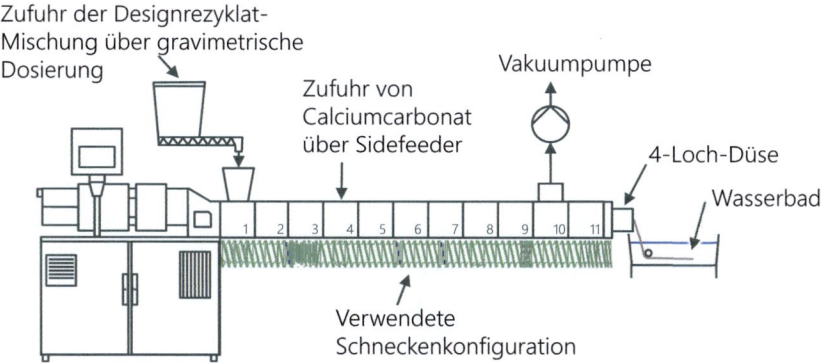

Abb. 5.25 Aufbau und Schneckenkonfiguration während der Compoundierung

Schließlich wurden aus dem Material unter den gleichen Prozessbedingungen erneut Mono-Folien extrudiert.

5.4.1 Einfluss auf die Stippenbildung

Die gezeigten Ergebnisse basieren auf der von den Verfassern veröffentlichten Arbeit [16].

Um einzelne Materialkomponenten auf die Stippenbildung hin zu analysieren, wurden die Monofolien aus den Design-Rezyklaten nach dem vierten Extrusionsprozess untersucht. Dazu wurde eine Analyse anhand eines optischen Inspektionssystems der OCS Optical Control Systems GmbH, Witten, an mindestens 50 m Folie durchgeführt. Abb. 5.26 zeigt die Ergebnisse, unterteilt in Unterschiede aufgrund von Veränderungen in der PE-Zusammensetzung und Unterschiede aufgrund des Wegfalls einzelner Komponenten oder Verunreinigungen.

Es wird deutlich, dass das Vorhandensein von PE-mLLD für alle Größenklassen eine höhere Anzahl an Stippen erzeugt. Reaktionen aufgrund von Katalysatorrückständen werden dabei als weniger wahrscheinlich angesehen. Im Allgemeinen zeigen metallocenkatalysierte Typen aufgrund der geringen Anzahl ungesättigter Bindungen und der geringen, unkritischen Menge an Metallrückständen geringere Eigenschaftsänderungen als die anderen Polyethylentypen [31]. Sowohl PE-LLD als auch PE-mLLD sind Ethylen-Hexen-Copolymere; weitere Informationen sind nicht bekannt. Es ist möglich, dass die Verzweigungen in der Hauptkette die thermische Stabilität beeinflussen. Eine Verringerung der Comonomergröße sowie eine Erhöhung des Comonomergehaltes führt zu einer Erhöhung der autokatalytischen Oxidationsrate [32].

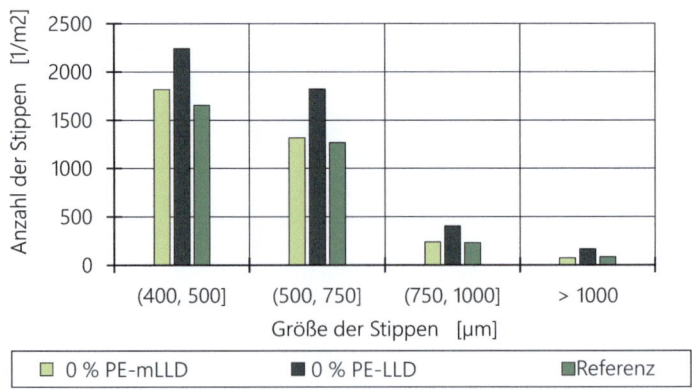

Abb. 5.26 Stippenanzahl aufgrund der Variation von PE-LLD/PE-mLLD nach [16]

In Abb. 5.27 sind die Differenzen in der Stippenanzahl durch Auslassen einzelner Komponenten dargestellt. Es ist ersichtlich, dass der Einsatz von 10 % PP zu einer Erhöhung der Stippen von ca. 35 % führt (ab 400 µm). Die Materialanalyse verschiedener auf dem Markt befindlicher Folienrezyklate aus Kap. 5.3.1 ergab Schwankungen im PP-Gehalt von < 1 % bis > 13 % [33]. Bei der Verwendung von Folienrezyklaten kann daher eine Reduzierung des PP-Gehalts bei der Sortierung ein wesentlicher Faktor sein. EVOH hat erwartungsgemäß einen negativen Einfluss auf die Stippenbildung und erhöht den Stippengehalt um ca. 65 % bei 5 % Materialanteil im Vergleich zur Referenz. Dies zeigt, dass entgegen einiger allgemeiner Studien ein EVOH-Gehalt von weniger als 5 % zu einer Verschlechterung der Materialeigenschaften (bezogen auf den Stippengehalt) führen kann [34]. Der Kompatibilisator hat jedoch bei weitem den größten Einfluss auf die Stippenbildung, was möglicherweise auf seine thermische Instabilität zurückzuführen ist [35]. Das mit Maleinsäureanhydrid gepfropfte Polymer auf PE-Basis wird bei der Herstellung von Neuware für eine bessere Phasenkompatibilität zwischen EVOH oder Polyamid (PA) und PE/PP-Phasen verwendet. Daher müssten alternative Kompatibilisierungsmittel verwendet werden, um MAH-induzierte Stippen zu vermeiden. Eine Alternative können reaktive oder dynamische Kompatibilisatoren darstellen, die an der Grenzfläche durch eine chemische Reaktion Copolymere bilden können [36].

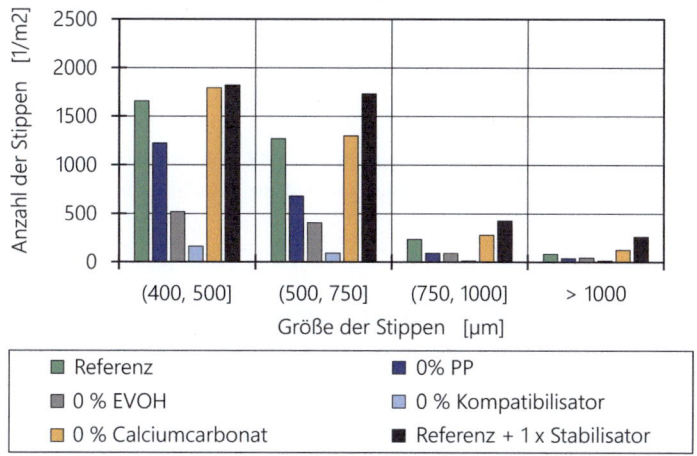

Abb. 5.27 Differenzen in der Stippenanzahl durch Auslassen von Komponenten nach [16]

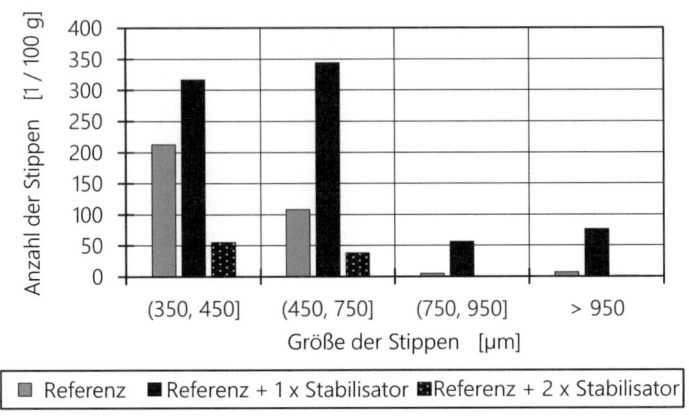

Abb. 5.28 Einfluss durch kontinuierlichen Einsatz eines Stabilisatorsystems nach [16]

Die Verwendung von Calciumcarbonat scheint weniger Einfluss auf die Stippenbildung zu haben. In der Literatur heißt es, dass Füllstoffe manchmal Stabilisatorsysteme sorbieren und damit die thermisch-oxidative Stabilität verringern [31]. Dies konnte in den Untersuchungen nicht bestätigt werden. Vielmehr scheint sich Calciumcarbonat eher positiv auf den Abbauprozess auszuwirken, z. B. durch Verzögerung der Bildung von Carbonyl- und Wasserstoffperoxidgruppen [37, 38].

Entgegen den Erwartungen nahm die Anzahl der Stippen zu, wenn die Stabilisatormischung verwendet wurde. Abbauprodukte des Stabilisators könnten die Stippenbildung erhöhen. Aus diesem Grund wurde im dritten Extrusionsschritt erneut in geringem Umfang Stabilisator zugegeben. Abb. 5.28 zeigt für eine Messung an Granulaten, dass ein konsequenter Einsatz von Stabilisatoren die Anzahl der Gele reduziert, während ein einmaliger Einsatz von Stabilisatoren die Anzahl der Stippen erhöht.

5.4.2 Einfluss auf die Zugeigenschaften

Die gezeigten Ergebnisse basieren auf der von den Verfassern veröffentlichten Arbeit [33].

Zur Analyse der Zugeigenschaften wurden Prüfungen nach DIN EN ISO 527 durchgeführt [39]. Die Folienbreite entsprach der empfohlenen DIN-Breite von 15 mm, die Einspannlänge betrug 50 mm. Zum Halten der Probe wurden pneumatische Spannvorrichtungen verwendet. Die Traversengeschwindigkeit betrug 200 mm/min, für die Messung des Elastizitätsmoduls (E-Modul) wurde diese auf 5 mm/min reduziert. Alle Werte wurden in MD und in CD gemessen. Pro Versuchspunkt wurden zehn Proben untersucht. Um bei der Auswertung des E-Moduls eventuelle Schwindungs- und Setzungseffekte der Probekörper in den Einspannungen zu eliminieren, wurde der E-Modul erst ab einer Dehnung von 1 % ermittelt. Außerdem wurden alle Kurven bis zum gleichen Dehnungswert (5 %) bei der Auswertung des E-Moduls berücksichtigt, um vergleichbare Ergebnisse zu erhalten.

Abb. 5.29 zeigt die Spannungs-Dehnungs-Kurven von fünf repräsentativen Blasfolien. Es ist deutlich zu erkennen, dass die Spannungs-Dehnungs-Kurven entlang der MD keinen eindeutigen Fließpunkt besitzen, während die Kurven in CD auf zwei Fließpunkte hinweisen. PE besitzt eine komplexe Morphologie, die aus einer Mischung aus kristallinen und amorphen Phasen besteht. Bei mehreren Fließpunkten ist eine weitreichende Umwandlung der teilkristallinen Morphologie zu vermuten, d. h. Sphärolithstrukturen brechen zusammen, es kommt zu einer Einschnürung der Proben und es wird eine Umlagerung der lamellaren Kristalle und der Polymerketten beobachtet. Solche Deformationsmechanismen wurden bereits in mehreren Studien untersucht und sind Teil aktueller Forschung, aber weiterhin umstritten [40–43]. Für die vorliegenden Materialien wird vermutet, dass der Einsatz des Stabilisators starken Einfluss auf die kristalline Struktur nimmt und damit das Verformungsverhalten des Materials aufgrund des stark ausgeprägten Fließpunktes beeinflusst. Das recycelte Referenzmaterial in MD zeigt beim Übergang des elastischen in den plastischen Bereich eine Art Plateau, welches ebenfalls ein Indikator für zwei schwach ausgeprägte Fließpunkte sein könnte. Interessant ist, dass die Probe mit Stabilisator im Vergleich zur Referenz eine deutlich ausgeprägte Streckgrenze und ausschließlich eine Streckgrenze besitzt. Eine solche Streckgrenze ist mit Stabilisator sowohl im Neuware-Compound als auch im recycelten Compound sichtbar.

Da im Technikumsprozess mit Dickenschwankungen über den Umfang von ca. 15 % gerechnet werden muss, werden im Folgenden ausschließlich die Effekte in MD betrachtet. Die Zugeigenschaften – der E-Modul, die Zugfestigkeit und die maximale Dehnung – sind jeweils für das Neuware-Material als auch für das rezyklierte Material in Netzdiagrammen zusammengefasst.

Abb. 5.30 zeigt die Referenz, die Probe mit 0 % PE-mLLD und die Probe mit 0 % PE-LLD sowie die Werte für das 420-S Material. Es ist zu sehen, dass der E-Modul in MD für alle Materialien vergleichbar ist, auch für das kommerziell

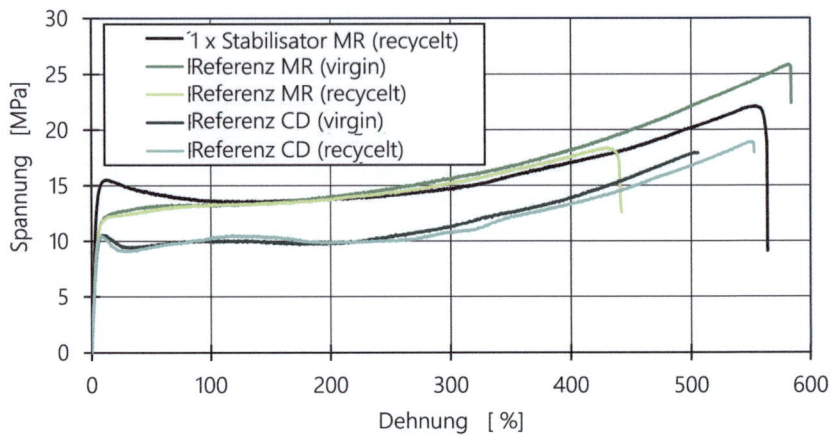

Abb. 5.29 Auswahl von repräsentativen Spannungs-Dehnungs-Kurven nach [33]

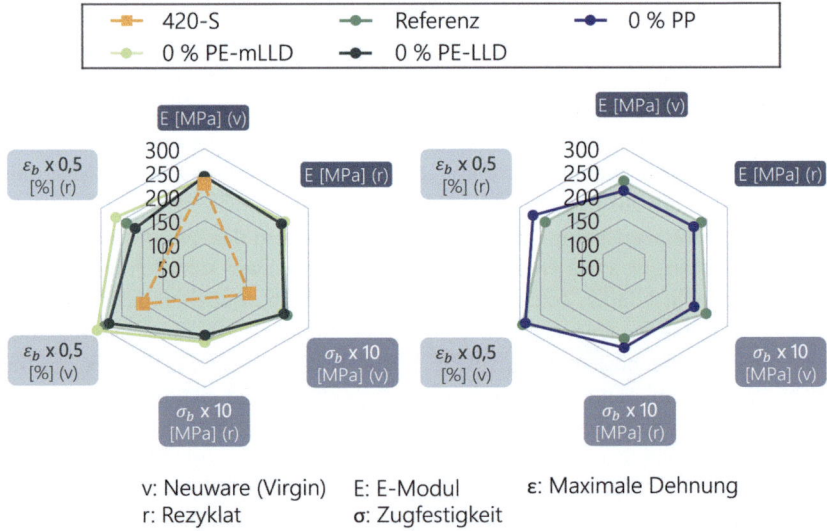

Abb. 5.30 Zugeigenschaften mit Schwerpunkt auf Polyolefine im Vergleich mit 420-S nach [33]

verfügbare Rezyklat, welches weitere Kontaminationen (z. B. Druckfarben) enthält. Ein gezieltes Schädigen der Compounds, und damit erwartungsgemäß eine Veränderung des Molekulargewichtes und der Molekulargewichtsverteilung etc., zeigt demnach zunächst keinen Einfluss auf die Steifigkeit. Hingegen wird für die Zugfestigkeit σ_b und für die maximale Dehnung ϵ_b eine signifikante Abnahme der Kennwerte durch den Recyclingprozess beobachtet. Hier wird insbesondere der Vergleich zum 420-S deutlich.

Ein Vergleich der Referenz mit dem gleichen Compound ohne PP zeigt erwartungsgemäß eine Abnahme des E-Moduls. Der PP-Anteil ist daher teilweise der Grund, warum der E-Modul von Rezyklaten nicht wesentlich geringer ausfällt. In vorherigen DSC-Messungen wurde für 420-S ein sehr geringer PP-Anteil bestimmt. Demnach ist es unerwartet, dass der Wert im Bereich der Referenz liegt. Ebenfalls sehen wir, dass durch das PP die Materialeigenschaften beim Versagen der Probe beeinflusst werden.

Abb. 5.31 zeigt Compounds ohne EVOH sowie ohne Kompatibilisator im Vergleich zur Referenz sowie das Hinzufügen eines Stabilisatormixes. EVOH zeigt keinen signifikanten Einfluss auf den E-Modul. Es werden keine signifikanten Änderungen der Eigenschaften bei Versagen beobachtet. Der Kompatibilisator hingegen scheint den E-Modul grundsätzlich zu reduzieren (wie PP). Der Einsatz des Stabilisators steigert den E-Modul im Vergleich zur Referenz um ca. 15 %.

Es kann daher zusammengefasst werden, dass bei gezielter Schädigung von Folienrezyklaten durch Mehrfachextrusion einzelne Rezyklatbestandteile signifikante Auswirkungen auf die Stippenbildung zeigen und auch der Einfluss eines Stabilisatorsystems nicht zu vernachlässigen ist. Eine Untersuchung der funktionalen Folieneigenschaften zeigt darüber hinaus eine deutliche Abnahme der mechanischen Eigenschaften beim Bruch. Sowohl die Zugfestigkeit der Compounds als auch die maximale Dehnung nehmen beim Recycling ab. Weiterführende Analysen zu Änderungen der Schrumpfungseigenschaften, des E-Moduls und der Schlagzähigkeit zeigen keinen Einfluss durch den Recyclingprozess.

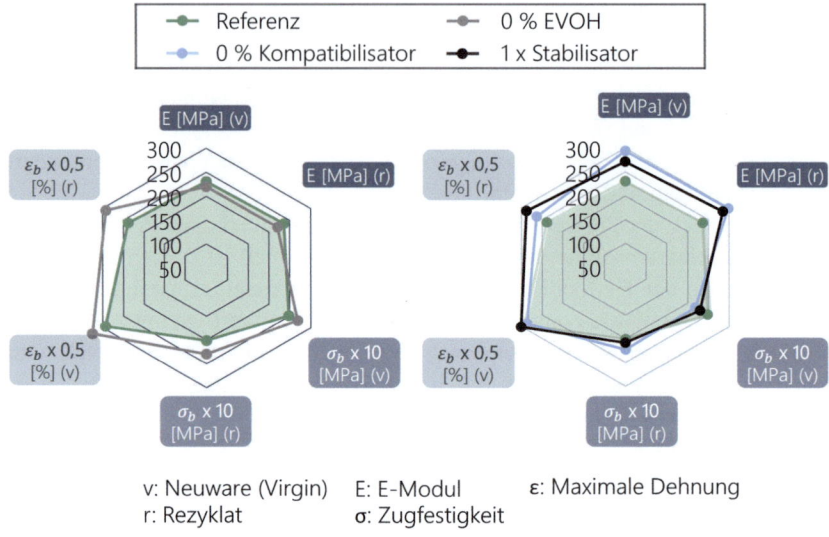

Abb. 5.31 Einfluss der Zugeigenschaften durch EVOH, Kompatibilisator und Stabilisator nach [33]

5.5 Herstellung des Demonstrator-Folienlaminats

Elena Berg und Rainer Dahlmann

Nachfolgend werden auf Basis der vorangegangenen Analysen die Ergebnisse und Beobachtungen zur Herstellung des finalen Folienlaminats für den Mono-PE-Demonstrator-Pouch vorgestellt. Hierzu wird neben der Produktion der Top- und Siegelfolie auch auf die Weiterverarbeitungsprozesse Bedrucken und Kaschieren eingegangen.

5.5.1 Herstellung der Blasfolie

Ralf Wiechmann

Die Siegelfolie wurde auf der Technikumsanlage der Firma Reifenhäuser Blown Film hergestellt. Der Anlagenaufbau ist dabei identisch zu den Grundlagen-Versuchen (vgl. Abschn. 5.2). Anhand von Vorversuchen an verschiedenen PCR-Granulaten konnte festgestellt werden, dass insbesondere die Entgasungsmöglichkeit bei höheren Rezyklatanteilen im Extruder elementar ist. Als Quelle der PCR-Granulate wird die DSD-Fraktion 310 aus der Gelben-Sack Sammlung aus Deutschland angegeben, welche im großen Umfang zur Verfügung stehen. Die Vorversuche zeigen weiterhin, dass die möglichen zu verarbeitenden Anteile auf einem Einschneckenextruder über den Vergleichstypen liegen. Eine Verarbeitung mit 10–30 % Rezyklatanteil wäre auf einer Blasfolienanlage nach derzeitigem Markstandard dementsprechend denkbar. Im Gegensatz dazu werden bei entsprechender Entgasung mittels Doppelschneckenextruder keine Einschränkungen in Abhängigkeit unterschiedlicher PCR-Granulate bei 100 %Rezyklateinsatz in der Mittelschicht festgestellt. Insgesamt hat sich durch die mehrstufige Aufbereitung das Rezyklat 420-S bezüglich Stippenlevel und Geruch bewährt.

Die Gesamtdicke der Siegelfolie wurde gemäß Markstandard auf 120 μm festgelegt. Das Werkzeug der Anlage erlaubt einen Mindestanteil der Innen- und Außenschicht von jeweils 15 %. Somit konnte bei einer Schichtverteilung von 15/ 70/ 15 %, wobei die Mittelschicht zu 100 % aus Regenerat besteht, ein Anteil von 70 % PCR in der Folie realisiert werden.

Da das Eingangsmaterial viele bedruckte Verpackungen enthält, ist die resultierende Farbe des Granulates und der extrudierten Folie dunkel bzw. tritt in einem Grünton auf. Für einen ansehnlichen Standbodenbeutel bedarf es in der Regel eines transparenten oder weißen Hintergrunds. Dementsprechend wird in die Schicht auf der Laminierseite ein weißes Masterbatch hinzugefügt. Resultierend daraus entsteht eine gleichmäßige und weißgefärbte Fläche. In Abb. 5.32 sieht man die Produktion der entsprechenden Siegelfolie. Am Düsenaustritt ist der Schlauch noch nicht ausgezogen und ca. 2,5 mm dick. Die optische Erscheinung ist damit noch entsprechend weiß und deckend. Mit zunehmender Höhe bis zur Frostzone, wird der Schlauch auf dessen Enddicke von 120 μm ausgezogen. Man erkennt, dass nach wie vor der dunkle Ton durch die Deckschicht durchscheint.

Auf der inneren Seite, welche als Siegelseite verwendet wird, wurde ein Plastomer, ein Metallocen-katalysiertes PE-LLD mit hohem Comonomeranteil,

Abb. 5.32 Produktion Siegelfolie zwischen Düsenaustritt und Frostzone

5 Einsatz von Rezyklat als Rohstoff in der Folienverarbeitung

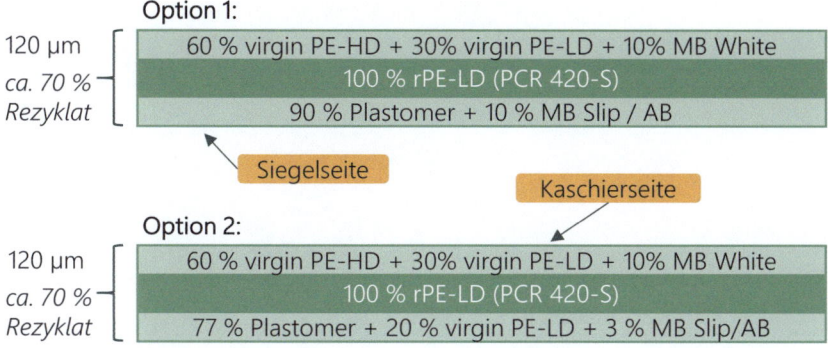

Abb. 5.33 Informationen zum Schichtaufbau für die Siegelfolie

eingesetzt. Solche Ethylene besitzen einen niedrigen Schmelzpunkt, was die Versiegelung der beiden Innenseiten sowie zum Ausgießer erleichtern soll. Da entsprechende Plastomeranteile jedoch ebenfalls Einfluss auf den Reibungskoeffizienten (engl. Coefficient of friction, COF) der Folie nehmen, welcher Einfluss auf die Maschinengängigkeit von Verpackungsanlagen hat, und auch die Siegelnahtfestigkeit davon abhängt, wurden zwei Siegelschichten mit einem variierenden Plastomeranteil gewählt und hergestellt. Abb. 5.33 zeigt die beiden Optionen für die Siegelfolie.

Weiterhin ist in Abb. 5.34 die aufgewickelte Schlauchfolie im abgekühlten Zustand zu erkennen. Anlagenbedingt war es für die Versuche nur möglich im Schlauchformat zu wickeln.

Zusammenfassend konnte erfolgreich eine Siegelfolie aus ca. 70 % Rezyklat hergestellt werden. Hervorzuheben ist dabei die Verarbeitung von Rezyklaten aus haushaltsnahen Sammlungen, die bisher (Stand 2024) selten in Folien und noch weniger in höherwertigen Produkten, wie Pouches, Anwendung finden. Alternative Rezyklate aus selektiven Sammlungen, z. B. Abfälle aus Transportverpackungen, eignen sich zwar grundsätzlich besser, sind jedoch nicht in erforderlichen Mengen verfügbar. Im Projekt PlasticBond konnte daher gezeigt werden, dass die Verwendung von Rezyklaten mit hohen Kontaminationsgehalten technologisch bereits heute in anspruchsvollen Prozessen, wie der Blasfolienextrusion, möglich ist. Dennoch zeigt die produzierte Siegelfolie optische Eigenschaften, die nicht mit Neuwarefolien vergleichbar sind. Das Stippenlevel ist trotz jeweiliger Schmelzefiltration im Recycling-Prozess und im Blasfolienprozess als hoch einzustufen. Im Zuge eine Kunststoff-Kreislaufwirtschaft und

Abb. 5.34 Aufgewickelte Siegelfolie im Schlauchformat

damit einer Erhöhung der Rezyklatanteile in Verpackungen sind Endkonsumenten jedoch angehalten entsprechende Beeinträchtigungen zu akzeptieren. Eine Verbesserung der Optik könnte nur erzielt werden durch die

- Reduzierung des PCR-Anteils
- Nutzung sortenreiner PCR-Quellen aus kommerziellen Sammlungen
- Beimischung von Post-Industrial-Regranulaten

Darüber hinaus weist das Rezyklat und die Folie einen intensiven Geruch auf, sodass weiterer Optimierungsbedarf vorhanden ist. Es können auf Basis der hergestellten Blasfolien keine Aussagen darüber getroffen werden, ob die Festigkeiten ausreichen, um die üblichen Standbodenbeutel-Tests zu bestehen.

5.5.2 Herstellung der BOPE-Folie

Hannelore Konnerth, Steffen Kuhnigk und Sabine Weber

Wie in den Vorversuchen wurden als Referenz- und Matrixmaterial zum Abmischen des Rezyklats Neuware-Materialien verwendet, welche sich für den BO-Prozess als geeignet erwiesen haben. Da insbesondere im Bereich von Neuware-BOPE laufend Entwicklungen stattfinden, wurden im Projekt die PE-Referenzmaterialien nach aktuellem Stand der Entwicklung angepasst. Daher wurden für die Produktion der Musterrollen für den Demonstrator andere Neuware-Materialien sowie Lagenaufbauten verwendet und entsprechend auch andere Prozessbedingungen gewählt.

Für die Mono-PE-Pouch wurde eine Folie hergestellt, die auf der im Verbund innen liegenden Seite bedruckt werden kann. Daher sind die Anforderungen an die Optik von zentraler Bedeutung, da das Druckbild durch die BOPE-Folie betrachtet wird. Da die Folien im Anschluss im Tiefdruck verarbeitet werden, sind Folienlängen von mindestens 3000 m, bei gleichzeitig möglichst hohem E-Modul notwendig, um ein übermäßiges Dehnen im Druckverfahren zu vermeiden.

Im Rahmen der Vorversuche wurden bereits Untersuchungen zur Verstreckbarkeit von verschiedenen Rezyklaten und deren Einfluss auf die optischen und mechanischen Eigenschaften untersucht. Dabei zeigte sich, dass die aktuell kommerziell erhältlichen PE-HD-Rezyklate aufgrund von optischen Defekten nicht von ausreichender Qualität sind und sich somit nicht für den Einsatz in

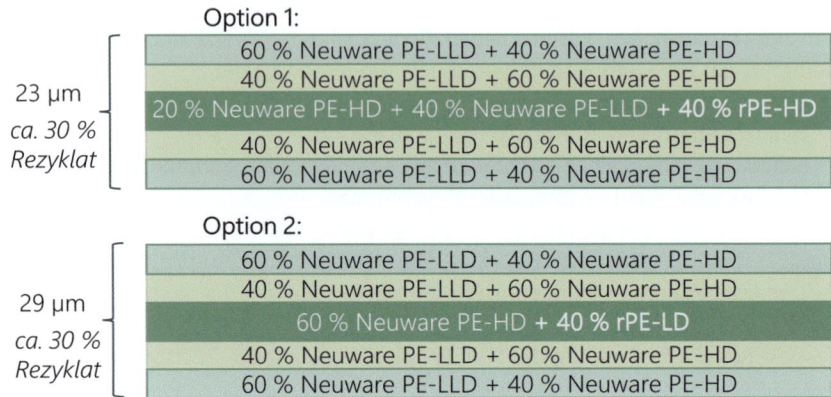

Abb. 5.35 Informationen zum Schichtaufbau für die Topfolie

BO-Folien eignen. Des Weiteren zeigte sich in den Versuchen, dass Folien, hergestellt aus PE-LD-Rezyklaten, eine gute Optik aufweisen, jedoch zu reduzierten mechanischen Kennwerten und Schrumpfeigenschaften führen.

Auf Basis der Erkenntnisse wurden zwei verschiedene Topfolien für das Pouch-Laminat hergestellt, die nachfolgend vorgestellt werden. Die verschiedenen Optionen für die Topfolie werden in Abb. 5.35 gezeigt.

Die erste Version für die Topfolie entspricht dem Best-of der Rezyklatversuche an der Pilotanlage und wird daher als funktionierende Alternative eingesetzt. Bei dem verwendeten PE-LD-Rezyklat handelt es sich um eine vom Hersteller verbesserte Sorte des CWT 100 LG, welches in Vorversuchen die besten optischen Eigenschaften in der Folienproduktion erzielte. Das Rezyklat besteht zwar zu 100 % aus PCR, aber nicht aus der haushaltsnahen Sammlung, sondern aus Gewerbeabfällen. Weiterhin wurde für Option 2 ein PE-HD-Rezyklat, Syndigo rPE-0860-FC, Nova Chemicals, Calgary, Kanada, eingesetzt, welches nur wenige Kontaminationen enthält und aus Milch-Kanistern mechanisch recycelt wurde. Es ist daher von deutlich höherer Reinheit und Qualität als die bisher eingesetzten PE-HD-Rezyklate. Erwartungsgemäß zeigt das PE-HD-Rezyklat daher bessere mechanische Eigenschaften, aber reduzierte optische Eigenschaften aufgrund von Stippen. Aus diesem Grund wurde für die zweite Option der Topfolie im Vergleich zur ersten Option eine reduzierte Foliendicke eingestellt.

5   Einsatz von Rezyklat als Rohstoff in der Folienverarbeitung

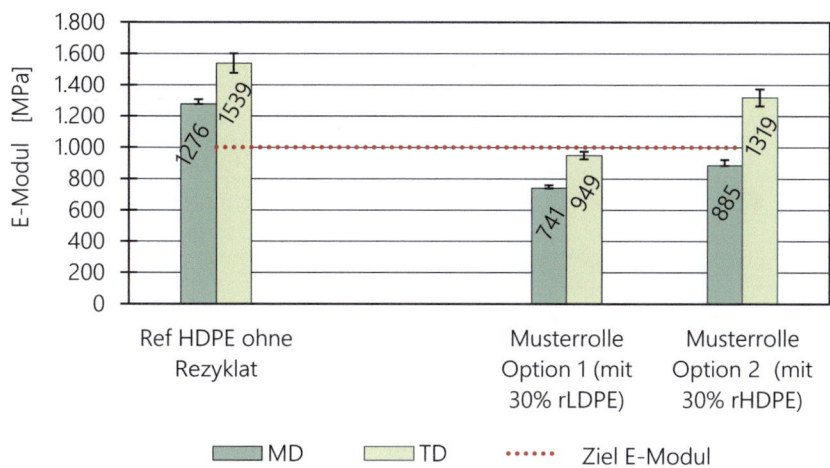

Abb. 5.36 Erreichter E-Modul nach Produktion der Topfolie

Als Anforderung für den nachfolgenden Druckprozess wurden Folien mit einem Rezyklatanteil von mind. 30 % und einem E-Modul von >1000 MPa angestrebt sowie einem Haze von < 10 % und einer Clarity von > 90 %. Diese Ziele konnten teilweise erreicht werden, vgl. Abb. 5.36 und 5.37.

Mit rPE-LD ließen sich zwar optisch einwandfreie Folien (Option 1) herstellen, jedoch birgt der geringere E-Modul und die damit einhergehende reduzierte Widerstandsfähigkeit gegenüber Dehnung das Risiko eines verzerrten oder unsauberen Druckbildes. Hingegen konnte mit rPE-HD das Ziel von 1000 MPa in beiden Richtungen beinahe erreicht werden, aber die Optik war, wie in den Vorversuchen mit PE-HD, durch Stippen beeinträchtigt. Es können keine Aussagen darüber getroffen werden, inwieweit der E-Modul ausreicht, um die entsprechenden Folien qualitativ hochwertig zu bedrucken.

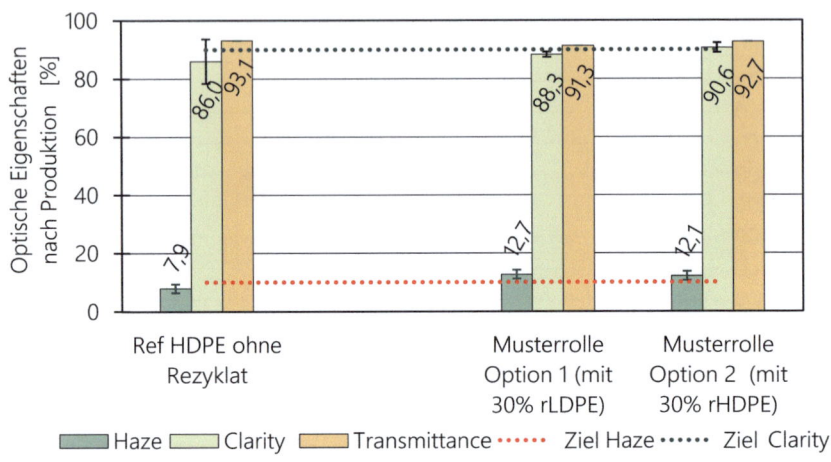

Abb. 5.37 Erreichte optische Eigenschaften nach Produktion der Topfolie

5.5.3 Bedrucken der BOPE-Folie und Kaschieren beider Folien

Ralf Wiechmann, Elena Berg und Rainer Dahlmann

Im Anschluss an die Herstellung der Siegel- und Top-Folie, wurde zunächst die Top-Folie bedruckt, um nachfolgend beide Folien zu kaschieren. Da im Vorfeld nicht sichergestellt werden konnte, welche Schichtaufbauten sich für die Verpackungsproduktion eignen, wurden mit jeweils zwei Optionen für die Siegelfolie und zwei Optionen für die Top-Folie insgesamt vier Laminatkombinationen hergestellt.

Die besondere Herausforderung beim Bedrucken der Top-Folien aus PE liegt in der hohen Dehnbelastung, der die Folie auf ihrem Weg durch die Druckzylinderzonen der Tiefdruckanlage ausgesetzt ist. Und die BOPE-Folie ist trotz des Reckprozesses noch wesentlich weniger steif als die herkömmlich eingesetzten BOPP oder PET-Druckfolien (die aber zu nicht recyclingfähigen Folienlaminaten führen). Die hohe Dehnbarkeit kann dazu führen, dass die Folie sich nach dem Druckprozess wieder zusammenzieht, was die Qualität des Druckbildes beeinträchtigen kann. Hinzu kommt, dass das Verhalten von Rezyklaten in der Verarbeitung schwer vorhersehbar ist, da der E-Modul schwankt und deutlich unter dem von Neuware liegt. Trotz der Herausforderungen ist es gelungen eine hochwertige Druckqualität zu erzielen, indem verschiedene Anpassungen im Druckprozess vorgenommen wurden. Durch die Erhöhung der Zylindertemperaturen und das Anpassen der Zugspannungen an der Anlage konnte schließlich ein akzeptabler Prozesspunkt gefunden werden, der die Rapporthaltigkeit des Druckbildes für beide Top-Folien-Optionen gewährleistet. Abb. 5.38 zeigt Aufnahmen während des Druckprozesses zwischen den Druckzylindern und im aufgewickelten Zustand.

Abb. 5.38 Bedruckte Top-Folie im laufenden Prozess und im aufgewickelten Zustand

Abb. 5.39 Aufnahme während des laufenden Kaschierprozesses

Im Anschluss an den Druckprozess war es darüber hinaus möglich die bedruckte Top-Folie und die Siegelfolie erfolgreich zu kaschieren. Durch die Firma Henkel wurde dafür ein PU-basierter Zwei-Komponenten-Laminierklebstoff empfohlen, der zu einem recyclingfähigen Folienverbund im PE-Recyclingstrom führt und entsprechend zertifiziert ist.

Um eventuelle Unebenheiten bzw. Erhöhungen auf der Folienoberseite der Siegelfolie, die durch Stippen verursacht werden können, zu kaschieren, wurde die Klebstoffdicke um ca. 0,3 μm (ca. 10 %) gegenüber üblichen Klebstoffdicken erhöht. Das hohe Stippenlevel, insbesondere in der Siegelfolie zeigt damit keine Einschränkungen im Laminierprozess oder in der Laminierqualität. Selbstverständlich sind die Stippen auch im Folienlaminat weiterhin sichtbar. Ein Ausschnitt des laufenden Kaschierprozesses ist in Abb. 5.39 dargestellt.

Literatur

1. A. Limper, Hg., *Verfahrenstechnik der Thermoplastextrusion*. München: Hanser Verlag, 2012.
2. A. Ghijsels, J. J. S. M. Ente und J. Raadsen, "Melt Strength Behavior of PE and its Relation to Bubble Stability in Film Blowing", Intern. Polymer Processing, Jg 5, Nr.4, S.284-286, 1990, https://doi.org/10.3139/217.900284.
3. G. J. Field, P. Micic und S. N. Bhattacharya, "Melt strength and film bubble instability of LLDPE/LDPE blends", Polymer International, Jg. 48, S.461-466,1999, https://doi.org/10.1002/(SICI)1097-0126(199906)48:6<461::AID-PI169>3.0.CO;2-7.
4. T. Steffl und H. Münstedt, "Relevance of Rheotens Experiments for Film Blowing", in *Esaform Conference on Material Forming*, 2000, VI11–VI14.
5. P. Micic, S. N. Bhattacharya und G. Field, "Transistent Elongational Viscosity of LLDPE/LDPE Blends and Its Relevance to Bubble Stability in the Film Blowing Process", Polymer Engineering and Science, Jg. 38, Nr. 10, S.1685–1693, 2004, Transient elongational viscosity of LLDPE/LDPE blends and its relevance to bubble stability in the film blowing process.
6. T. Steffl, "Rheological and film blowing properties of various low density polyethylenes and their blends", Dissertation, Universität Erlangen-Nürnberg, Erlangen, 2004
7. M. A. Spalding und A. M. Chatterjee, *Handbook of industrial polyethylene and technology: Definitive guide to manufacturing, properties, processing, applications and markets*. Beverly, MA: Scrivener Publishing, 2018.
8. J. Frankland, *Extrusion: Where's the Data? The Importance of Melt Strength in Extrusion*. [Online]. Verfügbar unter: https://www.ptonline.com/articles/what-about-melt-strength. [Zugriff: 22. November 2024]
9. T. Schröder, *Rheologie der Kunststoffe: Theorie und Praxis*, 2. Aufl. München: Hanser, 2020. [Online]. Verfügbar unter: https://www.hanser-elibrary.com/doi/book/https://doi.org/10.3139/9783446465503
10. M. Gahleitner, "Melt rheology of polyolefins", Prog. Polym. Sci, Jg. 26, Nr. 6, S. 895–944, 2001, https://doi.org/10.1016/S0079-6700(01)00011-9.
11. TA Instruments, „Einführung in die Rheologie von Polymerschmelzen und deren Nutzung in der Polymerverarbeitung", Technischer Bericht, Milford, Massachusetts, USA
12. F. N. Cogswell, *Polymer melt rheology – A guide for industrial practice*, 1. Aufl. Cambridge, UK: Woodhead, 1994
13. E. Berg, "Material analysis of polyethylene recyclates for use in film extrusion", *ExxonMobil European Research & Development Days 2023*, Brüssel, Belgien, 24–27. April 2023.
14. J. Nentwig, *Kunststoff-Folien: Herstellung, Eigenschaften, Anwendung*, 3. Aufl. München, Wien: Hanser, 2006.
15. M. A. Spalding, E. I. Garcia-Meitin, S. L. Kodjie, G. A. Campbell und T. W. Womer, "Troubleshooting and mitigating gels in polyethylene film products", *Journal of Plastic Film & Sheeting*, Jg. 34, Nr. 3, S. 300–323, 2018, https://doi.org/10.1177/8756087917722586.

16. E. Berg, L. Leuchtenberger und R. Dahlmann, "Investigation of gel formation and degradation of representative polyolefin recyclates", *ANTEC® 2024.*, St. Louis, USA, 04.-07.03.2024.
17. M. S. Morgani, E. J. Dil und A. Ajji, "Effect of processing condition and antioxidants on visual properties of multilayer post-consumer recycled high density polyethylene films" (eng), *Waste management (New York, N.Y.)*, Jg. 126, S. 239–246, 2021, https://doi.org/10.1016/j.wasman.2021.03.005.
18. A. Bashirgonbadi, Y. Ureel, L. Delva, R. Fiorio, K. M. van Geem und K. Ragaert, "Accurate determination of polyethylene (PE) and polypropylene (PP) content in polyolefin blends using machine learning-assisted differential scanning calorimetry (DSC) analysis", *Polymer Testing*, Jg. 131, S. 108353, 2024, https://doi.org/10.1016/j.polymertesting.2024.108353.
19. R. Dahlmann, E. Haberstroh und G. Menges, *Menges Werkstoffkunde Kunststoffe*, 7. Aufl. München: Hanser, 2022.
20. M. Kisiel, B. Mossety-Leszczak, A. Frańczak und D. Szczęch, "Quantitative analysis of the polymeric blends", *Progress in Rubber, Plastics and Recycling Technology*, Jg. 35, Nr. 2, S. 75–89, 2019, https://doi.org/10.1177/1477760618797541.
21. E. Karaagac, M. P. Jones, T. Koch und V.-M. Archodoulaki, "Polypropylene Contamination in Post-Consumer Polyolefin Waste: Characterisation, Consequences and Compatibilisation" (eng), *Polymers*, Jg. 13, Nr. 16, 2021, https://doi.org/10.3390/polym13162618.
22. C. Aumnate, N. Rudolph und M. Sarmadi, "Recycling of Polypropylene/Polyethylene Blends: Effect of Chain Structure on the Crystallization Behaviors" (eng), *Polymers*, Jg. 11, Nr. 9, 2019, https://doi.org/10.3390/polym11091456.
23. A. T. P. Zahavich, B. Latto, E. Takacs und J. Vlachopoulos, "The effect of multiple extrusion passes during recycling of high density polyethylene", *Adv. Polym. Technol.*, Jg. 16, Nr. 1, S. 11–24, 1997, https://doi.org/10.1002/(SICI)1098-2329(199721)16:1<11::AID-ADV2>3.0.CO;2-M.
24. H. Jin, J. Gonzalez-Gutierrez, P. Oblak, B. Zupančič und I. Emri, "The effect of extensive mechanical recycling on the properties of low density polyethylene", *Polymer Degradation and Stability*, Jg. 97, Nr. 11, S. 2262–2272, 2012, https://doi.org/10.1016/j.polymdegradstab.2012.07.039.
25. S. Moss und H. Zweifel, "Degradation and stabilization of high density polyethylene during multiple extrusions", *Polymer Degradation and Stability*, Jg. 25, 2-4, S. 217–245, 1989, https://doi.org/10.1016/S0141-3910(89)81009-2.
26. A. Schweighuber, A. Felgel-Farnholz, T. Bögl, J. Fischer und W. Buchberger, "Investigations on the influence of multiple extrusion on the degradation of polyolefins", *Polymer Degradation and Stability*, Jg. 192, S. 109689, 2021, https://doi.org/10.1016/j.polymdegradstab.2021.109689.
27. M. S. Abbas-Abadi, M. N. Haghighi und H. Yeganeh, "Effect of the melt flow index and melt flow rate on the thermal degradation kinetics of commercial polyolefins", *J of Applied Polymer Sci*, Jg. 126, Nr. 5, S. 1739–1745, 2012, https://doi.org/10.1002/app.36775.

28. E. Epacher, J. Tolvth, K. Stoll und B. Puknszky, "Two-step degradation of high-density polyethylene during multiple extrusion", *J of Applied Polymer Sci*, Jg. 74, Nr. 6, S. 1596–1605, 1999, https://doi.org/10.1002/(SICI)1097-4628(19991107)74:6<1596::AID-APP 35>3.0.CO;2-D.
29. A. Santos, J. Agnelli, D. Trevisan und S. Manrich, "Degradation and stabilization of polyolefins from municipal plastic waste during multiple extrusions under different reprocessing conditions", *Polymer Degradation and Stability*, Jg. 77, Nr. 3, S. 441–447, 2002, https://doi.org/10.1016/S0141-3910(02)00101-5.
30. F. Lüth, private Kommunikation, März, 2023
31. G. W. Ehrenstein und S. Pongratz, *Resistance and stability of polymers*. Munich: Hanser Publishers, 2013. [Online]. Verfügbar unter: https://www.sciencedirect.com/science/book/9783446416451. [Zugriff: 22. November 2024]
32. M. Escudero Acevedo, Quijada Raúl und M. Campos Valette, "Study of the effect of branching in degradation of polyethylenes obtained via metallocene catalyst", *J. Chil. Chem. Soc.*, Jg. 53, Nr. 2, 2008, https://doi.org/10.4067/S0717-97072008000200009.
33. E. Berg, L. Leuchtenberger und R. Dahlmann, "Influence of varying material components in representative polyethylene recyclates on the mechanical properties of blown films", *Umdruck zum 32. Internationalen Kunststofftechnischen Kolloquium.*, Aachen, 28.02.-29.02.2024.
34. H. Touil, U. Pankoke, D. Schmitz und R. Bothor, *Recycling compatibility of EVOH barrier polymers in polyethylene-based packaging compositions. Institute cyclos-HTP GmbH, Aachen und IAP – Institute of Applied Polymer Chemistry, Aachen University of Applied Sciences*, 2022
35. E. Roumeli, Z. Terzopoulou, E. Pavlidou, K. Chrissafis, E. Papadopoulou, E. Athanasiadou, K. Triantafyllidis und D. N. Bikiaris, "Effect of maleic anhydride on the mechanical and thermal properties of hemp/high-density polyethylene green composites", *Journal of Thermal Analysis and Calorimetry*, Jg. 121, Nr. 1, S.93-105, 2015, https://doi.org/10.1007/s10973-015-4596-y.
36. M. Niaounakis, *Recycling of flexible plastic packaging*. Oxford, Cambridge, MA: William Andrew, 2020.
37. A. Valadez-González und L. Veleva, "Mineral filler influence on the photo-oxidation mechanism degradation of high density polyethylene. Part II: natural exposure test", *Polymer Degradation and Stability*, Jg. 83, Nr. 1, S. 139–148, 2004, https://doi.org/10.1016/S0141-3910(03)00246-5.
38. A. Valadez-Gonzalez, J. M. Cervantes-Uc und L. Veleva, "Mineral filler influence on the photo-oxidation of high density polyethylene: I. Accelerated UV chamber exposure test", *Polymer Degradation and Stability*, Jg. 63, Nr. 2, S. 253–260, 1999, https://doi.org/10.1016/S0141-3910(98)00102-5.
39. DIN-Norm für die Bestimmung der Zugeigenschaften – Teil 1: Allgemeine Grundsätze, DIN-Norm 527–1, 2019.
40. J. C. Lucas, M. D. Failla, F. L. Smith, L. Mandelkern und A. J. Peacock, "The double yield in the tensile deformation of the polyethylenes", *Polymer Engineering & Sci*, Jg. 35, Nr. 13, S. 1117–1123, 1995, https://doi.org/10.1002/pen.760351308.
41. K. Nitta und M. Takayanagi, "Direct observation of the deformation of isolated huge spherulites in isotactic polypropylene", *Journal of materials science*, Jg. 38, S. 4889–4894, 2003.

42. J. L. Jordan, D. T. Casem, J. M. Bradley, A. K. Dwivedi, E. N. Brown und C. W. Jordan, "Mechanical Properties of Low Density Polyethylene", *Journal of Dynamic Behavior of Materials*, Jg. 2, Nr. 4, S. 411–420, 2016, https://doi.org/10.1007/s40870-016-0076-0.
43. T. Kida, T. Oku, Y. Hiejima und K. Nitta, "Deformation mechanism of high-density polyethylene probed by in situ Raman spectroscopy", *Polymer*, Jg. 58, S. 88–95, 2015, https://doi.org/10.1016/j.polymer.2014.12.030.

Open Access Dieses Kapitel wird unter der Creative Commons Namensnennung - Nicht kommerziell 4.0 International Lizenz (http://creativecommons.org/licenses/by-nc/4.0/dee d.de) veröffentlicht, welche die nicht-kommerzielle Nutzung, Vervielfältigung, Bearbeitung, Verbreitung und Wiedergabe in jeglichem Medium und Format erlaubt, sofern Sie den/die ursprünglichen Autor(en) und die Quelle ordnungsgemäß nennen, einen Link zur Creative Commons Lizenz beifügen und angeben, ob Änderungen vorgenommen wurden.

Die in diesem Kapitel enthaltenen Bilder und sonstiges Drittmaterial unterliegen ebenfalls der genannten Creative Commons Lizenz, sofern sich aus der Abbildungslegende nichts anderes ergibt. Sofern das betreffende Material nicht unter der genannten Creative Commons Lizenz steht und die betreffende Handlung nicht nach gesetzlichen Vorschriften erlaubt ist, ist auch für die oben aufgeführten nicht-kommerziellen Weiterverwendungen des Materials die Einwilligung des jeweiligen Rechteinhabers einzuholen.

Einsatz von Rezyklat als Rohstoff im Spritzgießprozess

6

Pia Fischer, Christian Hopmann, Benjamin Kampmann und Philipp Kloke

Inhaltsverzeichnis

6.1 Verarbeitungsnahe Vorversuche zur Bestimmung der Material- und Fließeigenschaften und Materialauswahl 98
6.2 Einfluss der Materialzusammensetzung und -konditionierung auf die Prozessstabilität 99
    6.2.1 Einfluss der Restfeuchte und Ausgasungen 100
    6.2.2 Einfluss des Rezyklatanteils auf die Verarbeitbarkeit und Bauteileigenschaften 104
    6.2.3 Einfluss saisonaler Inputschwankungen 109
        6.2.3.1 Industrienahe Validierung der Chargenschwankungen 112
6.3 Lösungsansätze zur optimierten Verarbeitung von Rezyklaten 115
    6.3.1 Konstruktive Anpassungen zur Optimierung des Einzugs- und Plastifizierverhaltens 115
    6.3.2 Anpassungen der Prozessführung 122
    6.3.3 Einsatz von Assistenz- und Regelsystemen zur Verbesserung der Prozessstabilität 125
6.4 Spritzgießen der Demonstratorspouts 129
Literatur 130

P. Fischer · C. Hopmann (✉)
Lehrstuhl für Kunststoffverarbeitung der RWTH Aachen (IKV), Aachen, Deutschland
E-Mail: christian.hopmann@ikv.rwth-aachen.de

P. Fischer
E-Mail: publications@ikv.rwth-aachen.de

B. Kampmann
Pöppelmann GmbH & Co. KG, Lohne, Deutschland
E-Mail: benjaminkampmann@poeppelmann.com

© Der/die Autor(en) 2025
R. Dahlmann und C. Hopmann (Hrsg.), *Nachhaltige Kunststoffverpackungen aus Post Consumer-Rezyklaten,* SDG - Forschung, Konzepte, Lösungsansätze zur Nachhaltigkeit, https://doi.org/10.1007/978-3-658-48211-4_6

Wie bereits detailliert beschrieben weisen Rezyklate im Vergleich zu Neuware häufig Schwankungen in der Zusammensetzung und den physikalischen Eigenschaften auf, was eine stabile Verarbeitung erschwert. Dies liegt unter anderem an den unterschiedlichen Bezugsquellen für PCR-Materialien. Materialien aus dem Gelben Sack beinhalten häufig Polyethylen vorwiegend als Folienqualität, während Polypropylen als Mischung aus Extrusions- und Spritzgießwaren vorliegen kann [1]. Durch die verschiedenen Anforderungen an Materialien für die jeweilige Verarbeitung ergeben sich für die Aufbereitung Materialgemische, die die Wiederverarbeitung erschweren. Verunreinigungen, Ausgasungen, thermischer und oxidativer Abbau sowie resultierende uneinheitliche Fließeigenschaften der Schmelze gehören zu den größten Herausforderungen, die innovative Lösungen erfordern, um Prozessstabilität und Bauteilqualität zu gewährleisten [2, 3].

6.1 Verarbeitungsnahe Vorversuche zur Bestimmung der Material- und Fließeigenschaften und Materialauswahl

Benjamin Kampmann

Die industrielle Praxis erfordert bei der Verarbeitung von Rezyklaten aus unterschiedlichen Quellen häufig das Mischen verschiedener Chargen, um die internen Verarbeitungsspezifikationen zu erreichen. Für die begleitende Qualitätssicherung ist es notwendig, die eingehenden Chargen und die daraus hergestellten Mischungen nicht nur analytisch, sondern prozessnah, zuverlässig und schnell prüfen und spezifizieren zu können. Hilfreiche Parameter sind dabei die Bewertung von Fließfähigkeit, Steifigkeit und Zähigkeit. Konkret kann dazu beispielsweise ein kombiniertes Werkzeug im Spritzgießprozess eingesetzt werden, dass gleichzeitig eine Fließspirale sowie je einen Prüfkörper für die Bestimmung des Biegemoduls und der Schlagzähigkeit herstellt.

Um den Bewertungsprozess für die verschiedenen ausgewählten Rezyklate zu überprüfen, wurden durch den Partner Pöppelmann industrienahe Vorversuche durchgeführt. Dabei lag der Fokus auf dem Vergleich der Rezyklate mit dem bislang eingesetzten Referenzmaterial, für das ein stabiler Spritzgießprozesspunkt

---

P. Kloke
Arburg GmbH + Co KG, Loßburg, Deutschland
E-Mail: philipp_kloke@arburg.com

Tab. 6.1 Materialauswahl für die Spritzgießuntersuchungen

	Referenz-material	Interzero recythen© HDPE	Vogt 210-S	Morssinkhof Plastics GmbH
MFR (190/2,16) [g/10 min]	4			6–8
MFR (190/5) [g/10 min]		1,7	1,5	
Fließspirale [mm]	253	158	137	237

bekannt ist. Da vor allem die Fließfähigkeit entscheidend für die Verarbeitbarkeit ist, wurde sich in den ersten Untersuchungen auf die durch die Materialien erreichbare Fließweglänge fokussiert. In Tab. 6.1 sind die ermittelten Werte für die Fließspirale sowie der MFR gemäß Datenblatt für das Referenzmaterial und die drei PE-HD Rezyklate aufgeführt.

Vergleicht man den MFR der drei Rezyklate mit dem MFR des Referenzmaterials, so scheint die Viskosität das Morssinkhof Materials niedriger. Beim Vergleich der Fließspiralen, bei deren Herstellung die rheologischen Verhältnisse der späteren Verarbeitung näher sind, hat das Referenzmaterial die beste Fließfähigkeit. Für die Rezyklate der Hersteller Interzero und Vogt kann aufgrund des niedrigen MFRs und der damit einhergehenden erhöhten Viskosität nur ein verkürzter Fließweg erreicht werden, weswegen in der Verarbeitung voraussichtlich höhere Spritzdrücke notwendig sind.

6.2 Einfluss der Materialzusammensetzung und -konditionierung auf die Prozessstabilität

Pia Fischer und Christian Hopmann

Nach den industrienahen Versuchen beim Partner Pöppelmann wurden weiterführend detaillierte Material- und Verarbeitungsanalysen durchgeführt. Diese werden vorwiegend mit dem Post-Consumer-Rezyklat recythen des Projektpartners Interzero durchgeführt. Das Rezyklat wird aus Rohstoffen aus der haushaltsnahen Sammlung (Siedlungsabfällen) hergestellt und kann aufgrund dessen einerseits starken saisonalen Schwankungen unterliegen und andererseits führen die unterschiedliche Zusammensetzung und die Kontaminationen zu einem für Polyolefine untypischen hygroskopischen Materialverhalten. Zudem verursachen schwankende Materialeigenschaften häufig noch Zurückhaltung beim Einsatz von 100 % recyceltem Material, weswegen auch die Verarbeitbarkeit geringerer Rezyklatquoten durch das Mischen mit Neuware untersucht wird. Im Rahmen der spritzgießtechnischen Untersuchungen wurde deswegen besonders der Einfluss der Materialkonditionierung (Trocknung), verschiedener Rezyklatanteile und der Materialschwankungen auf den Verarbeitungsprozess und die Bauteilqualität tiefgehend analysiert.

6.2.1 Einfluss der Restfeuchte und Ausgasungen

Um den Einfluss der Materialkonditionierung zu bewerten, wurde das recythen© PE-HD unterschiedlich vorbehandelt und anschließend sowohl das Granulat direkt untersucht als auch das Granulat im Spritzgießen zu Formteilen verarbeitet. Referenzmessungen wurden parallel an einem Neuwarematerial (Hostalen GD 9550 F der LyondellBasell Industries Holdings B.V., Rotterdam, Niederlande) durchgeführt.

In einem ersten Schritt wurden das Material gezielt unter verschiedenen Bedingungen konditioniert. Das Material wurde anschließend analysiert und verarbeitet

1. direkt nach Öffnen des Materialsacks (Bag Fresh (B)),
2. nach einer dreitätigen Auslagerung im geöffneten Sack (Air Contact (A)),
3. nach einer aktiven Trocknung (3 h, 80 °C (Dried (D)).

Der Einfluss der Konditionierung auf das Granulat wurde mithilfe einer Restfeuchtemessung nachgewiesen. Dazu wurde das Restfeuchtemessgerät Aboni HydroTracer Typ FMX der Firma Aboni GmbH, Schwielowsee, Deutschland eingesetzt.

Das Funktionsprinzip sowie die Ergebnisse der Restfeuchtemessungen sind in Abb. 6.1 aufgeführt.

Es ist deutlich erkennbar, dass der aktive Trocknungsschritt die resultierende Restfeuchte beeinflusst. Das Rezyklat zeigt keinen signifikanten Unterschied zwischen der Restfeuchte nach Öffnen der Materialsäcke und der Auslagerung, allerdings zeigt sich eine deutliche Reduktion durch den aktiven Trocknungsprozess. Im Vergleich dazu nimmt die Neuware aufgrund der nicht hygroskopischen Eigenschaften keine Feuchtigkeit auf. Hier kommt es allerdings zu einem Absetzen von Feuchtigkeit auf der Granulatoberfläche. So ist der leichte Anstieg in

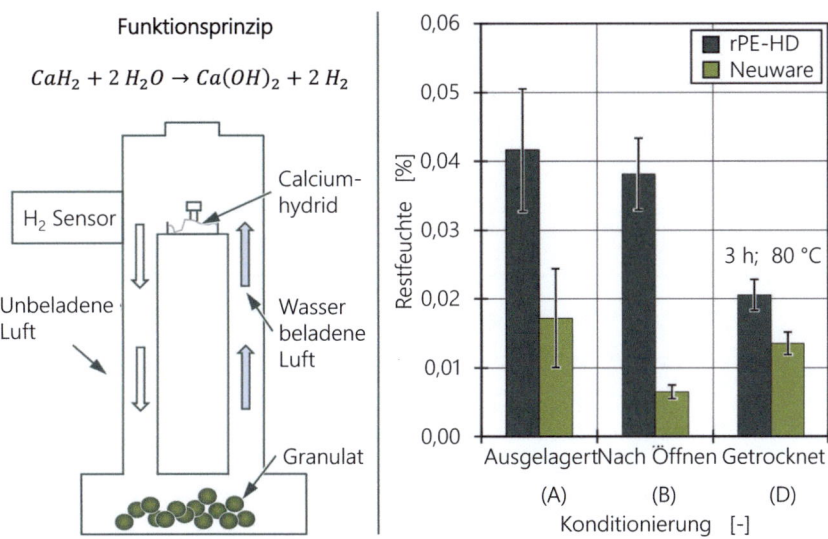

Abb. 6.1 Funktionsprinzip und Ergebnisse zur Bewertung der Restfeuchte

der Restfeuchte beim ausgelagerten Material zu erklären. Dieser Effekt zeigt sich auch bei der getrockneten Neuware.

Der Effekt der Trocknung auf das Material wurde anschließend im Hinblick auf die Materialeigenschaften und die Verarbeitbarkeit analysiert. Zur Bewertung des chemischen Einflusses der Trocknung auf das Material wurde mithilfe von FTIR-Messungen die Zusammensetzung der Rezyklat und Neuware-Materialien analysiert. Dazu wurden fünf- (PCR) bzw. dreifach (Neuware) Messungen mithilfe des Nicolet™ iS™10 FT-IR-Spektrometers der Thermo Fisher Scientific Inc., Waltham, Massachusetts an den Granulaten durchgeführt. Um den Einfluss der Trocknung nicht nur für die Randschicht zu bewerten, wurden die Granulatkörner vor der Analyse zerteilt und die Querschnittsfläche der Körner analysiert. Es konnten bei der Mehrfachbestimmung der verschiedenen Versuchspunkte keine signifikanten Unterschiede festgestellt werden. Für die Neuware konnte kein Einfluss der Konditionierung auf die Peak-Banden gemessen werden, sodass davon ausgegangen werden kann, dass die Materialeigenschaften ebenfalls nicht beeinflusst werden. Im Vergleich dazu konnte beim Rezyklat eine Veränderung der Zusammensetzung durch die Trocknung nachgewiesen werden.

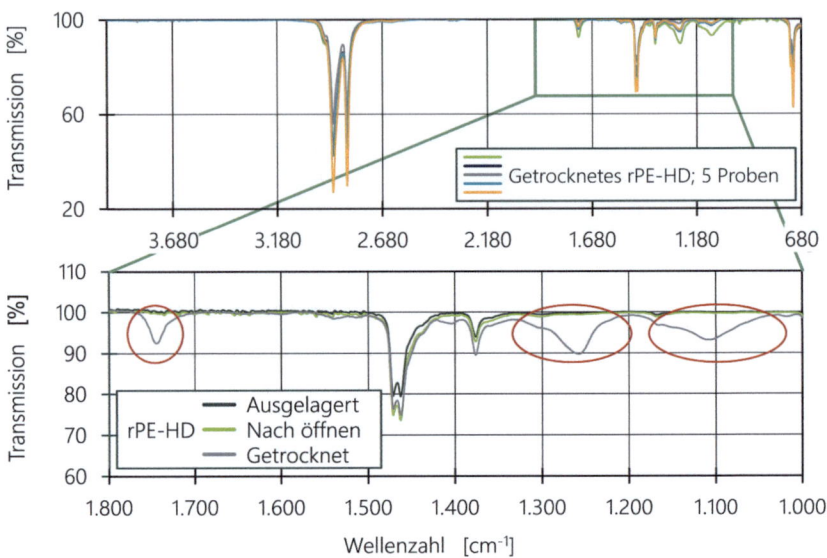

Abb. 6.2 FTIR-Ergebnisse des analysierten PE-HD Reyzklats für die verschiedenen Konditionierungen

Die unterschiedlichen Verläufe sind in Abb. 6.2 aufgezeigt. Der aktive Trocknungsprozess führt zu drei neuen charakteristischen Banden im Bereich von 1760 bis 1720, 1320 bis 1200 und 1200 bis 1040 cm^{-1}.

Eine mögliche Erklärung für die zusätzlichen Banden könnte das Vorhandensein von Additiven sein. Da jedoch bei der Konditionierung keine Additive hinzugefügt wurden und die zusätzlichen Banden ausschließlich in den getrockneten Proben vorliegen ist diese Erklärung unwahrscheinlich. Eine andere Möglichkeit für diese Banden ist eine thermo-oxidative Alterung. Bei einer oxidativen Alterung weist die Bande von 1760–1720 cm^{-1} auf eine Carbonylgruppe (Carbonsäuren, Ester, Anhydride, Aldehyde, Ketone und Amide) hin, während die Banden 1320–1200 cm^{-1} und 1200–1040 cm^{-1} auf das Vorhandensein von Ether, Ester und Epoxiden hindeuten [4–7]. Bei dem im Vergleich analysierten Neuware-Material ist keine Alterung nachzuweisen, weswegen die Alterung des PE-HD-Rezyklats auf unterschiedliche Materialeigenschaften, die z. B. durch den Recyclingprozess entstehen oder den Abbau von Verunreinigungen zurückzuführen sein könnte.

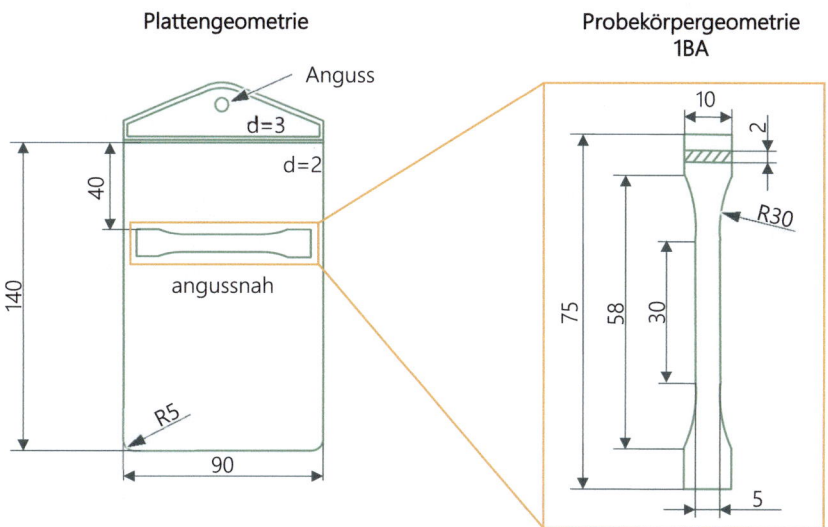

Abb. 6.3 Plattengeometrie und Position und Geometrie des entnommenen Prüfkörpers

Zusätzlich zu den Materialeigenschaften wurden die resultierenden Bauteileigenschaften untersucht. Dazu wurde das konditionierte Material auf einer vollelektrischen Sumitomo IntElect2 100/470-250 Spritzgießmaschine der Sumitomo (SHI) Demag Plastics Machinery GmbH, Schwaig, Deutschland verarbeitet. Sie verfügt über einen Schneckendurchmesser von 30 mm und ein L/D-Verhältnis von 20. Die hergestellten Plattenbauteile sowie die Position der entnommenen Zugstäbe (1BA) sind in Abb. 6.3 dargestellt.

Zur Bewertung des Materialverhaltens und möglicher Ausgasungseffekte während der Verarbeitung wurden die resultierenden Maschinendaten des Spritzgießprozesses überwacht und ausgewertet und mit der Restfeuchte im Material korreliert. Hierbei konnten keine signifikanten Korrelationen zwischen dem Restfeuchtegehalt und den Prozessgrößen festgestellt werden, allerdings resultiert die Reduktion der Restfeuchte durch die Trocknung in einem tendenziellen Anstieg des Spritzdrucks und des Massepolsters was auf eine Änderung der Viskosität zurückzuführen sein könnte.

Die hergestellten Bauteile wurden anschließend mechanisch analysiert. Die Zugfestigkeiten wurden durch fünffach-Messungen bestimmt. Zudem wurde als Indikator für die Materialversprödung der Probekörperbruch bei einer Dehnung < 40 % definiert. Für das untersuchte Rezyklat lässt sich ein tendenzieller Anstieg

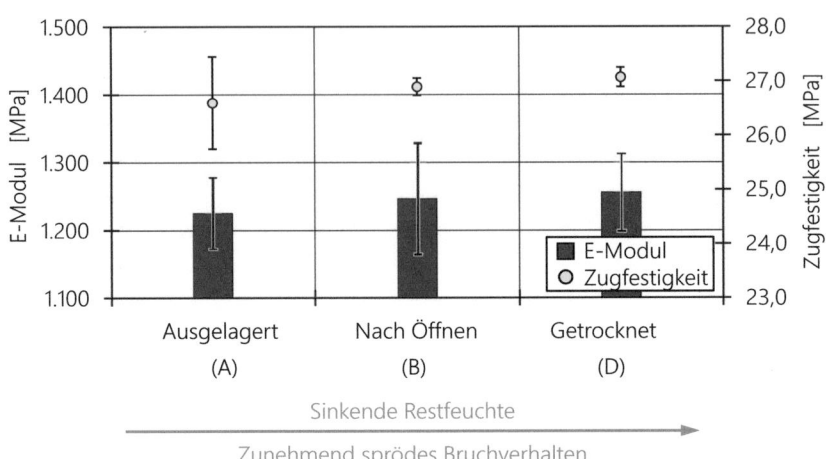

Abb. 6.4 Korrelation zwischen Trocknung und Bauteileigenschaften

der maximalen Spannung sowie des Zugmoduls mit sinkendem Restfeuchtegehalt feststellen (vgl. Abb. 6.4).

Es zeigt sich, dass die Restfeuchte bzw. der konventionelle Trocknungsprozess insgesamt nur in geringem Maße mit den mechanischen Eigenschaften korrelieren. Die maximale Spannung steigt um ca. 4 %, während der E-Modul um ca. 3 % steigt. Auffällig ist jedoch, dass das Material ein spröderes Bruchverhalten mit sinkender Restfeuchte bzw. nach dem Trocknungsprozess aufweist. Dies könnte auf die thermische Alterung des Materials und ergänzend auf die weichmachenden Effekte der Restfeuchte zurückzuführen sein.

6.2.2 Einfluss des Rezyklatanteils auf die Verarbeitbarkeit und Bauteileigenschaften

Da mit den bereits beschriebenen Veränderungen in der Materialzusammensetzung und den Materialeigenschaften auch verarbeitungs- und bauteilqualitätsbedingte Herausforderungen einhergehen, bietet die Kombination von Rezyklaten mit Neuware großes Potenzial zur Steigerung der Rezyklateinsatzquoten.

Um das Verhalten von Gemischen aus Rezyklaten und Neuware im Spritzgießprozess weiterführend zu untersuchen, wurden die Eigenschaften von Rezyklat-Neuware-Mischungen sowie die Prozessstabilität während der Verarbeitung

6 Einsatz von Rezyklat als Rohstoff im Spritzgießprozess

untersucht [8]. Der Einfluss der Rezyklatanteile wurde durch die Evaluation der Prozessdaten sowie der mechanischen und rheologischen Eigenschaften ausgewertet. Hierzu wurden kontinuierliche sowie zyklische Prozessdaten in den Spritzgießversuchen aufgezeichnet und Zugversuche, HKR-Messungen und MFR-Messungen durchgeführt.

Die Mischungen aus Neuware der Firma LyondellBasell Industries-Basell Polyolefine GmbH, Wesseling, Deutschland (Hostalen GD 9550 F) und Rezyklat des Projektpartners Interzero (Recythen® HDPE) wurden auf einem Doppelschneckenextruder ZSK 26 K 10.5 (d = 26 mm) der Firma Coperion GmbH, Stuttgart, Deutschland hergestellt. Zur detaillierten Bewertung niedriger Rezyklatanteile wurden Mischung mit 0, 10, 20, 30, 40, 60, 80 und 100 % Rezyklatanteil compoundiert und ausgewählte Anteile anschließend rheologisch untersucht. Dazu wurden Hochdruck-Kapillar-Rheometer-Messungen auf einem Rheograph 2002 des Herstellers GÖTTFERT Werkstoff-Prüfmaschinen GmbH, Buchen, Deutschland durchgeführt. Parallel wurden die Mischungen im Spritzgießprozess (Sumitomo, s. o.) zu einfachen Zugstäben sowie zu komplexen Gehäusebauteilen (siehe Abb. 6.5) verarbeitet, um mechanische Kennwerte zu ermitteln und die Prozessstabilität für mehrere Bauteile validieren zu können.

Die zur Bauteilherstellung relevanten Maschineneinstellparameter sind in Tab. 6.2 dargestellt. Um den Einfluss der Plastifizierung auf die Mischungshomogenität zu bewerten, wurde die Schneckenumfangsgeschwindigkeit bei der Herstellung der Zugstäbe variiert.

Die Untersuchung der mechanischen Eigenschaften wurde anschließend auf einer Zugprüfmaschine ZwickRoell Typ Z100 der Firma ZwickRoell, Ulm, Deutschland, bestimmt.

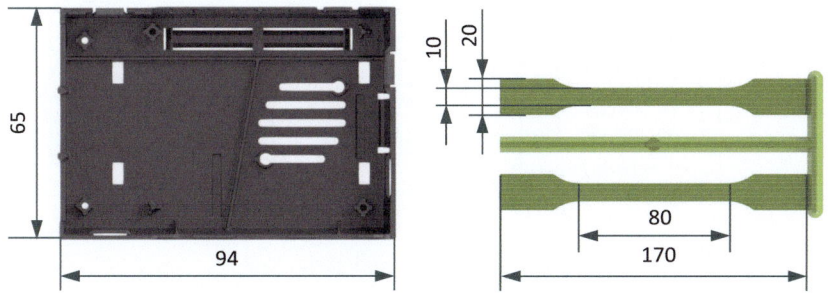

Abb. 6.5 Schematische Darstellung Abmaße der im Spritzgießen hergestellten Gehäusebauteile (links) und Zugstäbe (rechts)

Tab. 6.2 Relevante Prozessparameter zur Herstellung der Spritzgießbauteile

Bauteil	Gehäuse	Zugstab	
Düsentemperatur [°C]	230		
Einspritzzeit [s]	0,54	0,75	
Nachdruck [bar]	800	550	
Schneckenumfangsgeschw. [mm/s]	400	170	400
Staudruck [bar]	100		
Werkzeugtemperatur [°C]	40 °C		

Die Ergebnisse der rheologischen Untersuchungen in Abb. 6.6 zeigen, dass die Viskosität der Mischung mit steigenden Rezyklatanteil abnimmt.

Für die Verarbeitung der Mischungen deutet dies darauf hin, dass eine Erhöhung des Rezyklatanteils mit einem reduzierten Druckverbrauch und Schneckendrehmoment einhergeht.

Zur Validierung dieser These wurden weiterführend die Prozessdaten während der Produktion der verschiedenen Spritzgießbauteile analysiert. Dazu wurden

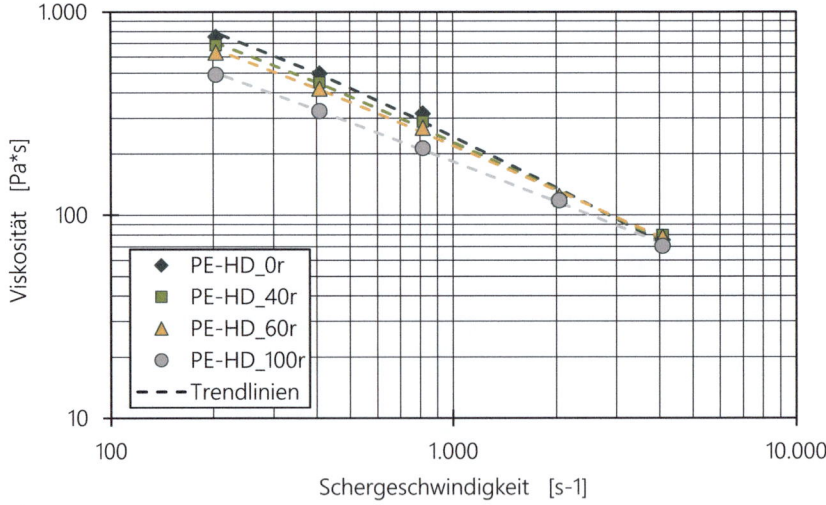

Abb. 6.6 Ergebnisse der HKR-Messung: Repräsentative Viskosität in Abhängigkeit des Rezyklatanteils [7]

6 Einsatz von Rezyklat als Rohstoff im Spritzgießprozess

einerseits zyklische Prozessdaten wie max. Drücke und Dosierzeit oder Kennzahlen wie das Massepolster herangezogen. Ergänzend wurden kontinuierliche Prozessdaten innerhalb eines Zyklus eingesetzt, um den Einfluss des veränderten Rezyklatanteils und der resultierenden veränderten Viskosität auf die Druck- und Drehmomentverläufe während der Verarbeitung zu bewerten.

Beispielhaft zeigt Abb. 6.7 den Verlauf des maximalen Spritzdrucks über einen zunehmenden Rezyklatanteil für beide Bauteile. Aufgrund der deutlich geringeren Wandstärke des Gehäusebauteils (ca. 1 mm) gegenüber dem Zugstab (ca. 4 mm) ergibt sich für alle Mischungen ein höherer max. Druck während der Herstellung der Gehäuse.

Mit zunehmendem Rezyklatanteil sinkt der Spritzdruck nahezu linear ab und fällt insgesamt um 20 bzw. 17 % für den Zugstäbe respektive das Gehäuse. Der fallende Spritzdruck korreliert mit der sinkenden Viskosität der Mischungen gemäß der Ergebnisse der HKR-Messungen. Dies wird zudem durch die resultierenden Drehmomentverläufe (vgl. Abb. 6.8) bestätigt.

Mit zunehmendem Rezyklatanteil sinkt das während der Dosierphase benötigte Schneckendrehmoment. Weiterhin wird durch den Verlauf des Schneckendrehmoments deutlich, dass eine Bewertung des maximalen Drehmoments häufig nicht zielführend ist, da die Maximalwerte bei Anfahr- und Abbremsbewegungen erreicht werden und keine reproduzierbaren Aussagen zulassen. Im Vergleich

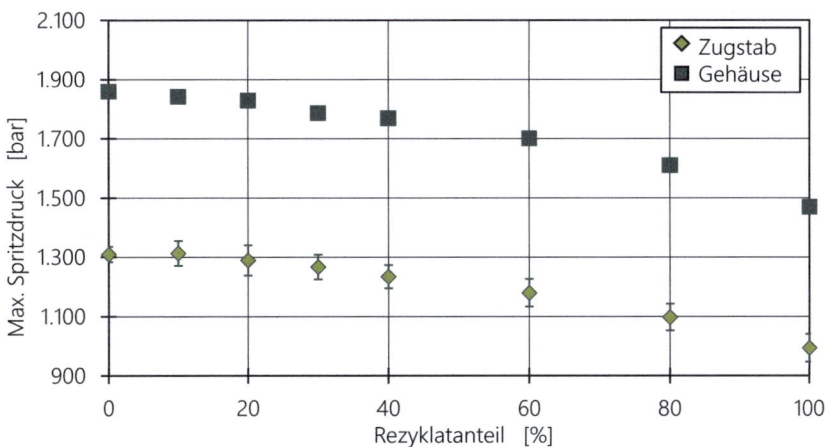

Abb. 6.7 Verlauf des maximalen Spritzdrucks über einen zunehmenden Rezyklatanteil [7]

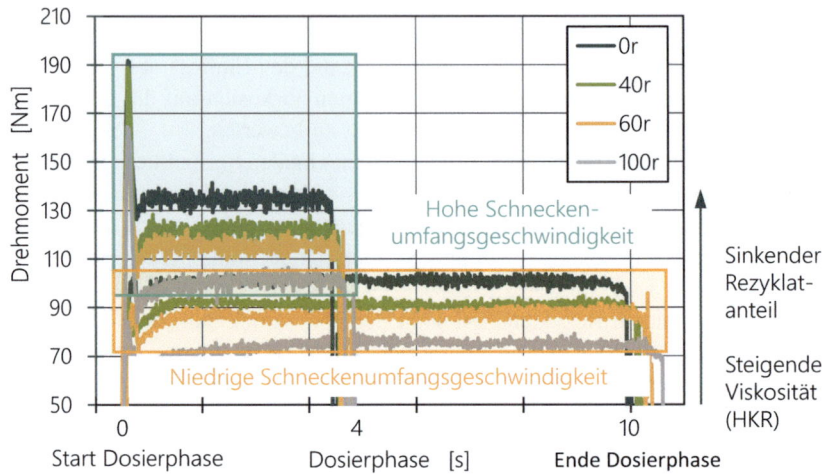

Abb. 6.8 Resultierende Drehmomentverläufe während der Dosierung in Abhängigkeit des Rezyklatanteils und der Schneckenumfangsgeschwindigkeit

dazu zeigen die Drehmomentbereiche nach dem Anfahren konstantere Niveaus, die eine Unterscheidung ermöglichen.

Ergänzend zu den Prozessdaten wurden die mechanischen Bauteilkennwerte analysiert. Exemplarisch zeigt Abb. 6.9 die Entwicklung des E-Moduls über dem Rezyklatanteil. Mit Erhöhung des Rezyklatanteils steigt der erreichbare E-Modul um insgesamt 20 %. Ähnlich verhält es sich für den Verlauf der Zugfestigkeit.

Über die ersten 40 % Rezyklatanteil ist nur eine geringe Steigerung zu erkennen, die jedoch mit erhöhtem Rezyklatanteil deutlicher zu werden scheint. Bei vielen Polymeren führt das Wiederaufschmelzen des Materials zu einer Qualitätsverschlechterung aufgrund eines thermisch bedingten Kettenabbaus. Allerdings können die Auswirkungen der Wiederaufbereitung von Polymer zu Polymer variieren und besonders beim Recycling von Polyolefinen wie PE-HD und PP können zusätzliche Kristallisationseffekte auftreten, die die mechanischen Eigenschaften beeinflussen [9]. Infolgedessen können die mechanischen Eigenschaften trotz des Recyclings beibehalten oder sogar verbessert werden [10]. Grundlage für die resultierenden Eigenschaften eines Rezyklat-Neuware-Gemischs bleiben jedoch die Ausgangsmaterialien. Durch den Einsatz gezielt ausgewählter Materialkombinationen können bereits im Voraus mechanische Eigenschaften (bspw. über Mischungsregeln) approximiert werden. Abgesehen von Werten wie dem

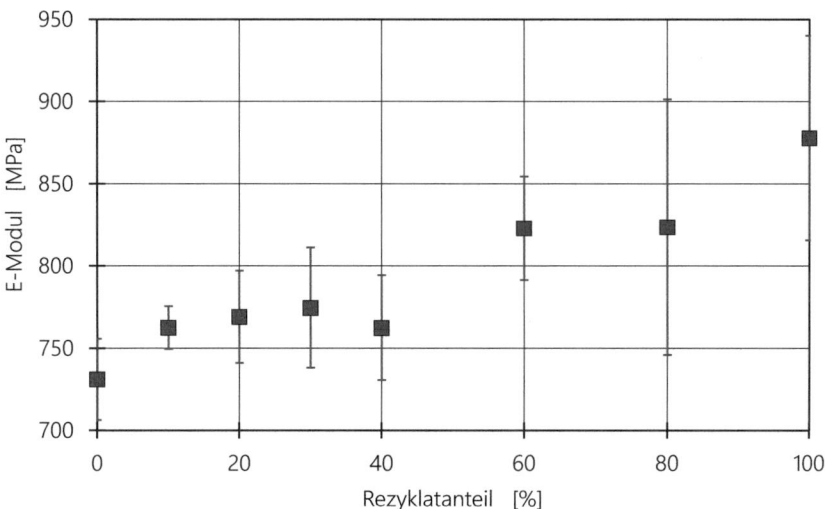

Abb. 6.9 Einfluss des Rezyklatanteils auf den resultierenden E-Modul [7]

E-Modul oder der Zugfestigkeit sollte anwendungsspezifisch auch das Bruchverhalten bewertet werden. Durch Verunreinigungen und reduzierte Matrixanbindung kann auch bei zunehmender Zugfestigkeit ein unregelmäßiges und nur schwer vorherzusagendes Bruchverhalten der Materialien resultieren [8].

6.2.3 Einfluss saisonaler Inputschwankungen

Ergänzend zum Einfluss verschiedener Rezyklatanteile wurde die Prozessstabilität bei der Verarbeitung verschiedener Materialchargen aufgrund von saisonalen Inputschwankungen im Spritzgießen analysiert. Vergleichbar zu den Untersuchungen zum Einfluss des Rezyklatanteils wurden die über die Monate Januar bis Juni gesammelten Materialchargen am IKV zu standardisierten 1 A-Zugstäben verarbeitet (vgl. Abb. 6.5) [11]. Die resultierenden Prozessdaten wurden analysiert und mit den in Abschn. 4.3 bestimmten Materialeigenschaften korreliert. Die relevanten Maschineneinstellparameter sind in Tab. 6.3 aufgeführt.

Ergänzend wurden die mechanischen Eigenschaften bestimmt (Maschinen-, Prozess und Prüfmethodik vgl. Bestimmung der mech. Eigenschaften der Rezyklatanteilvariation). Zusätzlich wurden durch den Partner Arburg industrienahe

Tab. 6.3 Relevante Prozessparameter zur Herstellung der Spritzgießbauteile [11]

Bauteil	Zugstab
Düsentemperatur [°C]	210
Einspritzzeit [s]	0,75
Nachdruck [bar]	550
Schneckenumfangsgeschw. [mm/s]	200
Staudruck [bar]	100
Werkzeugtemperatur [°C]	40

Versuche durchgeführt, bei denen die Rezyklatchargen im vollautomatischen Prozess nacheinander verarbeitet und abschließend die Prozessstabilität sowie der Bauteilfüllgehalt bewertet wurden.

Die Korrelation des Fließverhaltens (angenähert über den MFR) mit dem resultierenden Restmassepolster für die unterschiedlichen Chargen (vgl. Abschn. 4.3) ist in Abb. 6.10 für die Untersuchungen am IKV dargestellt. Das Restmassepolster wird auch seitens der Industrie häufig als Kennzahl zur Bewertung der Prozessstabilität eingesetzt, da es Auskunft über das insgesamt eingespritzte Schmelzevolumen gibt [11].

Die Ergebnisse zeigen, dass bei der Verarbeitung verschiedener Chargen unter identischen Prozesseinstellungen kein konstanter Prozesspunkt erreicht wird.

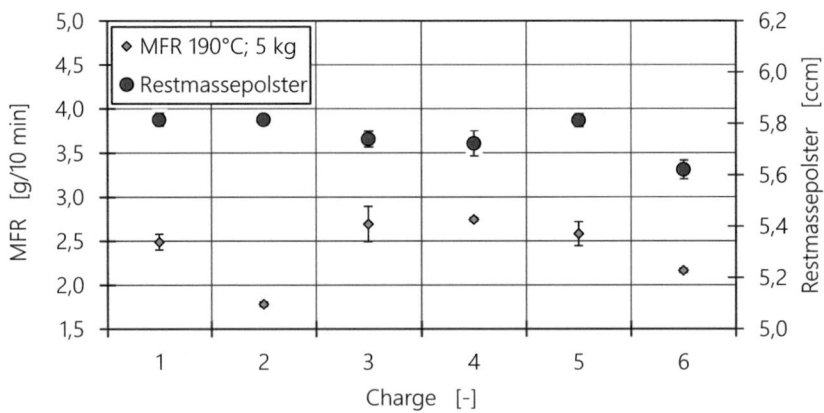

Abb. 6.10 MFR und Restmassepolster in Abhängigkeit der Materialcharge nach [11]

Durch die unterschiedlichen Materialviskositäten (dargestellt durch die Abweichungen im MFR) ändert sich die Verarbeitbarkeit des Materials. Besonders in der druckgeregelten Nachdruckphase führt eine erhöhte Viskosität (bzw. ein niedriger MFR vgl. Charge 2) zu einem höheren notwendigen Druck zum Füllen der Kavität. Dies resultiert in einem ebenfalls erhöhten Massepolster und kann zu Abweichungen im Bauteilgewicht und den Bauteilmaßen führen [11].

Die hergestellten Zugstäbe wurden anschließend mechanisch analysiert. Die Ergebnisse in Abb. 6.11 zeigen den resultierenden Spritzdruck in Abhängigkeit der Materialcharge. Vergleichbar mit den Verläufen in Abb. 6.10 zeigen sich Druckschwankungen aufgrund der variierenden Materialcharge und korrelierenden Viskositätsänderung. Gleichzeitig zeigen sich Unterschiede in den mechanischen Eigenschaften, dargestellt durch die variierenden Zugmodulen, welche unter anderem aus unterschiedlichen Fremdpolymeranteilen resultieren können. [11]

Häufig wird von konstanten Prozessgrößen auf konstante Bauteileigenschaften geschlossen. Die dargestellten mechanischen Eigenschaften zeigen jedoch, dass auch bei vergleichbaren Prozessgrößen und Spritzdrücken (Charge 2 und 6) variierende Zugmoduln resultieren können. Für die Verarbeitung sollte entsprechend einerseits Prozesskonstanz angestrebt werden, allerdings weiterhin eine Bauteilqualitätskontrolle stattfinden, um gleichbleibende Produkteigenschaften sicherzustellen [11].

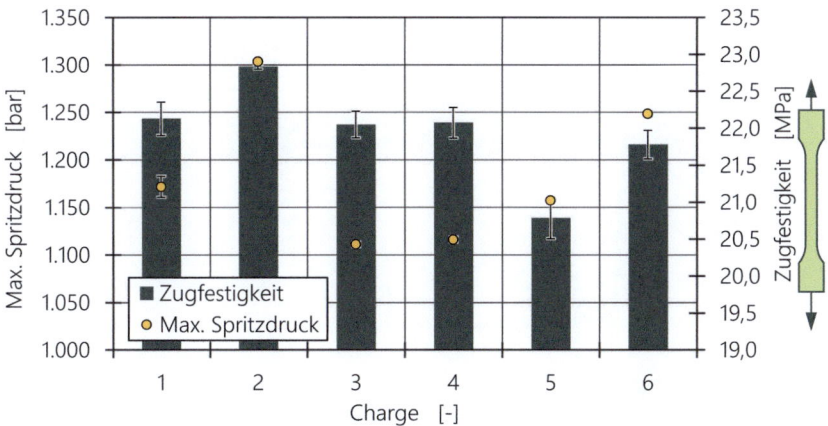

Abb. 6.11 Resultierender Spritzdruck und gemessene Zugmoduln in Abhängigkeit der Materialcharge nach [11]

6.2.3.1 Industrienahe Validierung der Chargenschwankungen
Philipp Kloke

In Anlehnung an die chargenbezogenen Untersuchungen des IKVs wurden durch den Projektpartner Arburg Validierungsversuche durchgeführt. In diesem Kontext war das Ziel herauszufinden, inwieweit sich die Verarbeitung von Rezyklaten im Prozessverhalten widerspiegelt.

Das Visualisieren der Rezyklatqualitätsstabilität wurde anhand der beispielhaften Darstellung in Abb. 6.12 umgesetzt. Es galt zu zeigen, wie sich die Spritzdrücke und die Drehmomentverläufe der Schnecke während des Plastifizierens und ebenso wie sich die Spritzgewichte und die Dosierzeiten innerhalb einer Charge verhalten bzw. bei dem Wechsel von unterschiedlichen Chargen. Hier sollte der Zusammenhang der Qualität der Rezyklatverfügbarkeit verdeutlicht werden.

Für die experimentellen Untersuchungen wurde eine Spritzgießmaschine 520 A – 1500–400 mit einem arburginternen Testwerkzeug identifiziert. Seitens des Spritzgießablaufes wurden die Versuche ohne den sonst üblichen Nachdruck gefahren, da dieser ggf. Effekte der Formfüllung bei der Rezyklatverarbeitung überdecken könnte. Im klassischen Spritzgießprozess sorgt der Nachdruck

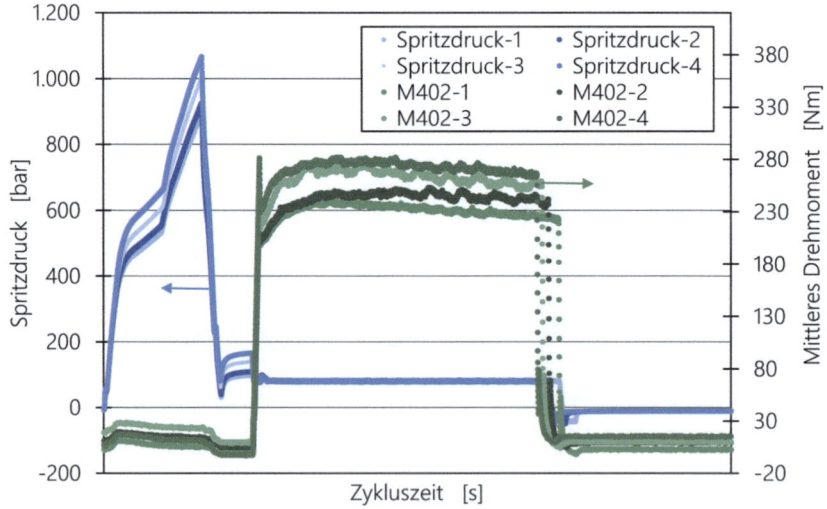

Abb. 6.12 Einfluss der Rezyklatqualität auf den Spritzgießprozess

dafür, dass sich durch Schwindungsprozesse verursachte Bauteildeformationen durch die Wahl eines geeigneten Nachdruckes und dessen Verweildauer wieder ausgleichen lassen.

Zwecks Versuchsablauf wurde die Maschine mit einer Materialcharge angefahren und diese Charge ca. 1 h lang verarbeitet, woraufhin dann ein Materialwechsel im Trichter erfolgte, ohne die Maschine dabei anzuhalten. Die Materialien wurden ungetrocknet dem Prozess zugeführt. Zeitliche Verläufe der Prozessparameter als auch zyklusbasierte Prozessparameter wurden während der Versuchsdurchführung aufgezeichnet und anschließend noch die Spritzgewichte der Bauteile vermessen. Es wurden 7 Chargen hintereinander verarbeitet, ohne die Maschine zu stoppen. Durch diese Vorgehensweise sollte im Anschluss aufgezeigt werden, wie sich der Prozess innerhalb der Verarbeitung einer Charge verhält bzw. wie er auf den Wechsel der Chargen reagiert.

In Abb. 6.13 ist der Spritzdruck und das mittlere Drehmoment bei der Verarbeitung aller Chargen dargestellt. Auf der x-Achse befinden sich zudem die einzelnen Bezeichnungen der Charge samt ihrem Fließindex, dargestellt in g/10 min (230 °C, 5kg). Erkennbar ist, dass sich der Verlauf des Drehmomentes in den ersten 200–300 Schüssen nach Start der Maschine einem stationär geprägten Wert annähert. Dies ist ggf. auf thermische Effekte nach dem Maschinenstart zurückzuführen, da sich das Gesamtsystem erst nach einer Einlaufzeit von ca. 2–3 h auf einem stationären Betriebspunkt einpendelt. Diese Vermutung wird unterstützt durch den Verlauf des Drehmomentes innerhalb der Chargen 6 und 2. Einzig der Verlauf des Drehmomentes innerhalb der Chargen 1 und 5 deutet auf eine materialinduzierte Prozessinstabilität hin. Ebenso weißt der Verlauf des Spritzdruckes innerhalb der einzelnen Chargen einen relativ konstanten Wert auf, sodass darauf geschlossen werden kann, dass die Rezyklatstabilitätsqualität innerhalb einer Charge hoch ist. Auffällig ist der Wechsel zwischen den einzelnen Chargen. Der Spritzdruck ändert sich gemäß den gemessenen Fließzahlen. Mit diesen Wechseln ändert sich auch das Niveau des Drehmomentes.

Den Effekt der relativen Chargenkonstanz zeigt auch Abb. 6.14. Anstelle des Drehmomentes ist das Bauteilgewicht dargestellt, welches sich ebenfalls chargenintern konstant verhält und den Fließeigenschaften der Chargen folgt. Saisonalbedingte Schwankungen im Rezyklat haben einen stärkeren Einfluss auf die Prozessstabilität als Chargenschwankungen in Neuware-Material weswegen diese ggf. durch eine Prozessanpassung kompensiert werden müssen.

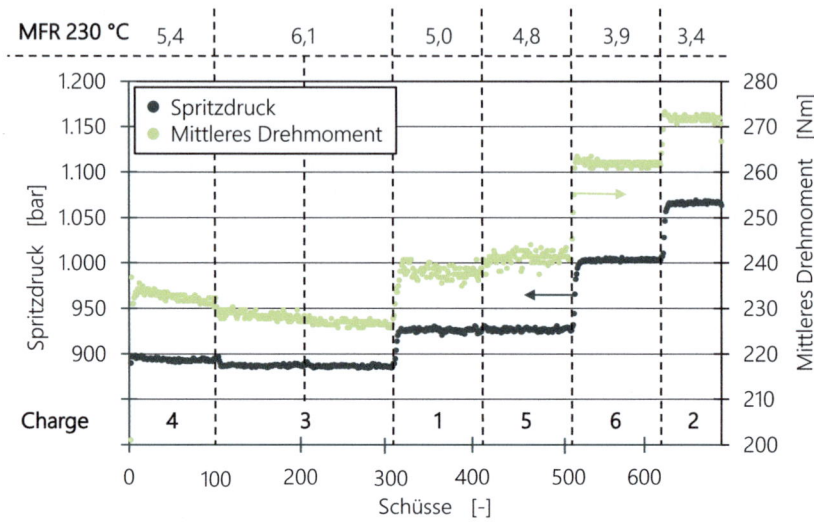

Abb. 6.13 Spritzdruck- und Drehmomentverlauf über die verschiedenen Materialchargen

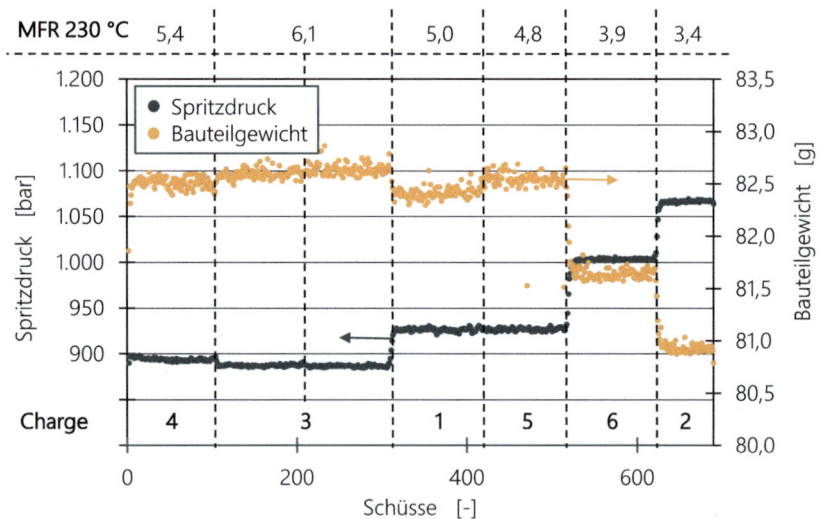

Abb. 6.14 Verlauf des Spritzdrucks und Schussgewichts über die Materialchargen

6.3 Lösungsansätze zur optimierten Verarbeitung von Rezyklaten

Philipp Kloke

Die aufgezeigten Herausforderungen bei der Verarbeitung von Rezyklaten sind auf verschiedene Materialeigenschaften wie die Granulatform und -homogenität, die verschiedenen Fremdpolymer- und Verunreinigungsanteile sowie schwankendes Viskositätsverhalten zurückzuführen. Um während der Verarbeitung trotzdem eine hohe Prozessstabilität zu erreichen, können konstruktive und prozess- sowie regelungstechnische Ansätze verfolgt werden.

6.3.1 Konstruktive Anpassungen zur Optimierung des Einzugs- und Plastifizierverhaltens

Ein wichtiger Aspekt bei der Verarbeitung von Rezyklaten im Spritzgießen ist die Granulatform. Der Spritzgießmaschine wird der zu verarbeitende Kunststoff in den meisten Fällen in Form von Granulat zugeführt. Dieses liegt, insofern das Material im Kaltabschlagsverfahren hergestellt wurde, als zylinderförmiges, oder im Unterwassergranulierungsprozess hergestellt, als linsenförmiges Granulat vor. Je nach Prozessbedingung der Granuliermethode ergeben sich zudem unterschiedliche Granulatabmessungen. Bei der Unterwassergranulierung ergeben sich die materialspezifischen, elipsenförmigen Abmaße hauptsächlich durch den spezifischen Lochdurchsatz, die Geschwindigkeit der Messer, sowie Wasserdruck und Temperatur und die Strömungsgeschwindigkeit [12]. Die Geometrie des Kaltabschlages wird bestimmt durch den spezifischen Lochdurchsatz des Strangspritzkopfes mit dem jeweiligen Lochdurchmesser, den Abkühlbedingungen im Wasserbad und den Schnittbedingungen wie der Abzugsgeschwindigkeit kombiniert mit den Messereinstellungen. Je nach Prozessführung der Granulierungstechnologie können sich außerdem Lunker und Lufteinschlüsse im Granulat bilden, die sich auf das Prozessverhalten im Spritzgießen und vor allem während der Plastifizierung auswirken können [13–15].

Bei dieser Betrachtung wird und sollte nicht unterschieden werden, ob es sich bei dem Material um Neuware oder um ein Rezyklat handelt. Je nach Zusammensetzung des Rezyklates können sich kunststoffrezepturbedingt allerdings unterschiedliche Verarbeitungsbedingungen in der Granulierung ergeben. Ein typenreines Rezyklat, welches aus einem Kunststoff eines Rohstoffherstellers mit derselben Typenbezeichnung hergestellt wird, wird tendenziell weniger

Prozessinstabilitäten mit sich bringen. Dies gilt größtenteils auch für sortenreines Rezyklat, wobei dieses einen Rohstoff unterschiedlicher Hersteller darstellt. Diese beiden Klassifizierungen des Rezyklates sind jedoch nur im Bereich der PIR-Verarbeitung (Post-Industrial-Rezyklat) und in geschlossenen Kreisläufen zu finden. Im Fall von PCR-Material wird hingegen eine Klassifizierung von „sortenähnlich" über „vermischt" bis hin zu „verunreinigten" Zusammensetzungen gewählt. Durch die damit verbundene Vermischung aus Polymeren gleicher und unterschiedlicher Klassen sowie möglicher Kontaminationen wird bereits die Prozessstabilität bei der Granulatherstellung stark beeinflusst. Dies kann sowohl in unterschiedlichen Granulatgrößen als auch Granulatgrößenverteilungen resultieren. Prozessbedingte, aber auch materialzufuhrbedingte, Einschlüsse von Luft und Lunkern sowie Kontaminationen sind bei der Rezyklatherstellung als Folge wahrscheinlicher.

Die ungleichmäßigeren Granulate beeinflussen wiederum im Folgenden die Verarbeitung im Spritzgießprozess. Dies betrifft besonders die Materialzuführung in die Spritzgießmaschine, die Plastifizierung und maßgeblich die Qualität des Bauteils, hauptsächlich durch Inhomogenitäten im Fließverhalten der Kunststoffschmelze.

Bei der Verarbeitung von Rezyklaten muss verstärkt auch der Einsatz von Mahlgütern in Betracht gezogen werden. Die Zuführung von Mahlgütern als Teilstrom im Spritzgießen, generiert durch Kaltkanal- oder Zuschnitteinmahlung, ist Stand der Technik der letzten Jahrzehnte, dennoch liegen auch PCR vermehrt als Mahlgüter mit breiterer Partikelgrößenverteilungen vor. Ein zu breites Spektrum der Granulatgröße und -form kann zu Zufuhrproblemen der Spritzgießmaschine führen. Speziell bei kleinen Durchmessern der Schnecke, führen die unterschiedlichen Formen und Größen, u. a. auch im Dosier- bzw. Plastifizierverhalten, zu einer ungleichmäßigen Schmelzeaufbereitung und inhomogenen Schmelzeförderung und damit verbunden zu Abweichungen in den Dosierzeiten. Dies ist vermehrt bei Mahlgütern mit hohem Staubanteil bzw. hohem Anteil an Kleinstpartikeln zu beobachten.

Diese Betrachtung kann keine vollumfängliche Erklärung für die Herausforderung der Spritzgießverarbeitung von Rezyklaten aufzeigen, beleuchtet aber wesentliche Aspekte hinsichtlich des Eigenschaftsprofils der Rezyklatverfügbarkeit bzw. Rezyklatinputs. Konkrete Wechselwirkungen zwischen den Eigenschaften und der Qualität des zugeführten Materials auf die Spritzgießverarbeitung wird in den folgenden Kapiteln erläutert.

Abb. 6.15 Beispiele für unterschiedliche Granulatformen

Die Granulatform und der Staubanteil haben einen starken Einfluss auf das Einzugs- bzw. Plastifizierverhalten beim Spritzgießen. Abb. 6.15 zeigt exemplarisch unterschiedliche Granulatformen. Im Bild links dargestellt ist ein Standardgranulat aus dem Kaltabschlag mit zylinderförmigen Dimensionen. Die Zylinder haben einen Durchmesser von ca. 3,4 mm bei einem L/D Verhältnis von 2–3. Die Darstellung in der Mitte zeigt Granulatflakes nach einer mechanischen Zerkleinerung. Die Flakes sind im Vergleich zu den Zylindergranulaten eher flach und in der Fläche undefiniert. Das Bild rechts verweist auf eine Mahlgutfraktion mit undefinierten Partikeln und einem relativ großen Staubanteil.

Zur Erreichung homogener Schmelzeeigenschaften muss ein gleichmäßiger und reproduzierbarer Plastifizierprozess sichergestellt werden, weshalb durch den Partner Arburg grundlegende Plastifizieruntersuchungen durchgeführt wurden.

Für das Aufschmelzen des Granulats beim Spritzgießen wird ein Schnecken-Kolben Aggregat verwendet. Die linear verfahrbare Schnecke rotiert in einem beheizten Zylindermodul. Das Granulat wird dadurch in einen schmelzeförmigen Zustand überführt und in den Schneckenvorraum gefördert. Ist das Volumen für den nächsten Zyklus aufdosiert, wirkt die Schnecke als Kolben und wird linear verschoben. So wird die Schmelze in einem geregelten Einspritzprozess reproduzierbar in die Kavität eingespritzt.

Für die Verarbeitung von Thermoplasten werden konventionell sogenannte 3-Zonen Schnecken verwendet, die sich aus einer Einzugszone, einer Kompressionszone und einer Homogenisier- und Ausstoßzone zusammensetzen. Für Sondermaterialien und Sonderanwendungen gibt es spezifische Lösungen mit individuellen Vor- und Nachteilen. Diese Lösungen wurden auf die Anwendbarkeit bei der Rezyklatverarbeitung hin untersucht und bewertet. Es ergaben sich folgende konstruktive und verfahrenstechnisch relevante Ansätze zur Rezyklatverarbeitungsoptimierung:

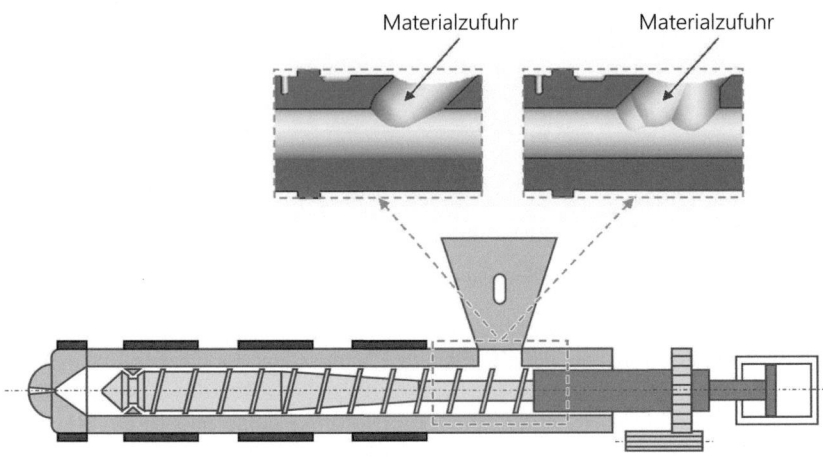

Abb. 6.16 Modifiziertes Einfallloch des Spritzgießaggregats

1. **Modifikation des Einfalllochs**

Ziel der Modifikation des Einfalllochs ist die Verbesserung der Einzugsleistung. Die 45° Einfallbohrung (Abb. 6.16 links) entstammt dem Allrounder Konzept der Firma Arburg, sodass die Zylindermodule sowohl in horizontaler Anordnung als auch in Vertikalstellung den Kunststoff fördern können. Die kombinierte Variante (Abb. 6.16 rechts) optimiert die Einzugsleistung, indem sie mehr Raum bietet, um auch Rezyklate mit geringerer Schüttdichte und Granulatformen, die zu Brückenbildung neigen, besser fördern zu können.

2. **Änderung der Schneckengeometrie, größere Gangtiefe im Einzugsbereich**

Ziel der Anpassung der Schneckengeometrie im Rahmen des Projektes war die Verbesserung der Einzugs- und Aufschmelzleistung. Alternativ zur bewährten Standard-3-Zonenschnecke (S3Z) verfügt die sog. „high compression" (HC) Schnecke über eine tiefer geschnittene Einzugszone. Dieses Schneckenkonzept kann somit aufgrund des erhöhten Gangvolumens in der Einzugszone mehr Material fördern. Durch den tiefer geschnittenen Einzug entsteht somit auch eine erhöhte Kompression. Kanaltiefen und Längen der Austragszone sind bei beiden Schneckenkonzepten in der Regel konstant.

6 Einsatz von Rezyklat als Rohstoff im Spritzgießprozess

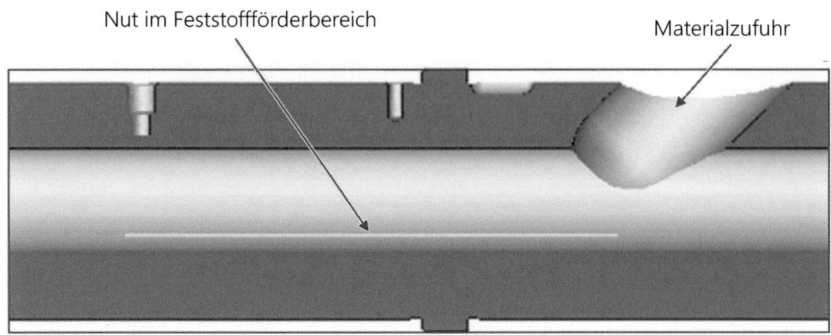

Abb. 6.17 Nut im Feststoffförderbereich des Plastifizierzylinders

3. **Einbringen von Nuten im Plastifizierzylinder**

Ziel der Einbringung von Nuten war die Verbesserung des Förderverhaltens von Rezyklaten im Plastifizierzylinder. Eingebrachte Nuten im Feststoffförderbereich des Zylinders auf einer definierten Länge können die Feststoffreibung erhöhen und somit die Feststoffförderung verbessern (vgl. Abb. 6.17). Diese verfahrenstechnische Modifikation lehnt an die Nutbuchsengeometrie in Schneckenmaschinen an. Die hier beschriebenen Nuten entsprechen jedoch nicht der Geometrie der Nutbuchse.

4. **Höhere Verschleißfestigkeit durch Hartstoffbeschichtung der Schnecke**

Eine Empfehlung zur Beschichtung der Schnecke rundet die Maßnahmen ab. Diese Maßnahme soll verhindern, dass sich Ablagerungen, bedingt durch die Rezyklatrezeptur, auf der Schnecke bilden und im weiteren Prozessverlauf lösen, zur Verunreinigung der Schmelze führen und somit die Bauteilqualität beeinflussen.

Die beschriebenen konstruktiven Maßnahmen wurden durch experimentelle Untersuchungen verifiziert. Hierbei wurde auf vorhandene Kunststoffe und Rezyklate zurückgegriffen. Zudem wurden aus den gespritzten Bauteilen Mahlgüter für weitere Untersuchungen hergestellt.

Bei dem Bauteil handelt es sich um eine Testplatte. Die Dimension kann Abb. 6.18 entnommen werden.

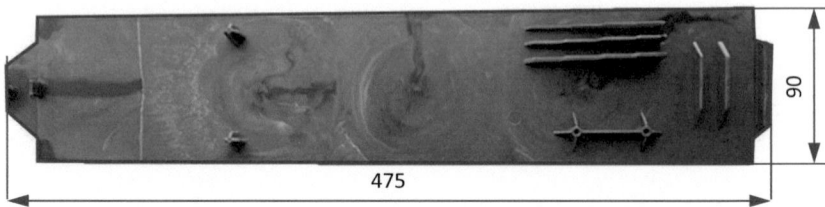

Abb. 6.18 Testbauteil

Exemplarisch wurde ein PP-Rezyklat untersucht, welches im Unterwassergranulierprozess linsenförmig hergestellt wurde. Die Bauteile aus diesen Versuchen wurden erneut eingemahlen und nochmals verarbeitet. Ein weiteres Materialsystem aus dem Kaltabschlag war ein glasfaserverstärktes Polyamid als Neuware und als Rezyklat ähnlicher Zusammensetzung der Rezeptur. Analysiert wurde die Konstanz bzw. der Vergleich von Prozessparametern zur Neuware.

Der Fokus in der folgenden Auswertung liegt auf den Prozessparametern, welche den Dosierprozess beeinflussen bzw. beschreiben. Zur Sicherstellung der Prozessqualität wurden zudem die Schussgewichte bzw. die Konstanz der Schussgewichte betrachtet.

Die Ergebnisse der experimentellen Untersuchungen bestätigte die Vermutung, dass die Granulatform einen signifikanten Einfluss auf die Verarbeitung von recyclierten Materialien hat. Eingesetzte Rezyklate, die in ihrer Form und Dimension vergleichbar zur Neuware in Compoundierlinien aufbereitet und granuliert werden, sind auch in der Verarbeitung bzw. der Plastifizierung vergleichbar zur Neuware. Bei der Verarbeitung von Mahlgut zeigte sich, dass das Mahlgut einen signifikanten Staubanteil aufwies, der sich negativ auf den Plastifizierprozess auswirkte. Der Dosierprozess schwankte bei der Mahlgutverarbeitung. Abhilfe schaffte in diesem Fall eine vorgeschaltete Entstaubung vor der Zuführung zum Spritzgießprozess.

Ähnliche Effekte ergeben sich bei der Verarbeitung von Flakes. Teils durch Ansätze temporärer Brückenbildung im Einfallloch, teils durch eine unvollständige Füllung der Schneckengänge, verlängert sich die Dosierzeit im Vergleich beziehungsweise kommt es zu größeren Schwankungen. Der Einsatz der modifizierten HC Schnecke schafft deutliche Abhilfe des Nachrieselns, in Verbindung mit den Modifikationen am Einfallloch ergeben sich so stabilere Prozesse.

Abb. 6.19 verdeutlicht dies in Form der Variation in den Dosierzeiten. Auf der x-Achse sind die unterschiedlichen Kombinationen des modifizierten Zylinders & der HC Schnecke im Vergleich zur konventionellen Plastifiziereinheit dargestellt. Dabei steht „glatt" für einen ungenuteten Plastifizierzylinder mit 45° schrägem Einfallloch, wohingegen „Paket" auf einen genuteten Zylinder mit kombinierter Materialzuführung definiert. Ein weiterer Punkt der Nomenklatur ist die Schneckengeometrie. Die Standard 3-Zonen-Geometrie „S3Z" wird im Vergleich zu einer Schneckengeometrie mit vergrößertem Kompressionsverhältnis („HC") dargestellt. Der dritte Parameter beschreibt das verarbeitete Material. Hier sind Rezyklat, Mahlgut oder die PP-Flakes die Materialherkunftsformen.

Abb. 6.19 zeigt den Effekt der unterschiedlichen Modifikationen auf die Dosierzeit bei einem festen Betriebspunkt. Sowohl das Mahlgut als auch die PP-Flakes führen im konventionellen ungenuteten Zylinder bei einer Standard 3-Zonen-Schnecke zu sehr langen Dosierzeiten mit vergrößerter Schwankung. Ein Schneckenwechsel auf die HC-Schnecke oder ein Prozess mit genutetem Zylinder mit modifiziertem Einfallloch bei einer Standard-Schnecke führen zu kürzeren Dosierzeiten mit kleinerer Schwankungsbreite. Die Kombination aller Modifikationen am Plastifizierzylinder inklusive einer Schnecke mit erhöhter Kompression, ermöglicht kurze Dosierzeiten bei minimaler Schwankungsbreite. Unabdingbar in jedem Fall ist jedoch eine individuelle Prozessbetrachtung mit Anpassung der Parameter.

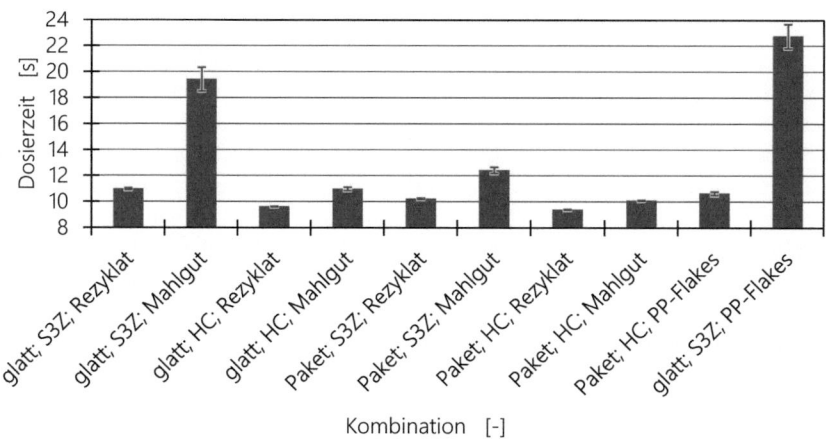

Abb. 6.19 Dosierzeiten bei unterschiedlichen Granulatformen kombiniert mit Zylinder- und Schneckenvariationen

6.3.2 Anpassungen der Prozessführung

Die unterschiedlichen Materialeigenschaften von Rezyklaten können bei der Verarbeitung im Spritzgießen, wie bereits beschrieben, zu Prozessschwankungen führen. Aufgrund dessen wurden Untersuchungen durchgeführt, die an die Verifizierungsversuche anknüpfen, die im Umfeld der konstruktiven Änderungen durchgeführt wurden. Innerhalb dieser Versuchsreihe wurden für die Plastifizierung relevante Prozesseinstellungen variiert, um zu zeigen inwieweit durch diese Variation die Plastifizierung von Rezyklaten optimiert werden kann. In Abschn. 6.3 wurde schon darauf hingedeutet, dass sobald die Rezyklate in handelsüblicher Granulatform vorliegen, eine Verarbeitung bzw. Plastifizierung in den meisten Fällen unkritisch erscheint.

Tab. 6.4 verdeutlicht die Basisprozesseinstellung mit ihren Variationen. Als Basismaterial wurde ein Polypropylen (PP) und ein Polyamid 66 mit 35 % Glasfaserverstärkung verarbeitet. Das Polypropylen Milliken lag als PCR-Rezyklat in Linsenform vor. Die PP-Flakes stammen von der Firma Aurora. Bei dem Polyamid 66 handelt es sich um ein Ultramid A3WG7 als Neuware in Zylindergranulatform. Ein Rezyklat AUROmid PA6.6 GF35 der Firma Aurora stand ebenfalls zylinderförmig zur Verfügung. Zudem wurde aus den versprizten Proben des Polypropylen Milliken und dem AUROmid ein Mahlgut in einer Wanner Mühle mit einem Siebkorbdurchmesserblech von 5 mm hergestellt. Die Auswahl der Materialien wurde neben der Verfügbarkeit im Haus und der Praxisrelevanz als Vertreter von thermoplastischen Kunststoffen im industriellen Spritzgießalltag besonders durch die Variation der Granulatmorphologie getroffen. Neben einem Kaltabschlag (PA) in Zylinderform wurde eine Heißabschlagsvariante (PP) in Linsenform untersucht. Zudem standen die Mahlgüter dieser Vertreter ebenso im Vordergrund. Für fast alle Materialien (bis auf die PP Flakes) wurden zusätzlich 5 Betriebspunkte gewählt, wobei der Staudruck, die Schneckendrehzahl und die Zylindertemperaturen variiert wurden. Die folgenden Darstellungen konzentrieren sich auf die Verarbeitung des Mahlguts.

Ausgehend der Basiseinstellung zeigt Abb. 6.20 die Dosierzeit infolge der unterschiedlichen Prozesseinstellungen. Auf der x-Achse ist im linken Teil die Standardzylindergarnitur und im rechten Teil die modifizierte Zylindergarnitur dargestellt. Es wird ersichtlich, dass die Dosierzeit von den Betriebspunkten beeinflusst wird. Als Ausreißer sieht man den Betriebspunkt mit niedriger Schneckendrehzahl, der eine im Vergleich hohe Dosierzeit aufweist. Ebenso markant sind die Standardabweichungen der Dosierzeiten mit der Standardgarnitur im Vergleich zur Modifikation. Dies deutet auf Schwankungen im Plastifizierprozesses hin.

Tab. 6.4 Basisprozesseinstellungen mit Variation der Dosierparameter

BP	Drehzahl [m/min]	Staudruck [bar]	Zyltemp [°C]	Einzugstemp [°C]	T_ Werkzeug [°C]	Effekte
PP_01	20	60	210	50	30	Basis
PP_02	20	100	210	50	30	Staudruckeffekt
PP_03	10	60	210	50	30	Drehzahleffekte
PP_04	40	60	210	50	30	Drehzahleffekte
PP_05	20	60	250	50	30	Temperatur
PA_01	20	60	290	70	80	Basis
PA_02	20	100	290	70	80	Staudruckeffekt
PA_03	10	60	290	70	80	Drehzahleffekte
PA_04	40	60	290	70	80	Drehzahleffekte
PA_05	20	60	320	70	80	Temperatur

Die Schwankungen im Plastifizierprozess sind mitunter darin zu erkennen, dass der Dosierstromverlauf über der Dosierzeit deutlich mehr schwankt. Dies zeigen die folgenden Abbildungen.

Abb. 6.21 zeigt einen fallenden Dosierstrom zu Beginn des Dosiervorgangs bei der Basiseinstellung der Standardgarnitur. Durch die Erhöhung des Staudruckes kann der Dosierstrom wieder etwas geglättet werden (hellgrüne Kurve). Im Vergleich dazu stehen die korrespondierenden Betriebspunkte auf der modifizierten Garnitur, die diese Effekte nicht aufzeigen. Abb. 6.22 zeigt ein ähnliches Bild bei der Reduktion der Schneckendrehzahl. Der Dosierstrom kann etwas geglättet werden, jedoch schwankt die Gesamtdosierzeit durch diese Betriebspunktänderung weiterhin.

Aus diesen Untersuchungen kann geschlossen werden, dass im Bereich der Mahlgutverarbeitung die Feststoffförderung maßgeblich ist und bei ausreichender

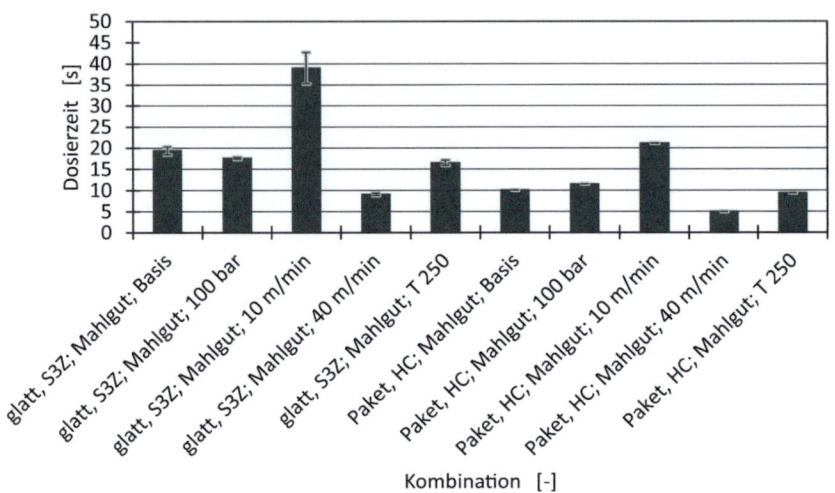

Abb. 6.20 Dosierzeit Mahlgut PP @ Betriebspunktvariation

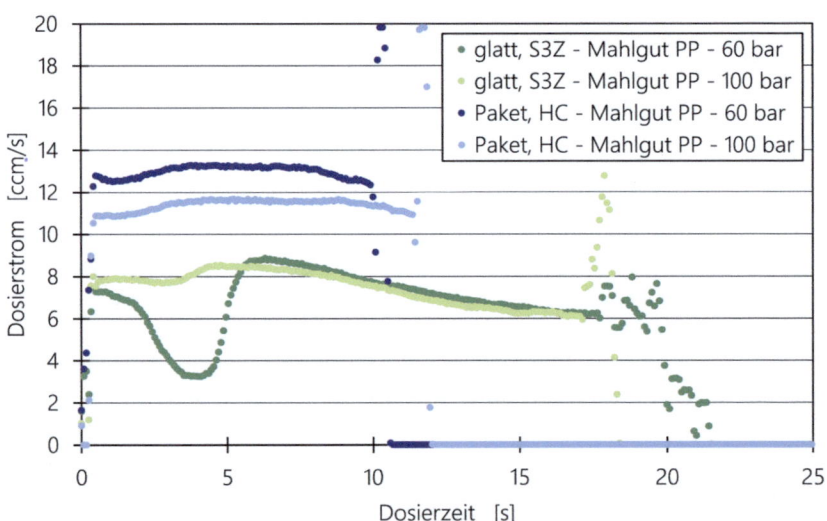

Abb. 6.21 Dosierstrom über die Dosierzeit in Abhängigkeit des Staudrucks

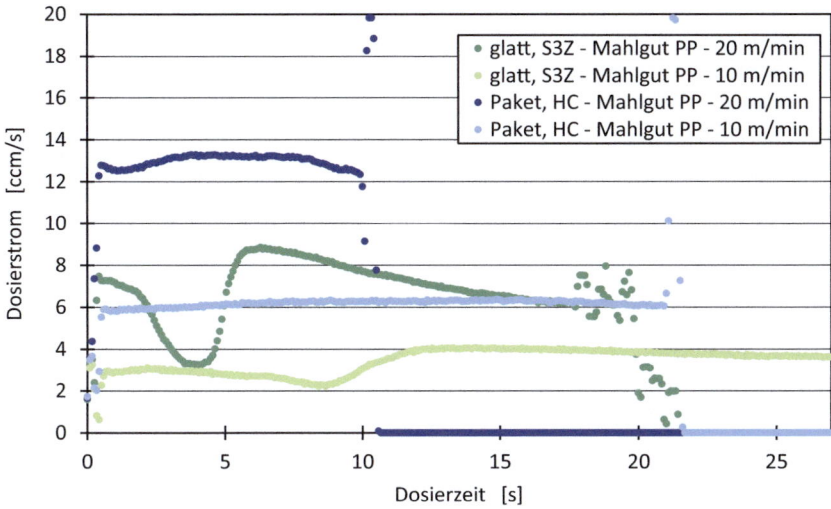

Abb. 6.22 Dosierstrom über die Dosierzeit für verschiedene Schneckendrehzahlen

Förderung auch zu stabilen Plastifizierprozessen führen kann. Dies zeigten die Umsetzung der konstruktiven Maßnahmen. Kleine Änderungen an dem Dosier- bzw. Plastifizierverhalten zeigte eine Erhöhung des Staudruckes. Drehzahlvariationen können ggf. Verbesserungen hervorrufen, sind aber stark davon abhängig, wie viel Zeit im Prozess für das Dosieren zur Verfügung steht. Zusammenfassend lässt sich festhalten, dass bei der Mahlgutverarbeitung die Modifikationen am Zylindermodul unerlässlich sind und sich nicht bzw. nur im begrenzten Maße durch Prozesseinstellungen optimieren lassen.

6.3.3 Einsatz von Assistenz- und Regelsystemen zur Verbesserung der Prozessstabilität

Es gibt verschiedene in der Spritzgießtechnik bereits etablierte Assistenz- und Regelsysteme zur Optimierung des Spritzgießprozesses. Betrachtet man ausschließlich die Assistenzsysteme im Spritzgießen gibt es unterschiedliche Möglichkeiten, wie diese eingesetzt werden können. Arburg bietet bspw. unterschiedliche Systeme, die einen Bediener an einer Spritzgießmaschine unterstützen.

Startend bei *MeltAssist,* der materialbezogen auf die Auswahl der Plastifiziereinstellungen hinweist, hin zum *CycleAssist,* der mögliche Optimierungen der Zykluszeit von Einstellungen hervorhebt, bis hin zum *EnergyAssist,* der die Energieverbräuche aufzeigt und Hinweise gibt, diese zu minimieren. Abgerundet wird das Assistenzportfolio mit der simulationsgestützten Prozessparameterempfehlung des *FillAssists* oder der Stabilitätsüberwachung, die beim Einfahren eines Spritzgießzykluses bis zur Erreichung eines stationären Prozesses unterstützt sowie langfristige Trends von Prozessparametern erkennt und den Bediener auf diese hinweist.

Die Assistenzsysteme haben gemein, dass sie den Bediener mit Vorschlägen und Einstellmöglichkeiten unterstützen, jedoch nicht in den Prozess korrigierend oder regelnd eingreifen.

Den Spritzgießzyklus betrachtend können Regelsysteme im Bereich des Einspritzens, der Nachdruckphase und der Materialaufbereitung bzw. der Plastifizierung Anomalien detektieren und direkt in den Prozess eingreifen. Eine Schuss-zu-Schuss Regelung ist somit möglich. Bei der Verarbeitung von Kunststoffgranulaten und im Speziellen im Falle von Rezyklaten, die ggf. geprägt sind durch chargenspezifische Materialunterschiede oder auch direkte Anomalien innerhalb eines Verarbeitungsbatches aufweisen, sind Systeme gefordert, die korrigierend in den Prozess eingreifen, um ein konstantes Füllen der Kavität und bestmöglich eine konstante Bauteilqualität zu erzeugen.

Im Bereich der Materialaufbereitung gestaltet sich ein solcher, direkter Eingriff schwierig, da sich in den meisten Fällen Material für mehrere Zyklen in der Plastifizierung befindet. Eine Reaktion auf eine Aufbereitungsanomalie kann durch Nachstellen bzw. Anpassung der Dosierparameter nicht innerhalb eines Schusses nachgeregelt werden. Des Weiteren ist eine Regelung der Zylindertemperaturen mit einer längeren Einschwingphase verbunden. Das System ist zu träge, um schussbezogene Schwankungen auszugleichen.

Beim Einspritzvorgang sind ebenfalls konstante Bedingungen erstrebenswert, sodass sich eine bestmögliche Bauteilqualität einstellt. Durch den bei der Firma Arburg entwickelten *RecyclatePilot* wird ein optimierter Einspritzprozess eines Zykluses referenziert. Dieser Einspritzprozess wird für den weiteren Prozessverlauf in den Folgezyklen bestmöglich durch eine Umschaltpunktregelung nachgestellt, falls sich der Einspritzvorgang durch eine materialspezifische Anomalie verändert. Dazu ist keine zusätzliche Werkzeugsensorik notwendig.

Auch in der abschließenden Nachdruckphase können Regelsysteme eingesetzt werden. Hier besteht beispielsweise die Möglichkeit, durch den *ReferencePilot* einen referenzierten Druckverlauf in der Nachdruckphase eines Zykluses durch die Spritzgießmaschine für weitere Bauteile nachzufahren. Dadurch soll und kann die Bauteilqualität hervorgerufen durch Anomalien in der Schmelzequalität und im Temperaturhaushalt der Werkzeugtemperierung durch konstant verlaufende Druckverhältnisse in der Nachdruckphase ausgeglichen werden. Dieses System setzt jedoch einen Innendrucksensor im Spritzgießwerkzeug voraus.

Für den Verlauf dieses Projektes wurde der *RecyclatePilot* in einer experimentellen Untersuchung zur Prozessregelung eingesetzt, um die bereits beschriebenen Prozessinstabilitäten durch Chargenschwankungen zu reduzieren. Anknüpfend an die Untersuchungen wurde zum einen die Versuchsreihe ohne Regelung durchgeführt. Hier zeigte sich, dass innerhalb der Chargen kaum Unterschiede im Prozessverhalten und in der Verarbeitung auftraten. Die Streuung von Bauteilgewichten, Spritzdrücken und Dosierdrehmomenten wurde ähnlich einer Verarbeitung einer Neuware detektiert. Der Wechsel der Chargen brachte aber allerdings Niveauverschiebung mit sich, die mit dem Fließverhalten der Chargen korrelierte und sich abschließend auch im Bauteilgewicht niederschlugen. Abb. 6.14 zeigt das sich ändernde Bauteilgewicht bei Chargenänderung. In einer Folgeuntersuchung wurden unter identischen Prozessparametereinstellungen diese Chargen nochmals verspritzt. Nach einer Einschwingphase von ca. 1 h wurde daraufhin der gemäß dem Algorithmus benötigte Referenzprozess gespeichert, sodass die Folgeprozesse auf diese Referenz geregelt wurden.

Durch Zuschaltung des Reglers konnten die Bauteilgewichtsunterschiede größtenteils harmonisiert werden (vgl. Abb. 6.23), sodass auf den ersten Blick die Chargenwechsel im Rahmen der überwachten Prozessparameter nicht detektiert werden können. Im Bereich der stark abweichenden, hochviskosen Chargen kann das Regelsystem das Niveau des Bauteilgewichtes jedoch nicht vollständig konstant halten. Die Untersuchungen zeigen insgesamt allerdings, dass der Einsatz des Reglers die Bauteilqualitätskonstanz bei Chargenwechseln erhöht.

Ein Gesamtvergleich aller Zyklen ist zusätzlich in Abb. 6.24 dargestellt.

Alles in allem lässt sich festhalten, dass durch das in den Prozess eingreifende Regelsystem die Verarbeitung von Kunststoffen verbessert bzw. harmonisiert werden kann, insofern die Schmelzequalität schwankt. Dies ist mitunter im Bereich der Rezyklatverarbeitung der Fall, sodass dieses Regelsystem sich besonders für solche Anwendungen auszeichnet.

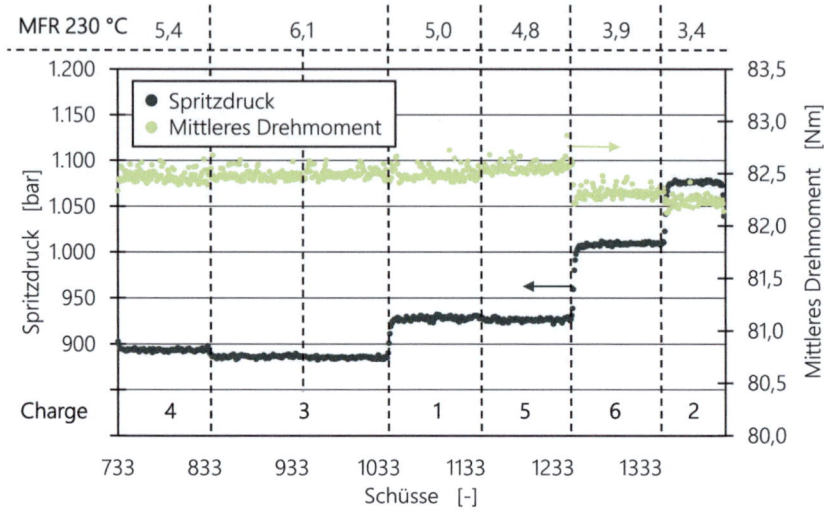

Abb. 6.23 Verlauf des Spritzdrucks und Schussgewichts mit dem RecyclatePilot

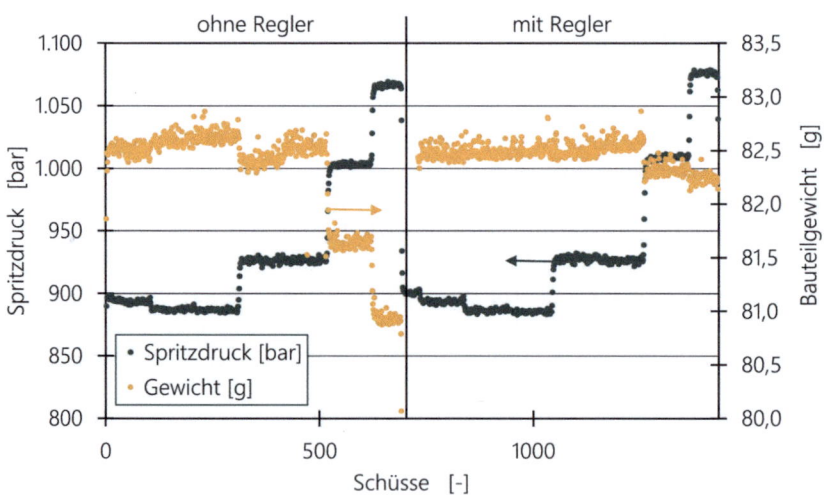

Abb. 6.24 Spritzdruckverlauf und Schussgewichte über die gesamte Kampagne

6.4 Spritzgießen der Demonstratorspouts

Benjamin Kampmann

Als Serienartikel wird der Spout in einem Mehrfach-Werkzeug produziert. Aufgrund seiner Komplexität ist dieses nicht für die Durchführung von Materialversuchen geeignet, sodass hierfür auf ein Versuchswerkzeug mit nur einer Kavität zurückgriffen wurde. Ziel der Abmusterung in dem Vorserienwerkzeug ist vor allem die Herstellung von Spouts für Schweißversuche mit dem Pouch.

In Vorversuchen (Abschn. 6.1) wurde die Fließfähigkeit von drei Rezyklaten getestet. Das Vogt Rezyklat 210-S wurde an dieser Stelle aufgrund seiner hohen Viskosität verworfen, dafür wurde ein weiteres Material der Firma Meraxis für diese Versuchsreihe aufgenommen. Bei der Verarbeitung des recythens ist der Spritzdruck sehr hoch, und es treten Massepolsterschwankungen auf. Die Verarbeitung des Morssinkhof-Materials zeigt hingegen nur geringe Unterschiede zur Verarbeitung des Referenzmaterials. Es ist jeweils ein geringfügig höherer Spritzdruck notwendig, die Teile sind jedoch optisch und geometrisch von ausreichender Qualität.

Die ausgewählten Materialien aus diesem Versuch werden für die Herstellung der Spouts für den Pouch-Demonstrator (Abschn. 6.3) verwendet. In dem finalen Fertigungsprozess werden die Folienlaminate und der Spout miteinander verschweißt. Damit dies gelingt, muss die Schweißtemperatur des Spouts idealerweise geringfügig niedriger sein als die Schweißtemperatur der Folie. Um hierzu eine Abschätzung treffen zu können, werden die Spouts vorab am IKV mittels DSC analysiert (Heizrate 20 K/min, Aufheizung bis 200 °C). Dazu werden aus der Siegelfläche der Spouts Proben entnommen, sodass mithilfe einer Dreifachmessung die durchschnittliche Schmelztemperatur bestimmt werden kann.

Die Ergebnisse in Tab. 6.5 zeigen, dass Rezyklat 1 und 4 bei niedrigeren Temperaturen bereits in den schmelzeförmigen Zustand übergehen. Aufgrund der notwendigen niedrigen Siegeltemperatur und der umfangreichen Untersuchungen, die am recythen-Material durchgeführt wurden, wird dieses für die Pouch-Herstellung ausgewählt. Es bietet die Möglichkeit, potenzielle Effekte beim Siegelvorgang mit den Materialeigenschaften zu korrelieren.

Tab. 6.5 DSC-Ergebnisauswertung der untersuchten PE-HD-Rezyklate zur Spoutfertigung

	Referenz-material	Rezyklat 1 (recythen)	Rezyklat 3 (Morssinkhof)	Rezyklat 4 (Meraxis)
Schmelztemp. [°C]	129,45 ± 0,67	130,72 ± 0,28	133,14 ± 0,09	130,47 ± 0,08
PP-Peak vorhanden	Nein	Ja	Nein	Ja

Literatur

1. B. Hu; S. Serranti, N. Fraunholcz, F. di Maio, G. Bonifazi: *Recycling-oriented characterization of polyolefin packaging waste.* Waste Manag 33 (2013) 3, S. 574-84
2. S. Vervoort, J. den Doelder, E. Tocha, J. Genoyer, K.L. Walton, Y. Hu, J. Munro, K. Jeltsch *Compatibilization of Polypropylene–Polyethylene Blends.* Konferenzbeitrag PMI 2016, Ghent, Belgien. Erschienen in: Polymer Engineering and Science, 2018. https://doi.org/10.1002/pen.24661
3. L. Delva, K. V. Kets, M. Kuzmanovic, R. Demets, S. Hubo, N. Mys, S. D. Meester: *Mechanical recycling of polymers for dummies.* Ghent University, Capture-Plastics to Resource, 2019
4. N. Abidi: *FTIR Microspectroscopy – Selected Emerging Applications.* Springer Cham, 2021. eISBN: 978–3–030–84426–4
5. F. Carassco, P. Pagès, S. Pascual, X. Colom: *Artificial aging of high-density polyethylene by ultraviolet irradiation.* European Polymer Journal 27 (2001) 1457-1464
6. S. Brunner: *Fouriertransformations-Infrarotspektroskopie (FTIR) in Abgeschwächter Totalreflexion (ATR) und Externer Reflexion (ER) an Kunststoffen.* Seminarschrift, Lehrstuhl für Restaurierung, Kunsttechnologie und Konservierungswissenschaft, Technische Universität München, 2015
7. K. S. Haider: „*Plastiktüten"* – *Studien zum Erhalt von Polyethylentragetaschen an den Fahrrädern von Andreas Slominski.* Diplomarbeit, Technische Universität München, Lehrstuhl für Restaurierung, Kunsttechnologie und Konservierungswissenschaften, 2014
8. P. Wagner, J. Kleinsorge, C. Hopmann: *Influence of the Recyclate Content on the Process Stability and Part Quality of Injection Moulded Post-Consumer Polyolefins.* Advances in Polymer Technology (2025) 570978. https://doi.org/10.1155/adv/7570978
9. S. Yin, R. Tuladhar, F. Shi, R.A. Shanks, M. Combe, T. collister, t.: *Mechanical Reprocessing of Polyolefin Waste: A Review.* Polymer Engineering & Science 55 (2015) 12, S. 2899–2909
10. J. Parameswaranpillai, S. M. Rangappa, A. G. Rajkumar, S. Siengchin: *Recent Developments in Plastic Recycling.* Singapore: Springer Nature, 2021, ISBN: 978–981–16–3626–4
11. P. Fischer, E. Berg, C. Hopmann, R. Dahlmann „Investigating the impact of seasonal input stream fluctuations on post-consumer polyethylene processing", im Veröffentlichungsprozess bei *Polymers*

12. O. Kast, M. Musialek, K. Geiger, C. Bonten, „Einflussfaktoren auf die Partikelform bei der Unterwassergranulierung", Conference: 23. Stuttgarter Kunststoff-Kolloquium, Stuttgart, März 2013
13. W. Kaiser, „Kunststoffchemie für Ingenieure", Carl Hanser Verlag, München, 2016
14. E. Baur, S. Brinkmann, T. A. Osswald, N. Rudolph, E. Schmachtenberg, „Saechtling Kunststoff Taschenbuch", 31. Ausgabe, Carl Hanser Verlag, München, 2013
15. W. Schuler, G. A. Martin, U. Berghaus, P. Lorenz, W. Kröning, R. Wuttke, E. Krüger, M. Reuter, K. Kapfer, J. Weber, „Der Doppelschneckenextruder – Grundlagen und Anwendungsgebiete", 4. Auflage, VDI-Verlag GmbH, Düsseldorf, 1998

Open Access Dieses Kapitel wird unter der Creative Commons Namensnennung - Nicht kommerziell 4.0 International Lizenz (http://creativecommons.org/licenses/by-nc/4.0/dee d.de) veröffentlicht, welche die nicht-kommerzielle Nutzung, Vervielfältigung, Bearbeitung, Verbreitung und Wiedergabe in jeglichem Medium und Format erlaubt, sofern Sie den/die ursprünglichen Autor(en) und die Quelle ordnungsgemäß nennen, einen Link zur Creative Commons Lizenz beifügen und angeben, ob Änderungen vorgenommen wurden.

Die in diesem Kapitel enthaltenen Bilder und sonstiges Drittmaterial unterliegen ebenfalls der genannten Creative Commons Lizenz, sofern sich aus der Abbildungslegende nichts anderes ergibt. Sofern das betreffende Material nicht unter der genannten Creative Commons Lizenz steht und die betreffende Handlung nicht nach gesetzlichen Vorschriften erlaubt ist, ist auch für die oben aufgeführten nicht-kommerziellen Weiterverwendungen des Materials die Einwilligung des jeweiligen Rechteinhabers einzuholen.

Herstellung und Bewertung der Mono-PE-Pouch

Bochen Shu

Inhaltsverzeichnis

7.1 Zusammenführung der Komponenten auf einer Verpackungsanlage 134
    7.1.1 Folienschweiß- und Stretchversuche in einer Horizontal Maschine 134
    7.1.2 Herstellung der Pouches 136
7.2 Funktionalität der Pouch 138

Die hergestellten Einzelkomponenten wurden in einem letzten Prozessschritt auf einer Verpackungs-Serienanlage zusammengeführt. Sowohl an das Laminat als auch den Spout werden verschiedene Anforderungen gestellt. Das Laminat muss in der Lage sein, den Belastungen beim Befüllen, Verschließen, Transportieren und Handhaben standzuhalten. Dies erfordert eine definierte Zugfestigkeit, Durchstoßfestigkeit und Flexibilität. Zudem müssen die Schichten des Laminats für eine starke Heißsiegelung geeignet sein, um einen ordnungsgemäßen Verschluss zu gewährleisten und Leckagen zu verhindern. Der Spout hingegen muss dem wiederholten Öffnen und Schließen standhalten und so robust sein, dass er beim Transport nicht bricht. Weiterhin muss er ordnungsgemäß mit dem Beutel versiegelt sein, um Leckagen zu verhindern. Beim Zusammenführen der Komponenten gibt es zudem prozesstechnische Herausforderung, besonders beim Einsatz von Rezyklat. Die Herstellungsparameter müssen materialkombinationsspezifisch angepasst werden, um zufriedenstellende Vakuumtestergebnisse

---

B. Shu (✉)
Henkel AG & Co. KGaA, Düsseldorf, Deutschland
E-Mail: bochen.shu@henkel.com

© Der/die Autor(en) 2025
R. Dahlmann und C. Hopmann (Hrsg.), *Nachhaltige Kunststoffverpackungen aus Post Consumer-Rezyklaten*, SDG - Forschung, Konzepte, Lösungsansätze zur Nachhaltigkeit, https://doi.org/10.1007/978-3-658-48211-4_7

zu erzielen. Eine falsch eingestellte Spannung während des Prozesses kann beispielsweise zu Faltenbildung oder Dehnung führen und das Aussehen und die Integrität des Endprodukts beeinträchtigen.

Der Herstellungsprozess auf einer standardmäßigen Verpackungsanlage umfasst die folgenden Schritte:

1. *Abwickeln:* Der Prozess beginnt mit dem Abwickeln des Laminats von einer Rolle. Die Spannung muss kontrolliert werden, um Faltenbildung oder Foliendehnung zu vermeiden.
2. *Formen des Beutels:* Das Laminat wird gefaltet, um die Grundform des Beutels zu erzeugen, die in Größe, Stil und Art der Befestigung (z. B. Seitenfalten- oder Stehbeutel) variieren kann.
3. *Heißsiegeln:* Heißsiegelnde Balken wenden Druck und Temperatur an, um die Nähte des Beutels zu erzeugen. Entscheidende Parameter sind hier die Verweilzeit, die Temperatur und der Druck, die die Siegelstärke bestimmen.
4. *Schneiden:* Sobald die Beutel geformt und versiegelt sind, werden sie in einzelne Einheiten geschnitten.

7.1 Zusammenführung der Komponenten auf einer Verpackungsanlage

Der Herstellung des Demonstrators erfolgte bei der Firma VOLPAK S.A.U., Barcelona, Spanien. Dazu wurden die erfolgversprechendsten Laminate (siehe Abschn. 5.5) ausgewählt und verarbeitet (Tab. 7.1):

Zur Vereinfachung wurden die Laminate wie folgt definiert:

- MR1: Topfolie 1 und Siegelfolie 2
- MR3: Topfolie 2 und Siegelfolie 2
- MR4: Topfolie 2 und Siegelfolie 1

7.1.1 Folienschweiß- und Stretchversuche in einer Horizontal Maschine

In einem ersten Schritt wurden die Laminate selbst im PouchLab der Firma Volpak untersucht, um die Qualität des Foliendrucks in Bezug auf die Abweichung der Produktionsmarkierungen (Eyemark-Distanzen) zu bewerten. Zusätzlich wurde das Folien-Stretchverhalten analysiert.

7 Herstellung und Bewertung der Mono-PE-Pouch

Tab. 7.1 Übersicht über die eingesetzten Folienlaminate

Rolle	Laminat	Beuteltyp	Breite [mm]	Höhe [mm]	Zwickel [mm]	Rollenbreite [mm]
1	MR3 Laminat 3 (608049, (23 μm BOPE) / 608048 (Siegel 2))	Standbodenbeutel	130	195	50	490
2	MR4 Laminat 4 (608049, (23 μm BOPE) / 608047 (Siegel 1))					
3	MR1 Laminat 1 (608050, (29 μm BOPE) / 608048 (Siegel 2))					

Bewertung der Qualität des Foliendrucks

Die Bewertung des Drucks fokussiert sich vorrangig nicht auf die Ästhetik des Drucks bzw. des Designs. Eine korrekte und konsistente Positionierung der sogenannten Eyemarks ist essenziell für die späteren richtigen Falt-, Siegel- und Zuschnittpositionen der Verpackungsmaschine. Dazu wurde jeweils mindestens 1 m des Laminats der einzelnen Rollen entnommen und gemessen. Dies entspricht ca. vier Beuteln in der Produktion. Die Gesamtlänge der Druckbilder wurden anschließend mit der theoretischen Länge (4 Beutel × 235 mm Beutelbreite) verglichen. Die Differenz zwischen diesen beiden Werten ist die Abweichung oder der Fehler der Augenmarkendruckabstände [in mm pro Meter]. Ein guter Wert liegt unter ± 0,25 mm zwischen zwei aufeinanderfolgenden Punkten, wobei die Abweichung auf 1,5 mm in 1 m begrenzt ist. Ein schlechter Wert liegt über diesen Werten. Bei dem Vergleich werden absolute Werte berücksichtigt.

Die Ergebnisse sind in Tab. 7.2 dargestellt und zeigen, dass der in Rolle 2 beobachtete Druckfehler die akzeptable Toleranzschwelle überschreitet und somit auf eine verringerte Druckqualität hinweist, insbesondere was die Abweichung der Eyemarks betrifft.

Dynamische Dehnungsversuche

Eine Deformation der Folie tritt in der Regel auf, wenn diese einer hohen Spannung ausgesetzt werden, was noch wichtiger ist, wenn gleichzeitig eine hohe T^a angewendet wird. Die Folie kehrt nicht in ihre ursprüngliche Form zurück, selbst wenn alle Spannungseinflüsse beseitigt sind (Plastizitätsphase). Um eine

Tab. 7.2 Ergebnisse Druckfehlerbewertung

Rolle	Anzahl der berücksichtigten Beutel (mindestens 1 M Länge)	Nominale Folienlänge [mm]	Gemessene Folienlänge [mm]	Druckfehler [mm]	Druckqualität (Gut = ±1,5 mm)
1	8	1040	1040	0	Gut
2			1038	-2	Nicht ausreichend
3			1040	0	Gut

Verpackungsmaschine (Form-Fill-Seal (FFS) problemlos einstellen und betreiben zu können, muss die bleibende Verformung begrenzt werden (wir gehen von ±1,5 mm/m aus). Je mehr Beutel pro Zyklus produziert werden, d. h. je höher die Maschinenkonfiguration (3x, 4x, …), desto größer und wichtiger ist dieser Effekt.

Die Analyse erfolgt durch die physische Messung der Dehnung/Schrumpfung von etwa 1 m Folie im Vergleich zum ursprünglichen Referenzteil, das direkt von der Rolle abgezogen wird. Die Ergebnisse in Tab. 7.3 zeigen, dass die permanente Verformung der Folie bei allen drei Rollen über den akzeptablen Werten lag. Alle Materialien erwiesen sich als sehr dehnungsempfindlich, was darauf hindeutet, dass während der Pouch-Produktion mit Spannungen unter 40 N gearbeitet werden muss. Dies erforderte eine sorgfältige Kontrolle der Folienspannung während des Prozesses, da unzureichende Spannungseinstellungen zu übermäßiger Dehnung und Verformung der Folie führen können.

Die richtige Kontrolle der Spannung stellte sicher, dass die Folie nicht übermäßig gedehnt wurde, wodurch die Integrität der Laminate erhalten blieb und Defekte vermieden wurden. Dieses Maß an Spannungskontrolle war bei Pouches aus Neuware, die weniger empfindlich auf Dehnung reagieren, nicht erforderlich, sodass dies eine wichtige Abweichung von der Standardproduktion darstellte.

7.1.2 Herstellung der Pouches

Für die Herstellung der Pouches wird die in Abb. 7.1 dargestellte Technikumsanlage eingesetzt.

Das Versiegeln erfolgt dabei in vier Schritten:

7 Herstellung und Bewertung der Mono-PE-Pouch

Tab. 7.3 Ergebnisse der Dehnungsmessung

Material	Geschwindig-keit [Zyklen/min]	Zuglänge [mm]	Untere Versieglungs-temperatur [°C]	Vertikale Versieglungs-temperatur [°C]	Filmspannungs-Sollwert	Permanente Filmverfor-mung [mm/m][a]	Gemessene permanente Dehnung Akzeptabel ±1,5 mm	Ist eine Span-nungsregelung erforderlich?	Kommentare
1	50	260	125	125	40	2	Nicht ausreichend	Ja	Alle Materialien sind sehr empfindlich gegenüber Dehnung und erfordern daher, mit Spannungen von weniger als 40 N zu arbeiten
					80	6			
					120	12			
2				130	40	2	Nicht ausreichend		
					80	6			
					120	12			
3				125	40	2	Nicht ausreichend		
					80	3			
					120	9			

[a] Manuell gemessen nach der Versieglung

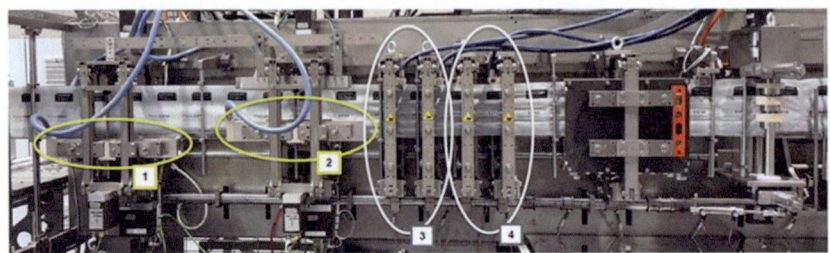

Abb. 7.1 Produktionsanlage zur Herstellung des Demonstrators

1. Boden-Flachsiegelung (Metall – Metall)
2. Boden-Delta-Siegelung (Metall-Metall).
3. Vertikale Versiegelung, parallele Backen (Silikon – Metall)
4. Vertikale Siegelung, parallele Backen (Metall – Silikon)

In Serienproduktionsmaschinen werden der erste und zweite Schritt zusammen mit einer speziellen Bodenversiegelung durchgeführt.

Auf Basis der Vorversuche wurde die Anlage für die Verarbeitung der Rezyklatlaminate eingestellt. Die richtige Kontrolle der Spannung stellte sicher, dass die Folie nicht übermäßig gedehnt wurde, wodurch die Integrität der Laminate erhalten blieb und Defekte vermieden wurden. Dieses Maß an Spannungskontrolle war bei Pouches aus Neuware, die weniger empfindlich auf Dehnung reagieren, nicht erforderlich, sodass dies eine wichtige Abweichung von der Standardproduktion darstellt.

Im Anschluss wurden die Spouts mit der Pouch verschweißt. Der finale Demonstrator ist in Abb. 7.2 dargestellt.

7.2 Funktionalität der Pouch

Nach der Herstellung wurde die Funktionalität der Pouch mit drei verschiedenen Tests erprobt.

7 Herstellung und Bewertung der Mono-PE-Pouch

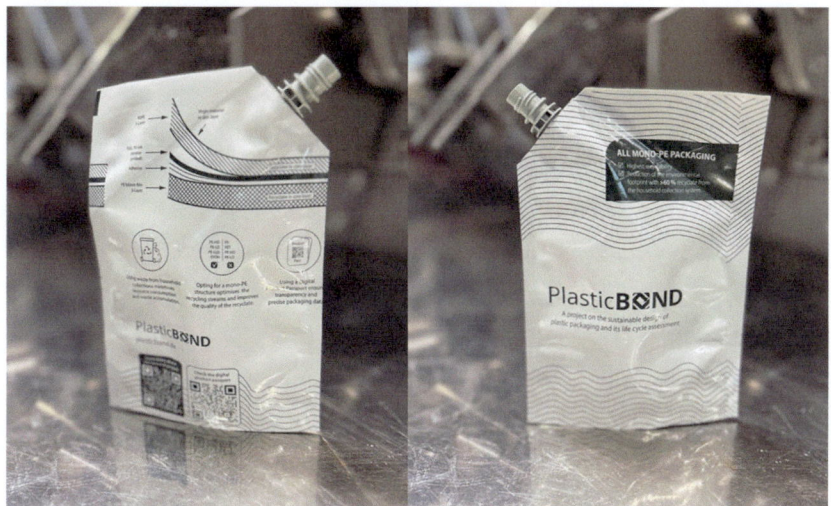

Abb. 7.2 Finaler Demonstrator Pouch mit Ausgießer

Durchführung der Prüfungen

1. *Vakuumtest*: Es handelt sich um die zerstörungsfreie Erkennung von Undichtigkeiten in Verpackungen durch die Methode des Vakuumzerfalls. Der Standardtest wird mit einer Oxipack-Maschine (vgl. Abb. 7.3 durchgeführt, die speziell für die Offline-Prüfung von flexiblen Verpackungen entwickelt wurde. Die Pouch wird dazu zwischen zwei Gummimembranen in das Gerät eingelegt. Nach Schließen des Deckels wird in der Prüfkammer ein tiefes Vakuum erzeugt. Es wird ein sehr kleiner Prüfraum geschaffen, ohne die Verpackung zu beschädigen. Mit dieser Messmethode können sowohl Mikrolecks (10 µm) als auch große Lecks festgestellt werden, ohne dass eine zusätzliche Einstellung vorgenommen werden muss.
2. *Berstprüfung:* Dies ist eine Standard-Prüfmethode für die Beständigkeit von nicht eingespannten Verpackungen gegen Innendruckversagen. Die Packungen werden in ein Gerät eingelegt, dass die Packung von innen unter Druck setzt, bis die Packung versagt (vgl. Abb. 7.4). Die pneumatische Versorgung und die Hochdruckgerätetechnik müssen in der Lage sein, einen steigenden Druck aufrechtzuerhalten, bis die Packung platzt. Das Prüfmaß ist der maximale Druck, der

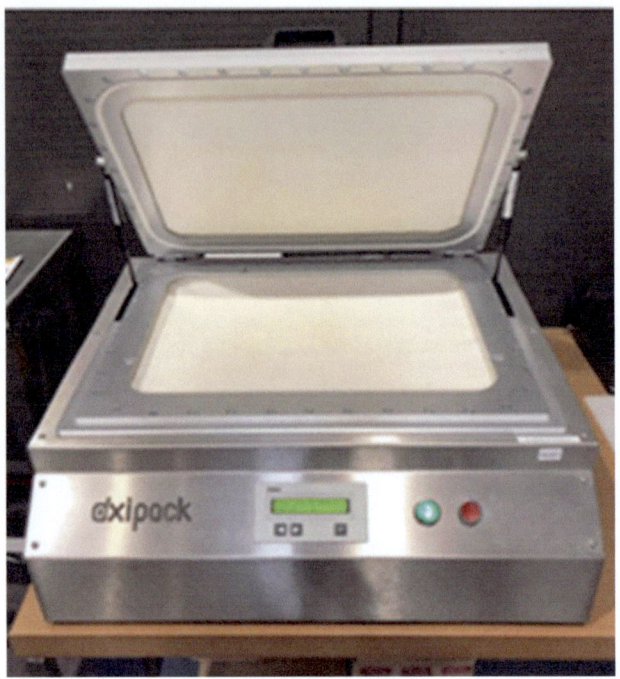

Abb. 7.3 Vakuumprüfgerät Oxipack

festgestellt wird, bevor die Packung versagt (Berstdruck). Es werden insgesamt 10 Beutel geprüft.
3. *Falltest:* Standardprüfverfahren für die Fallprüfung von beladenen Behältern durch freien Fall. Diese Prüfmethode umfasst Verfahren für die Fallprüfung von beladenen Kisten, zylindrischen Behältern, Säcken und Beuteln durch die Freifallmethode. Angewandte Methode / Einzustellende Parameter:
   - Zu prüfender Gegenstand: Beutel, manuell mit 300 ml Wasser gefüllt
   - Fallhöhe: 1 m
   - Fallfläche: flach
   - Ausrichtung des Pouches: stehend/aufrecht
   - Fallanzahl: 1 Mal
   - Anzahl der Tests: 8 Beutel pro Struktur getestet
   - Ergebnis: bestanden/nicht bestanden und Ort des Bruchs

7 Herstellung und Bewertung der Mono-PE-Pouch

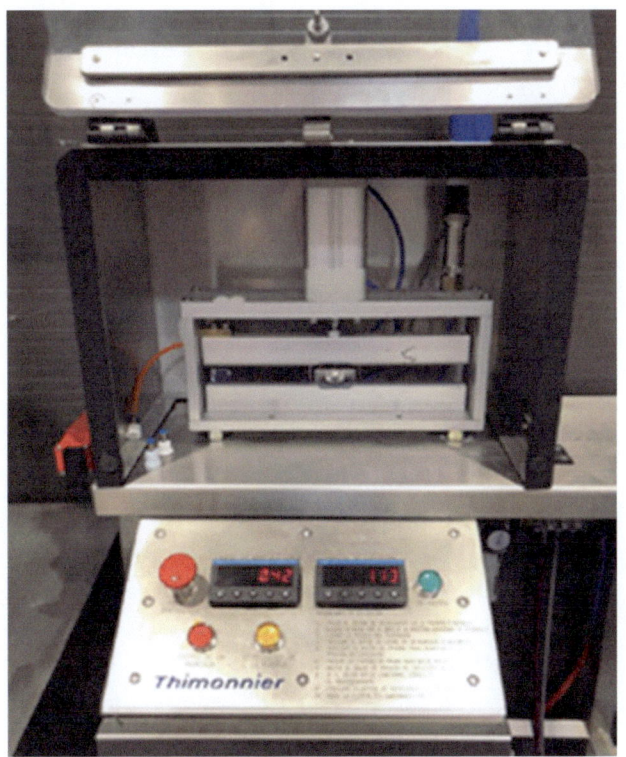

Abb. 7.4 Berstprüfgerät

Ergebnisse der Funktionsprüfung

1. *Vakuumtest*: Der Vakuumtest ist ein relevantes Prüfverfahren, um sicherzustellen, dass die Beutel richtig versiegelt sind und keine Lecks aufweisen. Bei den getesteten Beuteln enthielt jede Rolle zehn Beutel. Nach mehrmaligem Einstellen von Geschwindigkeit, Siegeltemperatur und Druck wurden die besten Einstellungen in der obigen Tabelle aufgeführt. Alle Werte lagen unter neun, was darauf hindeutet, dass keine Leckagen auftreten und die Versiegelung erfolgreich verläuft (vgl. Tab. 7.4).

Tab. 7.4 Ergebnisse der Vakuumtests

Rolle	Verwendung der Oxipack-Maschine zur Erkennung von Leckagen in 10 Beuteln										Ergebnisse
	BEUTEL 1	BEUTEL 2	BEUTEL 3	BEUTEL 4	BEUTEL 5	BEUTEL 6	BEUTEL 7	BEUTEL 8	BEUTEL 9	BEUTEL 10	
1	8	7	7	8	8	7	8	7	8	8	Keine Leckagen
2	5	6	5	5	7	6	6	7	6	7	
3	7	7	6	7	8	6	6	5	6	5	

Rolle	Geschwindigkeit CPM/PPM	Untere Versieglung		Vertikale Versieglung	
		[°C]	[bar]	[°C]	[bar]
1	50	125	4	125	4
2			3	130/120	4
3			4	125	5

X < 9	Keine Leckagen
9 < X < 25	Mikro-Leckagen
X > 25	Makro-Leckagen

2. *Berstprüfung*: Die Ergebnisse des Berstprüfung zeigen, dass alle Beutel einen hohen Maximaldruck erreichten, ohne dass ein Versagen der Versiegelung beobachtet wurde. Der durchschnittliche Druck und die geringe Standardabweichung über die Rollen hinweg deuten darauf hin, dass der Versiegelungsprozess stabil und zuverlässig ist. Die beobachteten Brüche traten an anderen Stellen als an den Siegeln auf, was darauf hindeutet, dass die Siegel selbst robust sind und einem erheblichen Innendruck standhalten können, ohne zu versagen (vgl. Tab. 7.5).

3. *Falltest:* Bei dem Test wurden die Beutel aus einer definierten Standardhöhe fallen gelassen, um ihre Haltbarkeit und Dichtigkeit zu prüfen. Alle acht getesteten Beutel wiesen keine Brüche, Risse oder Undichtigkeiten auf und haben den Falltest erfolgreich bestanden (vgl. Tab. 7.6). Dieses Ergebnis zeigt, dass die Beutel über eine ausreichende strukturelle Integrität verfügen, um den typischen Belastungen während des Transports und der Verwendung standzuhalten.

Zusammenfassung und Bewertung der Ergebnisse

Die Ergebnisse zeigen, dass Rolle 1 – MR3 Laminat 3 (608049, (23 µm BOPE) / 608048 (Dichtung 2)) die beste Leistung unter den getesteten Laminaten aufweist, da sie ein breiteres Dichtungsfenster und einen größeren Wert für den maximalen Druck aufweist, der erreicht wird, bis eine Leckage oder ein Bersten festgestellt wird.

Tab. 7.5 Ergebnisse der Berstprüfung

Rolle	Maximaler Druck, der erreicht wurde, bis eine Leckage oder ein Platzen in 10 Beuteln festgestellt wurde										Durchschnittlicher Druck	STD DEV Druck [Bar]
	BEUTEL 1	BEUTEL 2	BEUTEL 3	BEUTEL 4	BEUTEL 5	BEUTEL 6	BEUTEL 7	BEUTEL 8	BEUTEL 9	BEUTEL 10		
1	0,65	0,68	0,65	0,63	0,6	0,68	0,71	0,75	0,73	0,74	0,78	0,05
2	0,64	0,6	0,6	0,61	0,69	0,66	0,58	0,58	0,63	0,65	0,62	0,04
3	0,64	0,59	0,59	0,64	0,64	0,68	0,66	0,66	0,52	0,68	0,63	0,05

7 Herstellung und Bewertung der Mono-PE-Pouch

Tab. 7.6 Ergebnisse der Falltests

Rolle	Geschwindigkeit CPM/PPM	Untere Versiegelung [°C]	[bar]	Vertikale Versiegelung [°C]	[bar]	Fall der Beutel in Standardposition (Unterseite nach unten) aus 1 Meter Höhe								Kommentare
						Beutel 1	Beutel 2	Beutel 3	Beutel 4	Beutel 5	Beutel 6	Beutel 7	Beutel 8	
1	50	125	4	125	4	Alle Tests wurden BESTANDEN								Gefüllt mit 200 ml Wasser. Kein Bruch oder Leckage
2			3	130/120	4									
3			4	125	5									

Rolle	Material	Druck-qualität [mm/m]	Arbeits-spannung [N]	Ist eine Span-nungsre-gelung erforder-lich?	Versieglungsfenster					Vakuum-test	Platztest [bar]	Erfolgrei-cher Falltest [%]	Kommen-tare
					Geschwin-digkeit CPM/PPM	Untere Versieglung		Vertikale Versieglung					
						[°C]	[bar]	[°C]	[bar]				
1	MR3	0	>40 N	JA	50/100	125–130	4	120–130	4	Bestan-den	0,78	100	Beste Leistung unter den getesteten Folien
2	MR4	-2				125	3	125	4		0,62		Nicht für Produkti-onsbedin-gungen empfoh-len. Sehr empfind-lich gegenüber Druck
3	MR1	0				125	4	125	5		0,63		Nicht für Produkti-onsbedin-gungen empfohlen

7 Herstellung und Bewertung der Mono-PE-Pouch

Theoretisch wurde erwartet, dass Rolle 2 – MR4 Laminat 4 (608049, (23 µm BOPE)/608047 (Dichtung 1)) die beste Qualität aufweist, da es für die Abdichtung bei niedrigen Temperaturen (ca. 120–140 °C) ausgelegt ist. Dieser Temperaturbereich ist vorteilhaft, da er verhindert, dass die äußere Schicht des Mono-PE-Laminats an den Siegelschienen festklebt, was zu Defekten führen kann.

Es wurde jedoch festgestellt, dass der Reibungskoeffizient (COF) für Rolle 1 niedriger ist, was für den Produktionsprozess von Vorteil ist. Ein niedrigerer COF verringert den Widerstand bei der Bewegung der Folie durch die Beutelmaschine, wodurch sie leichter zu handhaben ist und der Verschleiß der Maschinenkomponenten verringert wird.

Open Access Dieses Kapitel wird unter der Creative Commons Namensnennung - Nicht kommerziell 4.0 International Lizenz (http://creativecommons.org/licenses/by-nc/4.0/dee d.de) veröffentlicht, welche die nicht-kommerzielle Nutzung, Vervielfältigung, Bearbeitung, Verbreitung und Wiedergabe in jeglichem Medium und Format erlaubt, sofern Sie den/die ursprünglichen Autor(en) und die Quelle ordnungsgemäß nennen, einen Link zur Creative Commons Lizenz beifügen und angeben, ob Änderungen vorgenommen wurden.

Die in diesem Kapitel enthaltenen Bilder und sonstiges Drittmaterial unterliegen ebenfalls der genannten Creative Commons Lizenz, sofern sich aus der Abbildungslegende nichts anderes ergibt. Sofern das betreffende Material nicht unter der genannten Creative Commons Lizenz steht und die betreffende Handlung nicht nach gesetzlichen Vorschriften erlaubt ist, ist auch für die oben aufgeführten nicht-kommerziellen Weiterverwendungen des Materials die Einwilligung des jeweiligen Rechteinhabers einzuholen.

Ökobilanzierung der Mono-PE-Pouch 8

Gonsalves Grünert, Philipp Niemietz, Thomas Bergs, Aline Anuch Kalousdian und Francesco Scalogna

Inhaltsverzeichnis

8.1	Ziel und Untersuchungsrahmen	151
8.2	Sachbilanzierung	157
8.3	Modellierung des End of Life	158
8.4	Ergebnisse der Ökobilanzierung	163
8.5	Konzeptionierung eines Nachhaltigkeitslabels für Verpackungen	166
8.6	Inhaltliche Anforderungen an ein Nachhaltigkeitslabel für Verpackungen	168
8.7	Roadmap zur Etablierung eines Nachhaltigkeitslabel für Verpackungen	170
Literatur		172

G. Grünert · P. Niemietz · T. Bergs (✉)
Manufacturing Technology Institute der RWTH Aachen (MTI), Aachen, Deutschland
E-Mail: t.bergs@mti.rwth-aachen.de

G. Grünert
E-Mail: g.gruenert@mti.rwth-aachen.de

P. Niemietz
E-Mail: p.niemietz@mti.rwth-aachen.de

A. A. Kalousdian · F. Scalogna
Carbon Minds GmbH, Aachen, Deutschland
E-Mail: aline.kalousdian@carbon-minds.com

F. Scalogna
E-Mail: francesco.scalogna@carbon-minds.com

© Der/die Autor(en) 2025
R. Dahlmann und C. Hopmann (Hrsg.), *Nachhaltige Kunststoffverpackungen aus Post Consumer-Rezyklaten,* SDG - Forschung, Konzepte, Lösungsansätze zur Nachhaltigkeit, https://doi.org/10.1007/978-3-658-48211-4_8

Abb. 8.1 Phasen der Ökobilanzierung nach DIN EN ISO 14040/44

In diesem Kapitel wird die ökologische Nachhaltigkeit für eine Mono-PE-Pouch bewertet. Zur Bewertung der Nachhaltigkeit wird die Ökobilanzierung (engl. Life Cycle Assessment, abk. LCA) nach ISO 14040/44 verwendet, siehe [1, 2]. Die Ökobilanzierung gemäß ISO 14040 stellt einen systematischen Ansatz zur quantitativen Bewertung der Umweltwirkungen eines Produkts oder Prozesses über dessen gesamten Lebenszyklus dar. Der Prozess beginnt mit der Phase des Ziel- und Untersuchungsrahmens, in der sowohl die Zielsetzung der Studie als auch die Systemgrenzen sowie relevante Umweltauswirkungen definiert werden. Darauf folgt die Sachbilanz, in der sämtliche Inputs, wie Rohstoffe und Energie, sowie Outputs, einschließlich Emissionen und Abfälle, umfassend erfasst und quantifiziert werden. Diese Daten bilden die Grundlage für die anschließende Wirkungsabschätzung, in welcher die gesammelten Informationen analysiert werden, um potenzielle Umweltwirkungen zu bewerten. Hierbei kommen verschiedene methodische Ansätze zum Einsatz, um beispielsweise den Einfluss auf das Klima oder den Wasserverbrauch zu ermitteln. Abschließend erfolgt die Auswertungsphase, in der die Ergebnisse interpretiert werden, um fundierte Schlussfolgerungen zu ziehen und gegebenenfalls Empfehlungen zur Optimierung der Umweltleistung abzuleiten. Durch diese strukturierte Methodik wird es ermöglicht, Umweltauswirkungen systematisch zu erfassen und gezielte Maßnahmen zur Reduktion der Umweltwirkungen zu entwickeln.

Im Folgenden werden die einzelnen Phasen der Ökobilanzierung (siehe Abb. 8.1) in Bezug auf das im Projekt PlasticBond analysierte Produktsystem vorgestellt. Das analysierte Produktsystem umfasst die Produktion und Entsorgung der im Projekt hergestellten Pouch.

8 Ökobilanzierung der Mono-PE-Pouch

8.1 Ziel und Untersuchungsrahmen

Bei der LCA bildet die Phase des Ziel- und Untersuchungsrahmens den ersten und entscheidenden Schritt, welcher eindeutig festgelegt werden muss. Das Ziel der Studie besteht darin, die beabsichtigte Anwendung und die Gründe für die Durchführung festzulegen. Zudem ist es wichtig, die Zielgruppe zu definieren und zu klären, ob die Ergebnisse für vergleichende Veröffentlichungen vorgesehen sind. Bei der Festlegung des Untersuchungsrahmens einer Ökobilanz müssen das zu untersuchende Produktsystem und seine Funktionen, die funktionelle Einheit sowie die Systemgrenze klar beschrieben werden. Zudem sind Allokationsverfahren, die Methode für die Wirkungsabschätzung samt Wirkungskategorien und die Auswertungsmethoden zu berücksichtigen. Anforderungen an Daten und Datenqualität, Annahmen, optionale Bestandteile sowie Einschränkungen spielen ebenfalls eine wichtige Rolle. Falls vorgesehen, muss auch die Art der kritischen Prüfung und der Aufbau des Berichts festgelegt werden. Diese systematische Herangehensweise gewährleistet Relevanz und Aussagekraft der Ergebnisse und legt den Grundstein für eine umfassende Bewertung der Umweltwirkungen [3].

Ziel der Untersuchung

Das Ziel der LCA ist die Bewertung der Umweltwirkungen, mit einem Fokus auf den Einfluss auf die Klimaänderung, der Produktion und der Entsorgung der monobasierten Pouch aus Polyethylen (PE) aus dem Projekt PlasticBond. Die Analyse der Produktion und der Entsorgung der Pouch berücksichtigt unterschiedliche Entsorgungsstrategien in einem „Cradle-to-Grave" Ansatz („Von der Wiege bis zur Bahre"). Die LCA wird durchgeführt, weil dadurch die Verwendung nur eines einzigen Materialtyps in der Verpackung untersucht werden kann. Die Zielgruppe der Studie bilden Interessensvertreter aus der Industrie und Forschung. Die Ergebnisse sollen nicht für vergleichende Aussagen verwendet werden, da dies eine weitere kritische Prüfung der ISO-Standards durch Dritte erforderlich machen würden.

Untersuchungsrahmen der Studie

Bei der LCA wird der Untersuchungsrahmen durch die Definition der Funktionellen Einheit, der Festlegung der Systemgrenzen und der Auswahl der Umweltwirkungskategorien inklusive der Wirkungsabschätzungsmethoden festgelegt.

Die Funktionelle Einheit in dieser Untersuchung ist definiert als:

- Die Produktion und Entsorgung einer Pouch.

Abb. 8.2 Materialzusammensetzung der Pouch

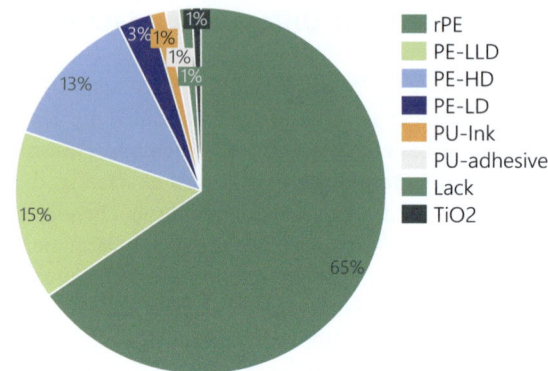

In Abb. 8.2 ist die Materialzusammensetzung der Pouch dargestellt. Das rPE (rezykliertes PE) macht mit ca. 65 % den größten Anteil der Verpackung aus. PE-LLD und PE-HD haben ebenfalls einen signifikanten Einfluss mit 15 % und 13 %. Außerdem enthält die Pouch Anteile an PE-LD, Farbe auf PU-basis (PU-Ink), Kleber auf PU-Basis, einem Lack und Titandioxid. Insgesamt wiegt die Pouch ca. 11.5 g.

Zur Veranschaulichung wurde das Produktsystem mit seinen Systemgrenzen in zwei Teile aufgeteilt, dessen erster Teil in Abb. 8.3 dargestellt ist. Dieser Teil des Produktsystems beinhaltet mehrere Prozessschritte, darunter Flachfolienextrusion, Blasfolienextrusion, Spritzgießen, Bedrucken, Kaschieren und das Zusammensetzen der Verpackung. Das Produktsystem hat die Funktion, Pouches herzustellen. Der Referenzfluss dieses Teil–Produktsystems wird durch die Produktion einer Pouch definiert, wobei der Inhalt der Verpackung nicht berücksichtigt wird. Die Systemgrenze dieser Untersuchung schließt Aspekte wie Lagerung, Vertrieb, Transport und Nutzung der Verpackung aus, somit werden alle nicht direkt wertschöpfenden Prozessschritte nicht berücksichtigt. In Abb. 8.4 ist der zweite Teil des Produktsystems (Gate-to-Grave) mit den drei unterschiedlichen End-of-Life Szenarien dargestellt. Betrachtet wurden die drei End-of-Life Szenarien: Verbrennung ohne Energierückgewinnung, Verbrennung mit Energierückgewinnung und Mechanisches Recycling als HDPE.

Die Umweltauswirkungen werden durch die Auswahl der Wirkungskategorie, der Wirkungsindikatoren und der Charakterisierungsmethode quantifiziert. Die Charakterisierungsmodelle werden aus veröffentlichten Wirkungsabschätzungsmethoden definiert. Die Festlegung geeigneter Methoden basieren auf den Empfehlungen des ILCD-Handbook der Europäischen Union und auf zehn weiteren LCAs aus der Kunststoffbranche [4].

8 Ökobilanzierung der Mono-PE-Pouch

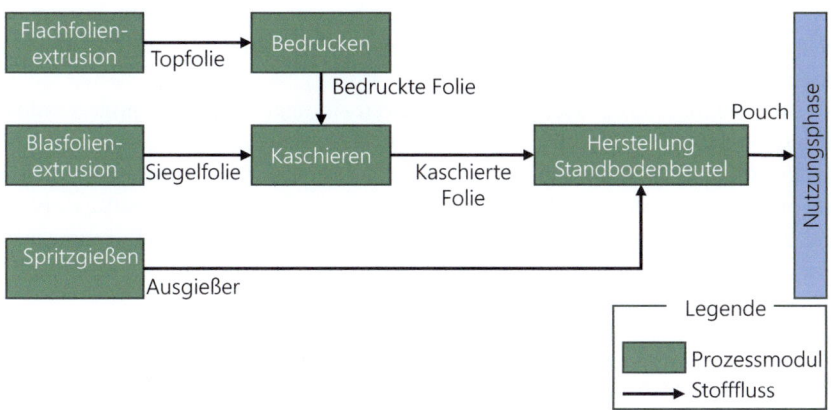

Abb. 8.3 Gate-to-Gate Produktsystem

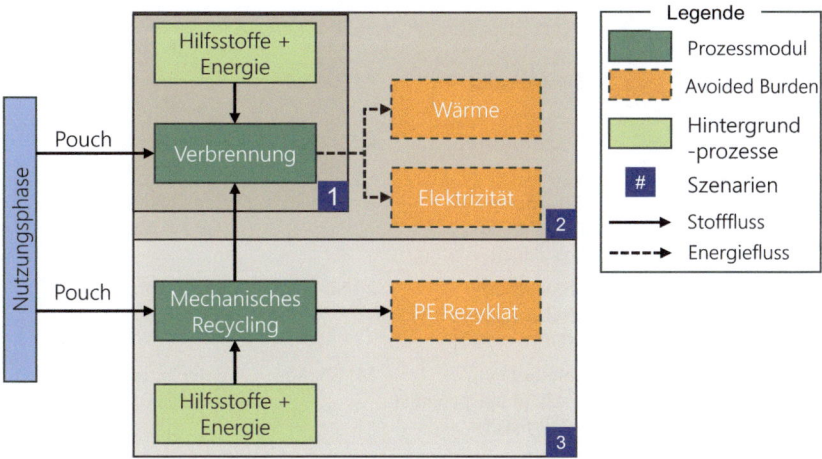

Abb. 8.4 Gate-to-Grave Produktsystem

Die Auswahl der Wirkungsindikatoren und der Charakterisierungsmodelle für die signifikanten Wirkungskategorien ist in der nachfolgenden Tabelle zusammengefasst. Die Berechnungsgrundlage der jeweiligen Wirkungsabschätzungsmethode wird mithilfe des Kurzbelegs in den eckigen Klammern angegeben. Die Wirkungsabschätzungsmethode der Charakterisierungsmodelle sind in runden Klammern angegeben (Tab. 8.1).

Bei Bedarf können auch weitere Umweltwirkungen berücksichtigt werden. Innerhalb dieses Berichts liegt der Fokus der Analyse auf die Umweltwirkung Klimaänderung, da diese Umweltwirkung aktuell in der Gesellschaft und in der Politik am meisten diskutiert wird. Die Klimaänderung wird durch das Treibhausgaspotential beeinflusst und wird auch als „Global Warming Potential (GWP) bezeichnet. Für die Allokation werden physikalische Verfahren angewendet.

Tab. 8.1 Wirkungsabschätzungsmethoden nach ILCD [4]

Studienübergreifende Wirkungsabschätzung			
Wirkungskategorie	Wirkungsindikator	Einheit	Charakterisierungsmodell
Klimaänderung	Treibhauspotential (GWP100)	kg CO_2-Äqu	Berechnung nach [5] (IPCC 2021)
Versauerung Boden	Versauerungspotential	kg SO_2-Äqu	Berechnung nach [6] (ReCiPe 2016)
Eutrophierung Süßwasser	Phosphorwert	kg P-Äqu	Berechnung nach [7] (ReCiPe 2016)
Eutrophierung Meer	Strickstoffwert	kg N-Äqu	Berechnung nach [8] (ReCiPe 2016)
Feinstaub (PM2.5)	Einwirkung auf menschliche Gesundheit	Krankheitsrate	Berechnung nach [9] (EF 3.0 Method)
Ressourcenerschöpfung, mineral	Abiotisches Erschöpfungspotential (ADP)	kg Sb-Äqu	Berechnung nach [10] (CML2001)
Ressourcenerschöpfung, fossil	Abiotisches Erschöpfungspotential (ADP-fossil)	MJ Sb-Äqu	Berechnung nach [10] (CML2001)
Humantoxizität – Krebsarten	Vergleichende toxische Einheit für Menschen (CTUh)	CTUh	Berechnung nach [11] [30](USEtox 2.0)
Humantoxizität – keine Krebsarten	Vergleichende toxische Einheit für Menschen (CTUh)	CTUh	Berechnung nach [11] (USEtox 2.0)
Wassernutzung	Wasserbenutzung	m^3 Welt Äqu	Berechnung nach [12] (AWARE)

8 Ökobilanzierung der Mono-PE-Pouch

Tab. 8.2 Sachbilanzierung für das Projekt PlasticBond

Fluss	Menge	Einheit	Quelle	Datensatz
Blasfolienextrusion				
Input				
Electricity, low voltage	0.00295	kWh	Reifenhäuser	Ecoinvent
HDPE	0.00075	kg	Reifenhäuser	Carbon Minds
LDPE	0.00038	kg	Reifenhäuser	Carbon Minds
rLDPE	0.00589	kg	Reifenhäuser	Carbon Minds
LLDPE	0.00130	kg	Reifenhäuser	Carbon Minds
titanium dioxide	0.00010	kg	Reifenhäuser	Ecoinvent
Output				
Siegelfolie	0.00842	kg	Reifenhäuser	
Flachfolienextrusion				
Input				
Electricity, low voltage	0.00066	kWh	Brückner	Ecoinvent
HDPE	0.00041	kg	Brüclner	Carbon Minds
rHDP	0.00048	kg	Brückner	Carbon Minds
LLDPE	0.00065	kg	Brückner	Carbon Minds
Output				
Topfolie	0.00154	kg	Brückner	
Spritzgießen				
Input				
Electricity, low voltage	0.00793	kWh	Pöppelmann	Ecoinvent
rHDPE	0.0022	kg	Pöppelmann	Carbon Minds
Output				
Spout	0.0022	kg	Pöppelmann	
Bedrucken				
Input				
Electricity, low voltage	2.9411	Wh	Gascogne	Ecoinvent
printing ink, rotogravure	0.00018	kg	Gascogne	Ecoinvent
Topfolie	0.00154	kg	Gascogne	
Output				
Bedruckte Folie	0.0017	kg	Gascogne	
Kaschieren				
Input				
Electricity, low voltage	1.15399	Wh	Gasconge	Ecoinvent
Bedruckte Folie	0.00173	kg	Gasconge	
polyurethane adhesive	0.00016	kg	Gasconge	Ecoinvent
Siegelfolie	0.00842	kg	Gasconge	
Output				
Kaschierte Folie	0.00848	kg	Gasconge	
Verschnitt	0.00182	kg	Gasconge	
Herstellung Pouch				
Input				
Electricity, low voltage	0.0075	kWh	Henkel	Ecoinvent
Kaschierte Folie	0.00848	kg		
Spout	0.0022	kg		
Output				
Standbodenbeutel	0.01068	kg	Henkel	

(Fortsetzung)

Tab. 8.2 (Fortsetzung)

Fluss	Menge	Einheit	Quelle	Datensatz
Blasfolienextrusion				
Input				
Electricity, low voltage	0.00295	kWh	Reifenhäuser	Ecoinvent
HDPE	0.00075	kg	Reifenhäuser	Carbon Minds
LDPE	0.00038	kg	Reifenhäuser	Carbon Minds
rLDPE	0.00589	kg	Reifenhäuser	Carbon Minds
LLDPE	0.00130	kg	Reifenhäuser	Carbon Minds
titanium dioxide	0.00010	kg	Reifenhäuser	Ecoinvent
Output				
Siegelfolie	0.00842	kg	Reifenhäuser	
Flachfolienextrusion				
Input				
Electricity, low voltage	0.00066	kWh	Brückner	Ecoinvent
HDPE	0.00041	kg	Brüclner	Carbon Minds
rHDP	0.00048	kg	Brückner	Carbon Minds
LLDPE	0.00065	kg	Brückner	Carbon Minds
Output				
Topfolie	0.00154	kg	Brückner	
Spritzgießen				
Input				
Electricity, low voltage	0.00793	kWh	Pöppelmann	Ecoinvent
rHDPE	0.0022	kg	Pöppelmann	Carbon Minds
Output				
Spout	0.0022	kg	Pöppelmann	
Bedrucken				
Input				
Electricity, low voltage	2.9411	Wh	Gascogne	Ecoinvent
printing ink, rotogravure	0.00018	kg	Gascogne	Ecoinvent
Topfolie	0.00154	kg	Gascogne	
Output				
Bedruckte Folie	0.0017	kg	Gascogne	
Kaschieren				
Input				
Electricity, low voltage	1.15399	Wh	Gasconge	Ecoinvent
Bedruckte Folie	0.00173	kg	Gasconge	
polyurethane adhesive	0.00016	kg	Gasconge	Ecoinvent
Siegelfolie	0.00842	kg	Gasconge	
Output				
Kaschierte Folie	0.00848	kg	Gasconge	
Verschnitt	0.00182	kg	Gasconge	
Herstellung Pouch				
Input				
Electricity, low voltage	0.0075	kWh	Henkel	Ecoinvent
Kaschierte Folie	0.00848	kg		
Spout	0.0022	kg		
Output				
Standbodenbeutel	0.01068	kg	Henkel	

8.2 Sachbilanzierung

Die Sachbilanz ist ein zentraler Bestandteil der LCA und stellt die zweite Phase des LCA-Prozesses dar. Wissenschaftlich gesehen umfasst die Sachbilanz eine detaillierte Erfassung und Quantifizierung aller relevanten Stoff- und Energieströme innerhalb eines definierten Systems über den gesamten Lebenszyklus eines Produkts oder einer Dienstleistung. Hierbei werden Inputs, wie Rohstoffe und Energie, sowie Outputs, wie Emissionen, Abfälle und Produkte, systematisch erfasst. Ziel der Sachbilanz ist es, eine umfassende Datenbasis zu schaffen, die alle ökologisch relevanten Flüsse innerhalb des untersuchten Systems abbildet. Diese Datenbasis dient als Grundlage für die nachfolgenden Phasen der Wirkungsabschätzung und Interpretation in der Ökobilanz. Diese Daten können durch direkte Messungen, Literaturrecherche oder aus Datenbanken stammen. Die Qualität der Sachbilanz hat einen direkten Einfluss auf die Zuverlässigkeit der gesamten Ökobilanz [3].

Zu beachten ist, dass Datenquellen sich hinsichtlich ihrer Qualität in mehreren Aspekten unterscheiden, was die Zuverlässigkeit und Genauigkeit der Ergebnisse beeinflussen. Sie sind aktuell und spiegeln den neuesten Stand der Technologie wider, sind spezifisch für das untersuchte System relevant und dokumentieren klar ihre Herkunft, Erhebungsmethoden, Annahmen sowie Unsicherheiten. Zudem sind sie nachvollziehbar und verifizierbar durch unabhängige Dritte und stammen aus vertrauenswürdigen Quellen wie wissenschaftlichen Studien, offiziellen Statistiken oder anerkannten Institutionen.

Die Datenquellen werden in Primär- und Sekundärdaten unterteilt. Diese beiden Kategorien unterscheiden sich grundlegend hinsichtlich ihrer Erhebungsmethoden, Verwendungszwecke und Qualitätsmerkmale. Primärdaten sind Originaldaten, die direkt für einen spezifischen Zweck und eine spezifische Untersuchung erhoben werden. Die Datenerhebung erfolgt durch direkte Messungen, Experimente, Umfragen oder Beobachtungen.

Sekundärdaten hingegen sind bereits vorhandene Daten, die ursprünglich für andere Zwecke erhoben wurden und nun für eine neue Untersuchung genutzt werden. Diese Daten stammen häufig aus veröffentlichten Berichten, wissenschaftlichen Publikationen, bestehenden Datenbanken oder offiziellen Statistiken. Sie stehen meist sofort zur Verfügung und erfordern keine zeitaufwendige Datenerhebung. Die Qualität der Daten hängt von den ursprünglichen Erhebungen ab.

Der Hauptunterschied zwischen Primär- und Sekundärdaten liegt in ihrer Herkunft und ihrem Zweck. Während Primärdaten speziell für die aktuelle Fragestellung erhoben werden und somit eine hohe Relevanz sowie Aktualität aufweisen, sind Sekundärdaten bereits vorhanden und wurden ursprünglich für andere Zwecke gesammelt. Primärdatenerhebungen bieten den Vorteil einer hohen Genauigkeit und Kontrolle über die Datenerfassungsmethoden, erfordern jedoch erheblichen Aufwand. Im Gegensatz dazu ermöglichen Sekundärdaten schnelle Analysen bei geringeren Kosten; sie können jedoch in Bezug auf Relevanz sowie Aktualität eingeschränkt sein und möglicherweise nicht alle benötigten Details enthalten. In der Praxis wird oft eine Kombination beider Datentypen verwendet, um die Vorteile beider Ansätze zu nutzen. Hinsichtlich der Datenanforderungen innerhalb dieser Studie wurden primär verfügbare Daten bei den Projektpartnern erhoben; unzugängliche Informationen und Hintergrunddaten (wie der Einfluss des Stromverbrauchs auf die Umwelt) wurden durch Sekundärdaten aus der ECOINVENT 3.9.1-Datenbank [13] sowie aus der Datenbank von CARBON MINDS [14] ergänzt. Zur Berechnung der LCA wurde die open Source Software OPENLCA 2.2.0 [15] verwendet. In Tab. 8.2 befindet sich die Sachbilanzierung mit den betrachteten Bilanzflüssen für das Projekt PlasticBond.

8.3 Modellierung des End of Life

Im Rahmen der im Projekt definierten Lebenszyklusphase „End-of-Life" wurden drei unterschiedliche Entsorgungsszenarien für die Pouch berücksichtigt: Verbrennung ohne Energierückgewinnung, Verbrennung mit Energierückgewinnung und mechanisches Recycling als HDPE. Die Abb. 8.5, 8.6 und 8.7 zeigen die systemische Darstellung der Entsorgung einer Pouch in diesen Szenarien.

Die Modellierung des Szenarios der Verbrennung (ohne und mit Energierückgewinnung) basiert auf der wissenschaftlichen Arbeit von *Doka* [16, 17], wobei die elementare Zusammensetzung der Pouch als Ausgangspunkt dient. Transferkoeffizienten für die enthaltenen Elemente wie Kohlenstoff und Wasserstoff werden verwendet, um die Elementarflüsse (z. B. Emissionen in Luft, Wasser oder Boden) zu bestimmen. In diesem Prozess werden Materialanforderungen wie Erdgas zur Wärmeerzeugung berücksichtigt. Wenn Energie zurückgewonnen wird, erfolgt dies anhand des Heizwerts der Pouch, wobei eine Energieeffizienz von 41 % und ein Elektrizitäts-Wärme-Verhältnis von 0,39 zugrunde gelegt werden. Die Energierückgewinnung wird nach dem „Avoided Burdens"-Ansatz gemäß ISO 14040/44 modelliert.

Das Szenario „Mechanisches Recycling als HDPE" basiert auf branchenspezifischen Daten aus der Studie von *Meys et al.* [18] und den Daten der HTP GmbH & Co. KG aus dem Jahr 2017. Der Prozess des mechanischen Recyclings umfasst das Waschen, Schreddern, Trocknen und Extrudieren ohne Zusatzstoffe.

8 Ökobilanzierung der Mono-PE-Pouch

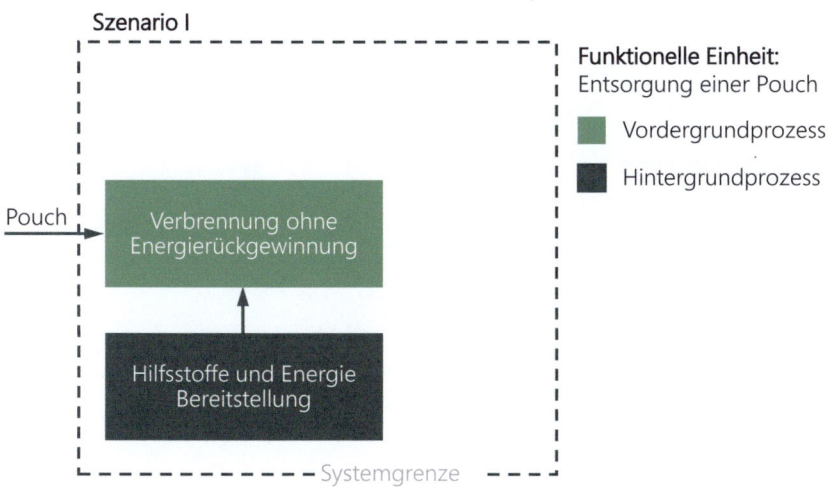

Abb. 8.5 Entsorgungsszenario I – Verbrennung ohne Energierückgewinnung

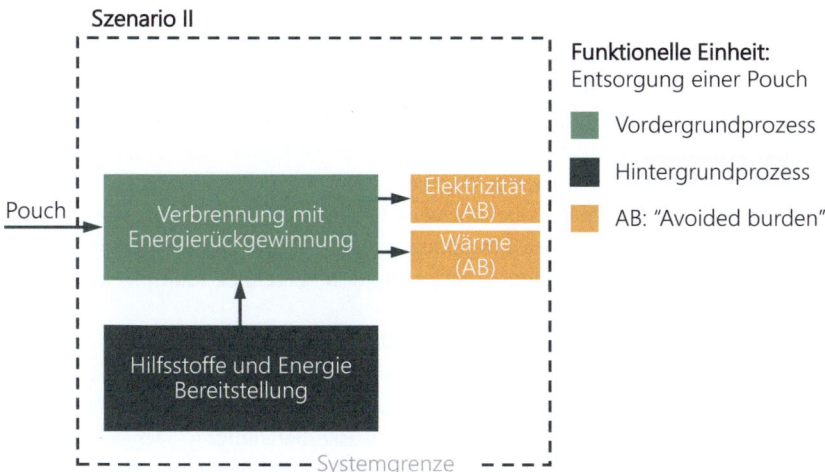

Abb. 8.6 Entsorgungsszenario II – Verbrennung mit Energierückgewinnung

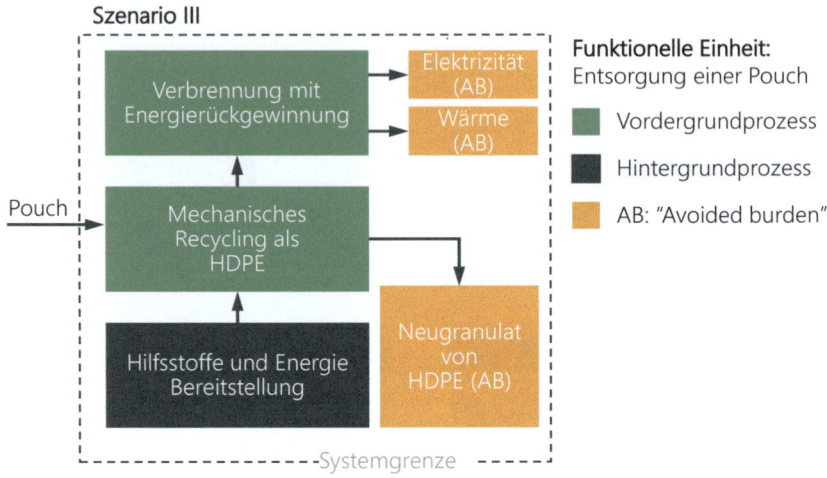

Abb. 8.7 Entsorgungsszenario lll – Mechanisches Recycling als HDPE

Am Ende des Recyclingprozesses wird recycelter Kunststoff produziert, der jedoch aufgrund von Eigenschaftsverlusten durch mechanische und thermische Belastungen nicht vollständig Neuware entspricht. Um diese Eigenschaftsverluste in der Lebenszyklusanalyse zu berücksichtigen, wird der sogenannte Substitutionsfaktor verwendet. Dieser gibt das Verhältnis an, in dem recyceltes Polymergranulat Neumaterial ersetzen kann. Im vorliegenden Fall wird für Polyethylen, aus dem der Pouch besteht, ein Substitutionsfaktor von 0,7 [19] angewendet. Die vermiedenen Produktemissionen werden auf der Grundlage der Umweltauswirkungen der Neugranulatproduktion berechnet, multipliziert mit den Substitutionsfaktoren.

Neben dem mechanischen Recycling selbst wird in der Modellierung auch die Behandlung der während des Recyclingprozesses entstehenden Abfälle berücksichtigt. Die Behandlung von Rest- und Wasserabfällen erfolgt durch spezifische Behandlungsprozesse, wie zum Beispiel Abwasserbehandlung. Der verbleibende Kunststoffabfall wird durch Verbrennung mit Energierückgewinnung verwertet.

Die in Abb. 8.5, 8.6 und 8.7 dargestellten Prozessmodule sind in Vordergrund- und Hintergrundprozesse unterteilt, welche durch blaue bzw. graue Farben gekennzeichnet sind. Die Vordergrundprozesse wurden entsprechend der oben beschriebenen Modellierung umgesetzt, während für die Hintergrundprozesse,

8 Ökobilanzierung der Mono-PE-Pouch

wie z. B. die Bereitstellung von Hilfsstoffen und Energien, Datensätze aus ecoinvent [5] verwendet wurden. Die Energierückgewinnung sowie die vermiedenen Produkte, wie etwa das Polymergranulat, sind in Gelb hervorgehoben.

Die Ergebnisse für die Klimaänderung gemäß der Methode Carbon Minds ISO 14067 (basierend auf IPCC 2021) für die drei Szenarien sind in Abb. 8.8 dargestellt. Das Szenario „Verbrennung ohne Energierückgewinnung" verursacht mit $34{,}5 \times 10^{-3}$ kg CO_2-Äquivalenten pro Pouch die höchsten Emissionen, was auf die vollständige Freisetzung von CO_2 ohne jegliche Energienutzung zurückzuführen ist. Bei der „Verbrennung mit Energierückgewinnung" sinken die Emissionen auf $19{,}1 \times 10^{-3}$ kg CO_2-Äquivalente, da hier durch die Rückgewinnung von Elektrizität und Wärme positive Effekte erzielt werden, die die Gesamtbelastung reduzieren.

Besonders hervorzuheben ist das „Mechanische Recycling als HDPE", das mit einem negativen Wert von $-9{,}3 \times 10^{-3}$ kg CO_2-Äquivalenten die besten Ergebnisse erzielt. Dieser negative Wert deutet darauf hin, dass die Umweltauswirkungen durch das mechanische Recycling sogar überkompensiert werden. Dies liegt daran, dass das Recycling vermiedene Emissionen generiert, da das recycelte Material Neuware ersetzt und somit die CO_2-intensiven Produktionsprozesse für Neumaterialien entfallen.

In diesem Zusammenhang stehen positive Werte für direkte Emissionen, während negative Werte auf die „Avoided Burden" zurückzuführen sind, also die

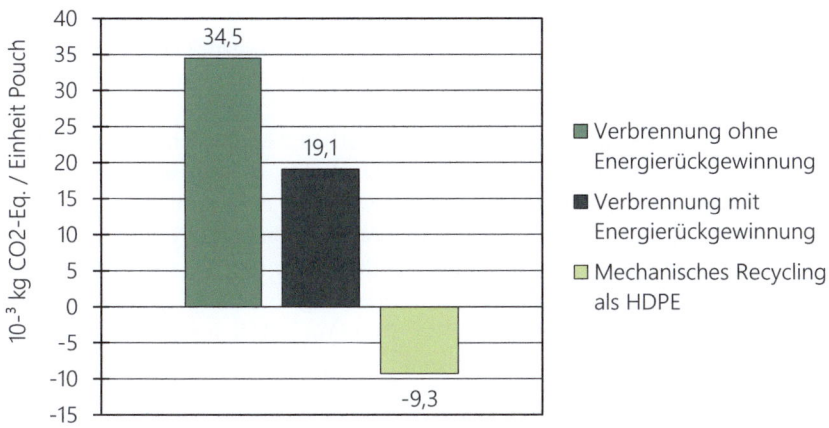

Abb. 8.8 Ergebnisse für die drei Entsorgungsszenarien

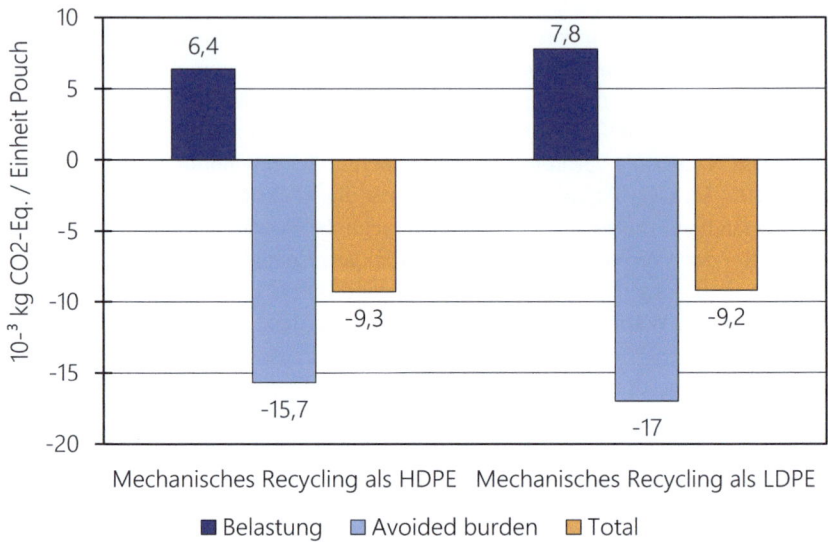

Abb. 8.9 CO_2-Äquivalent-Werte für HDPE und LDPE

vermiedenen Emissionen durch die Substitution von Neuware, die eine größere Menge CO_2 erzeugen würde.

Abb. 8.9 zeigt die CO_2-Äquivalent-Werte des mechanischen Recyclings der Pouch, wobei zwei unterschiedliche Fälle für das Mechanische Recycling der Pouch betrachtet werden: das mechanische Recycling der Pouch als HDPE und das mechanische Recycling der Pouch als LDPE.

Im Fall des „Mechanischen Recyclings als HDPE" ergibt sich ein Gesamtwert von $-9{,}3 \times 10^{-3}$ kg CO_2-Äquivalenten pro Pouch. Dieser Wert setzt sich aus der Belastung des mechanischen Recyclingprozesses und den vermiedenen Emissionen („Avoided Burden") durch die Substitution von neuem HDPE zusammen. Die direkte Belastung durch das Recycling beträgt $6{,}4 \times 10^{-3}$ kg CO_2-Äquivalente (blau dargestellt), während durch die Vermeidung der HDPE Produktion eine Emissionseinsparung von $15{,}7 \times 10^{-3}$ kg CO_2-Äquivalenten erreicht wird (hellblau dargestellt). Der Nettoeffekt ist somit eine Reduktion der CO_2-Emissionen um $-9{,}3 \times 10^{-3}$ kg CO_2-Äquivalente.

Eine Sensitivitätsanalyse wurde durchgeführt, um die Auswirkungen zu bewerten, wenn die Pouch als LDPE Kunststoff recycelt wird, was aufgrund der großflächigen Folienstrukturen der Pouch in der Praxis vorkommen könnte. Im

Szenario „Mechanisches Recycling als Weich-Polyethylen" liegt die Belastung des Recyclingprozesses bei $7{,}8 \times 10^{-3}$ kg CO_2-Äquivalenten (blau). Durch die Substitution der LDPE-Produktion werden 17×10^{-3} kg CO_2-Äquivalente eingespart (hellblau). Der Nettoeffekt beträgt somit $-9{,}2 \times 10^{-3}$ kg CO_2-Äquivalente pro Pouch Die unterschiedlichen Werte zwischen dem mechanischen Recycling der Pouch als HDPE und LDPE ergeben sich aus den variierenden Input- und Output-Material- sowie Energieflüssen der jeweiligen Prozessmodule des mechanischen Recyclings.

Abb. 8.9 zeigt, dass sowohl das Recycling von HDPE als auch das Recycling von LDPE zu signifikanten CO_2-Reduktionen führt, wobei der Effekt durch die vermiedenen Emissionen aus der Produktion neuer Kunststoffe erzielt wird. Die unterschiedlichen Werte zwischen HDPE und LDPE zeigen, wie sich die Materialwahl auf die Umweltauswirkungen des mechanischen Recyclings auswirken kann.

8.4 Ergebnisse der Ökobilanzierung

In diesem Kapitel werden die wesentlichen Ergebnisse der LCA für die Produktion und Entsorgung der monobasierten Pouch vorgestellt.

Das Ziel dieser LCA ist die Analyse der Umweltwirkung Klimaveränderung durch die Produktion und Entsorgung einer monomaterialbasierten Pouch. Abb. 8.10 zeigt den Einfluss der unterschiedlichen EoL-Strategien auf das GWP (Global Warming Potential– Treibhausgaspotential) für die Pouch. In der Abbildung bildet die Herstellung der Pouch ohne eine Entsorgung den Referenzwert. Verglichen wird dieser Referenzwert mit der Verbrennung der Pouch, der Verbrennung mit Wärmerückgewinnung und dem mechanischen Recycling der Pouch. Die Verbrennung der Pouch führt dabei zu einer Verdopplung der emittierten CO_2e (CO_2-equivalent). Durch die Wärmerückgewinnung kann durch die Bereitstellung von Wärme und Strom ein Teil des emittierten CO_2e durch eine Gutschrift (Avoided Burden) zurückerhalten werden. Durch das Zurückführen der Materialien, welche den Größten Anteil an den CO_2e-Emissionen der Pouch haben, können ca. 25 % des emittierten CO_2e zurückerhalten bzw. eingespart werden.

Bei der Betrachtung des Global Warming Potentials (GWP) zeigt sich, dass es vorteilhaft ist, die Pouch so zu gestalten, dass eine Wiederverwertung möglich ist. In einem nächsten Schritt können noch weitere Umweltwirkungen betrachtet werden, um eine ganzheitlichere Perspektive zu erlangen.

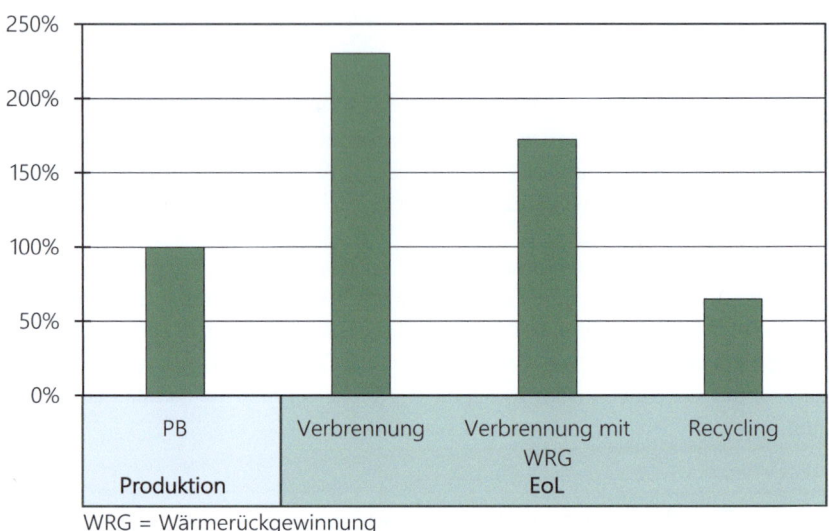

Abb. 8.10 Relatives GWP der unterschiedlichen EoL-Szenarien für die Pouch

In Abb. 8.11 ist anteilig das GWP der einzelnen Prozessmodule zur Produktion der Pouch dargestellt. Zu erkennen ist, dass die Siegelfolie den größten Anteil mit 44 % besitzt, gefolgt von der Top-Folie und dem Spout. Die Herstellung der Verpackung machen ca. 12 % des gesamten GWPs der Verpackung aus und der Prozessschritt Laminieren hat mit 5 % den geringsten Anteil. Insgesamt werden für die Pouch ca. 26 g CO_2e emittiert.

In Abb. 8.12 zeigt das gestapelte Balkendiagramm die einzelnen Bilanzströme pro Prozessmodul. Dabei ist zu erkennen, dass bei der Siegelfolie und der Top-Folie die Stoffströme den größten Einfluss auf das GWP haben. Bei der Herstellung des Spouts sowie bei der Zusammenstellung der Pouch hat der Stromverbrauch den größten Einfluss auf das GWP.

In einer weiteren Betrachtung wurde die Produktion einer monobasierte PE-Pouch mit Rezyklatanteil aus PlasticBond mit der Produktion einer Pouch aus ausschließlich neuwertigen Materialien (Virgin) und herkömmlichen Pouches aus PET und PP verglichen, siehe Abb. 8.13. Bei den herkömmlichen Pouches wurde angenommen, dass die Siegelfolie aus Virgin-PE hergestellt wurde und die Top-Folie einmal aus Virgin PET und PP besteht. Für den Vergleich stellt die Pouch mit PET den Referenzwert da. Die Abbildung zeigt, dass die Herstellung der

8 Ökobilanzierung der Mono-PE-Pouch

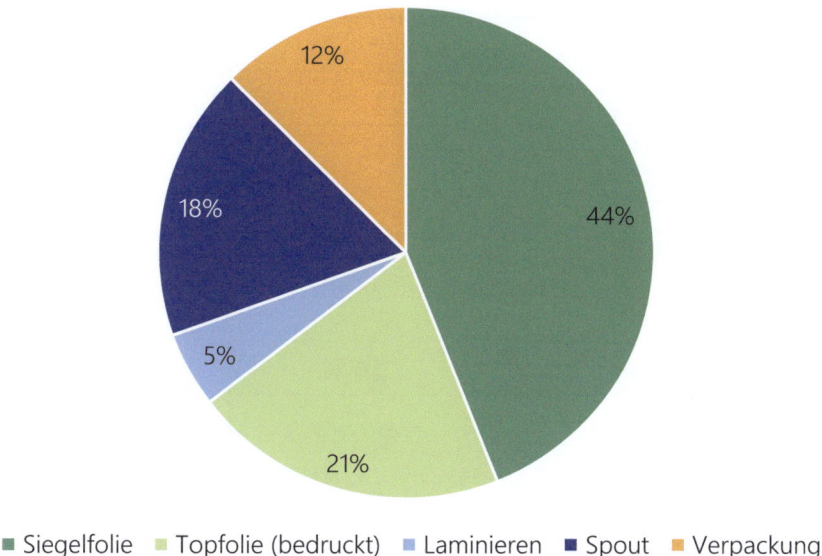

■ Siegelfolie ■ Topfolie (bedruckt) ■ Laminieren ■ Spout ■ Verpackung

Abb. 8.11 Kreisdiagramm mit anteiliges GWP der einzelnen Prozessmodule

Pouch aus PET und dem Virgin Materialien das größte GWP haben. Die Pouch aus PP hat einen geringeren GWP, dies liegt darin begründet, dass die Herstellung von PP nach der ECOINVENT Datenbank weniger CO_2e emittiert als PET oder PE. Die Pouch aus dem Projekt PlasticBond hat eine bis zu 35 % reduziertes GWP im Vergleich zum Referenzwert. Dabei wurde noch nicht berücksichtigt, dass durch die monobasierte Pouch ein Recyceln der Pouch und damit eine Kreislaufwirtschaft möglich ist, was bei den herkömmlichen Pouches aus unterschiedlichen Materialien nicht möglich ist. Diese Pouches werden thermisch verwertet, was zu einem zusätzlichen deutlichen Anstieg des GWPs führt (vgl. Abb. 8.10).

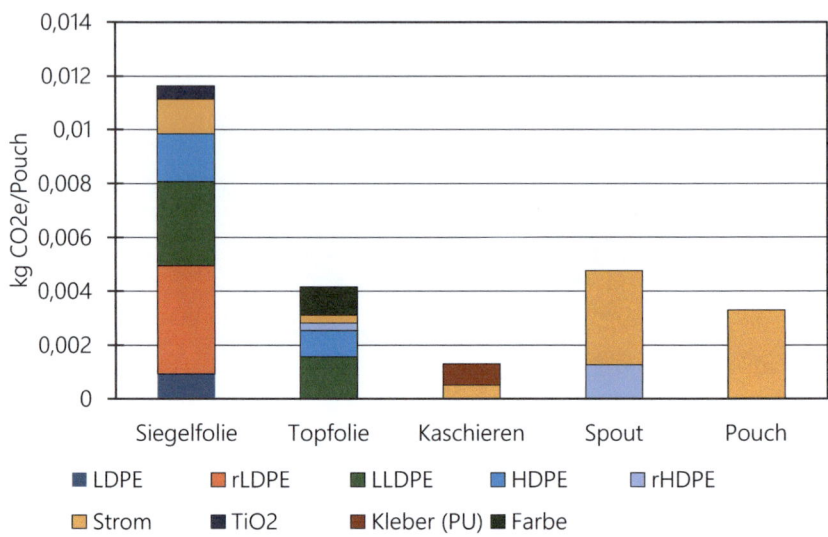

Abb. 8.12 Gestapeltes Balkendiagramm mit den einzelnen Bilanzströmen der Prozessmodule

8.5 Konzeptionierung eines Nachhaltigkeitslabels für Verpackungen

In diesem Kapitel wird die Entwicklung eines Labels für die ökologische Nachhaltigkeit von Verpackungen konzipiert. Ziel ist es, ein Bewertungssystem zu entwerfen, das Verbraucher und Unternehmen dabei unterstützt, umweltfreundliche Verpackungsoptionen zu identifizieren und auszuwählen. Die Notwendigkeit eines solchen Labels ergibt sich aus den wachsenden Umweltanforderungen und dem zunehmenden Bewusstsein für nachhaltige Praktiken im Verpackungssektor. Zunächst werden die grundlegenden Kriterien und Indikatoren definiert, die zur Beurteilung der ökologischen Nachhaltigkeit herangezogen werden sollen. Diese umfassen Aspekte wie Materialwahl, Energieverbrauch bei der Herstellung, Recyclingfähigkeit und CO_2-Emissionen. Darüber hinaus erfolgt eine Analyse bestehender Labelsysteme und deren Relevanz sowie Akzeptanz in verschiedenen Märkten. Durch den Vergleich mit etablierten Systemen sollen Best Practices identifiziert und in das neue Konzept integriert werden.

8 Ökobilanzierung der Mono-PE-Pouch

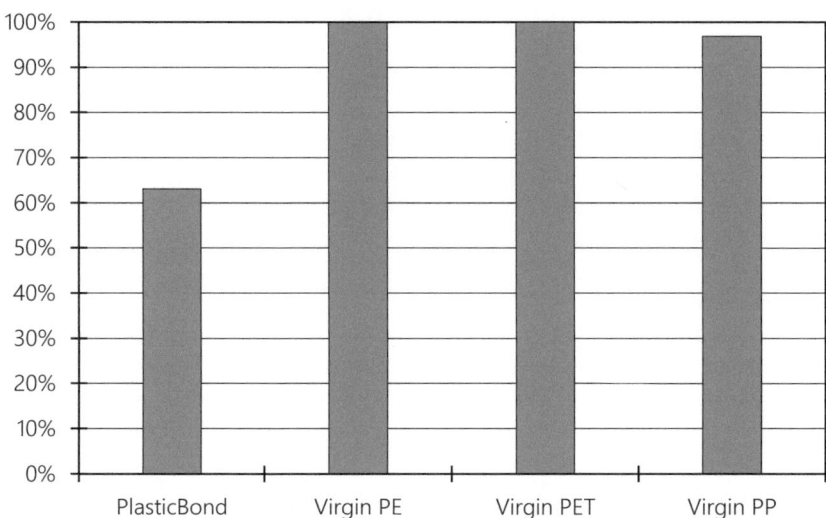

Abb. 8.13 Relativer Vergleich der Herstellung der Pouch (Gate-to-Gate) aus unterschiedlichen Materialien

Abschließend wird ein Prototyp des Labels vorgestellt, einschließlich Designvorschlägen und Implementierungsstrategien. Dabei wird auch auf mögliche Herausforderungen und Lösungsansätze eingegangen, um die praktische Anwendbarkeit des Labels sicherzustellen. Dieses Kapitel legt somit den Grundstein für eine umfassende Bewertung der ökologischen Nachhaltigkeit von Verpackungen und bietet einen strukturierten Ansatz zur Förderung umweltbewusster Entscheidungen im Verpackungsbereich. Das Ziel ist daher die Konzeptionierung eines Labels der ökologischen Nachhaltigkeit von Kunststofferzeugnissen. Das Label soll es Konsumenten und Konsumentinnen ermöglichen, die Ökobilanz eines Kunststofferzeugnisses auf einen Blick in qualitativen Kategorien (gut, mittel, schlecht) zu bewerten. Wenn Konsumenten und Konsumentinnen über die Ökobilanz eines Kunststofferzeugnisses informiert sind, können sie diese bei ihrer Kaufentscheidung berücksichtigen.

8.6 Inhaltliche Anforderungen an ein Nachhaltigkeitslabel für Verpackungen

Die ökologische Nachhaltigkeit von Verpackungen kann durch verschiedene Kriterien bewertet werden. Die Herausforderung besteht darin, die relevantesten und für Konsumenten und Konsumentinnen relevantesten Kriterien zu identifizieren. Zu den zentralsten Kriterien gehören der Rezyklatanteil, die Recyclingfähigkeit und der CO_2-Fußabdruck.

Rezyklatanteil
Der Rezyklatanteil bezieht sich auf den Anteil an recyceltem Post-Consumer Materialien (PCR), das in der Herstellung einer Verpackung verwendet wird. Ein hoher Rezyklatanteil trägt zur Ressourcenschonung bei, indem er den Bedarf an Primärrohstoffen reduziert und die Abfallmenge verringert. Dadurch verbessert ein höherer Rezyklatanteil die Kreislaufwirtschaft und unterstützt nachhaltige Produktionssysteme.

Recyclingfähigkeit
Die Recyclingfähigkeit beschreibt die Eignung einer Verpackung dafür, nach ihrem Gebrauch wieder in den Produktionskreislauf zurückgeführt zu werden. Eine gute Recyclingfähigkeit setzt voraus, dass die Materialien leicht trennbar sind und keine schädlichen Substanzen enthalten, die das Recycling erschweren oder verhindern könnten. Die Design for Recycling-Prinzipien spielen hierbei eine entscheidende Rolle, indem sie sicherstellen, dass Verpackungen so gestaltet sind, dass sie effizient wiederverwertet werden können. Wissenschaftlich gesehen fördert eine hohe Recyclingfähigkeit die Schließung von Materialkreisläufen und reduziert den Bedarf an Deponierung oder Verbrennung von Abfällen.

CO_2-Fußabdruck
Der CO_2-Fußabdruck einer Verpackung quantifiziert die gesamten Treibhausgasemissionen (gemessen in CO_2-Äquivalenten), die über ihren gesamten Lebenszyklus hinweg entstehen – von der Rohstoffgewinnung über Produktion und Nutzung bis hin zur Entsorgung. Ein niedriger CO_2-Fußabdruck weist darauf hin, dass weniger klimaschädliche Emissionen freigesetzt wurden. Wissenschaftlich basiert diese Bewertung auf umfassenden Ökobilanzen (Life Cycle Assessments), welche alle relevanten Emissionsquellen berücksichtigen und somit eine ganzheitliche Betrachtung der Umweltauswirkungen ermöglichen.

Zusammengefasst tragen diese drei Kriterien – Rezyklatanteil, Recyclingfähigkeit und CO_2-Fußabdruck – wesentlich dazu bei, die ökologische Nachhaltigkeit von

Verpackungen zu bewerten und zu verbessern. Sie fördern ressourceneffiziente Herstellungsprozesse, unterstützen geschlossene Materialkreisläufe und minimieren klimaschädliche Emissionen.

Grafische Konzeption des Labels
Zur Vorbereitung der grafischen Konzeption des Nachhaltigkeitslabel wurde ein Benchmark für Nachhaltigkeitslabes durchgeführt. Der Nutri-Score und das Energieeffizienzlabel sind zwei etablierte Kennzeichnungssysteme, die darauf abzielen, Verbraucher bei der Auswahl gesünderer bzw. energieeffizienterer Produkte zu unterstützen und als Best-Practice Beispiele identifiziert.

Der Nutri-Score ist ein farbcodiertes Label, das auf Lebensmittelverpackungen angebracht wird und die Nährwertqualität eines Produkts bewertet. Es verwendet eine Skala von fünf Farben (von dunkelgrün bis rot) und Buchstaben (A bis E), wobei A/dunkelgrün für die höchste und E/rot für die niedrigste Nährwertqualität steht. Die Bewertung basiert auf einem Punktesystem, das positive Nährstoffe (wie Ballaststoffe und Proteine) gegen negative Nährstoffe (wie Zucker und gesättigte Fettsäuren) abwägt. Der Nutri-Score zeichnet sich durch seine Einfachheit und Transparenz aus, da er Verbrauchern ermöglicht, schnell und einfach die Gesundheitsqualität von Lebensmitteln zu vergleichen.

Das Energieeffizienzlabel wird auf Haushaltsgeräten und anderen energieverbrauchenden Produkten angebracht, um deren Energieverbrauch anzuzeigen. Es verwendet eine Skala von A+++ (höchste Effizienz) bis D oder G (niedrigste Effizienz), je nach Produktkategorie. Das Label enthält auch Piktogramme mit zusätzlichen Informationen über den Energieverbrauch oder andere relevante Eigenschaften des Produkts sowie den jährlichen Energieverbrauch in Kilowattstunden (kWh). Das Energieeffizienzlabel ist gesetzlich vorgeschrieben und durch EU-Verordnungen geregelt, was Konsistenz und Vergleichbarkeit sicherstellt.

Beide Labels erleichtern es Verbrauchern, fundierte Entscheidungen zu treffen, indem sie wichtige Informationen zur Gesundheitsqualität von Lebensmitteln bzw. zur Energieeffizienz von Produkten bereitstellen.

In Abb. 8.14 ist der Vorschlag für das Nachhaltigkeitslabel für Verpackungen abgebildet. Im Kern der Abbildung sind die drei Kriterien zur Bewertung der ökologischen Nachhaltigkeit der Verpackung. Die Kriterien sind von einer Schleife umrandet, welche im Kreis führt und damit die Kreislaufwirtschaft symbolisieren soll. Jedes einzelne Kriterium wird über eine Farbskala von Grün bis Rot und Buchstaben von A bis E gekennzeichnet. Damit soll es analog zum Nutri-Score oder Energieeffizienz Label möglich sein, dass Verbraucher und Verbraucherinnen innerhalb kürzester Zeit erkennen können, wie nachhaltig die Verpackung ist. Auf dem Label sind ebenfalls die Kennzahlen für das jeweilige Kriterium als zusätzliche

Abb. 8.14 Vorschlag für ein Nachhaltigkeitslabel für Verpackungen

Information abgebildet, um die Transparenz für die Verbraucher und Verbraucherinnen zu steigern. Der Rezyklatanteil wird in Prozent vom Gesamtgewicht angegeben. Zur Bewertung der Recyclingfähigkeit existieren unterschiedliche Methoden auf dem Markt. Darunter zählt die Methode „Made for Recycling" von dem Unternehmen Interzero. Unter Berücksichtigung mehrerer Aspekte in den Kategorien *Zuordnung der Verpackung zum Erfassungssystem*, *Sortierbarkeit der Verpackung* und die *Werkstoffliche Verwertung der Verpackung* können insgesamt bis zu 20 Punkte vergeben werden, wobei eine Punktezahl von 18 bereits eine sehr gute Recyclingfähigkeit aussagt. Der CO_2-Fußabdruck wird durch ein relatives CO_2-Ranking abgebildet. Das CO_2-Ranking vergleicht der CO_2-Fußabdruck unterschiedlicher Verpackungen. Das relative Ranking soll es dem Verbraucher und Verbraucherinnen ermöglichen, ohne Vorwissen zu erkennen, ob eine Verpackung relativ zu anderen Verpackungen einen hohen oder niedrigen CO_2-Fußabdruck besitzt. Zur Einführung dieser Kennzahl wäre es jedoch notwendig, dass eine zentrale Stelle eine Kartei für den CO_2-Fußabdrücke anlegt und kontrolliert, dass alle Hersteller den internationalen Standard nach ISO 140-40/44/67 zur Ermittlung des CO_2-Fußabdrucks verwenden. Abschließend ist ein QR-Code in das Design des Labels integriert, welchen interessierte Verbraucher und Verbraucherinnen scannen können, um auf eine Website mit weiteren Hintergrundinformationen zu gelangen.

8.7 Roadmap zur Etablierung eines Nachhaltigkeitslabel für Verpackungen

Das Ziel des konzipierten Labels ist es, Verbrauchern und Unternehmen die Identifizierung und Auswahl umweltfreundlicher Verpackungsoptionen zu erleichtern. Im Rahmen des Projekts wird daher eine Roadmap vorgeschlagen, die die Etablierung des Labels unterstützt und sich an bewährten Zertifizierungssystemen wie dem Marine Stewardship Council (MSC) und dem Forest Stewardship Council

8 Ökobilanzierung der Mono-PE-Pouch

(FSC) orientiert. Beide Organisationen haben erfolgreich Zertifizierungssysteme implementiert, die die nachhaltige Nutzung mariner Ressourcen und der Waldwirtschaft fördern. Angelehnt an diese beiden Erfolgsmodelle werden folgende Schritte zur Etablierung des Nachhaltigkeitslabels vorgeschlagen:

1) Gründung einer normgebenden Organisation und Entwicklung von Standards und Zertifizierungsprozesse

Analog zum MSC und FSC sollte zunächst eine unabhängige, nicht-gewinnorientierte Organisation, die ein breites Spektrum von Stakeholdern aus Industrie, Umweltschutz, Wissenschaft und Verbraucherschutz umfasst, gegründet werden. Diese Organisation hat die Aufgabe, Standards für das neue Label zu entwickeln, zu implementieren und zu überwachen. Eine wichtige Aufgabe dabei ist das Festlegen einer einheitlichen Berechnungsmethode, sowie die Einhaltung von bereits existierenden Kriterien aus internationalen Standards wie die ISO Norm 14040/44. Weitere Kriterien für das Label, sollten unteranderem auf Bewertungsstandards aus früheren Arbeitspaketen (AP3, AP8, AP9) basieren und wichtige Nachhaltigkeitsaspekte wie Rezyklatanteil, Recyclingfähigkeit und dem CO_2-Ranking beinhalten. Ein transparenter, wissenschaftlich fundierter und unabhängiger Akkreditierungsprozess und Zertifizierungsprozess soll das Vertrauen von Unternehmer:innen und Konsument:innen in die Organisation und in das Label stärken.

2) Transparente Kennzeichnung und Verbraucherinformation

Die Konzeption des Labels und seine Anwendung in der Kunststoffindustrie erfordern zudem eine transparente Kennzeichnung und umfassende Verbraucherinformation, ähnlich wie bei den MSC und FSC Labeln. Produkte, die den festgelegten Nachhaltigkeitskriterien entsprechen, werden durch das Label in verschiedene Kategorien eingeteilt, was eine schnelle und einfache Bewertung ihrer ökologischen Performance ermöglicht. Beispielsweise könnte das in Abb. 8.14 vorgeschlagene Label auf Verpackungen für Verbraucher deutlich kenntlich gemacht werden. Es bietet eine Klassifizierung basierend auf den von der in Punkt 1.) genannten Organisation festgelegten Kriterien, wie Rezyklatanteil, Recyclingfähigkeit und CO_2-Bilanz. Diese Kriterien werden in qualitative Kategorien (gut = grün, mittel = orange, schlecht = rot) eingeteilt, die den Verbraucher in seiner Kaufentscheidung unterstützen können.

3) Einbindung von Stakeholdern und kontinuierliche Verbesserung

Die Einbindung von Stakeholdern und die kontinuierliche Verbesserung des Labels durch regelmäßige Überprüfungen und Anpassungen sind entscheidend für seine

Akzeptanz und Glaubwürdigkeit. Dazu gehören regelmäßige Treffen mit Vertretern aus der Industrie, Umweltorganisationen, Verbraucherschutzverbänden und der Wissenschaft, um deren Feedback zur Wirksamkeit des Labels einzuholen und Verbesserungspotenziale zu identifizieren. Externe Audits sowie Erfahrungsberichte und Erfolgsgeschichten von Unternehmen sollten ebenfalls einbezogen werden, um die Weiterentwicklung des Labels zu unterstützen, die Akzeptanz in der Branche zu erhöhen und gleichzeitig das Vertrauen zu stärken.

4) Bildungs- und Öffentlichkeitsarbeit
Ein weiterer wichtiger Schritt, der sich an den Erfahrungen von MSC und FSC orientiert, ist die Durchführung von Bildungs- und Öffentlichkeitsarbeitsprogrammen, wie zum Beispiel: Schulprogramme und Workshops zu Kunststoffrecycling, Kampagnen für Verbraucherbewusstsein, Zusammenarbeit mit Einzelhändlern und Marken, Online-Bildungsplattformen, Partnerschaften mit NGOs und Regierungen. Diese Maßnahmen zielen darauf ab, das Bewusstsein für die Bedeutung der nachhaltigen Auswahl von Kunststofferzeugnissen zu steigern, ähnlich wie es MSC und FSC für ihre jeweiligen Bereiche erreicht haben.

Die vorgeschlagene Roadmap zur Etablierung eines Nachhaltigkeitslabels für Verpackungen bietet einen umfassenden Ansatz, der sich an bewährten Zertifizierungssystemen wie MSC und FSC orientiert. Durch die Gründung einer normgebenden Organisation, transparente Kennzeichnung sowie umfassende Verbraucherinformation wird das Vertrauen in das Label gestärkt. Die kontinuierliche Einbindung von Stakeholdern und regelmäßige Anpassungen sichern die Akzeptanz und Glaubwürdigkeit des Labels. Ergänzt durch gezielte Bildungs- und Öffentlichkeitsarbeit wird das Bewusstsein für nachhaltige Verpackungsoptionen geschärft. Insgesamt stellt diese Roadmap einen vielversprechenden Weg dar, um umweltfreundlichere Verpackungslösungen zu fördern und deren Auswahl sowohl für Verbraucher als auch Unternehmen zu erleichtern.

Literatur

1. DIN EN ISO 14044, Umweltmanagement – Ökobilanz – Anforderungen und Anleitungen (ISO 14044:2006 + Amd 1:2017); Deutsche Fassung EN ISO 14044:2006 + A1:2018, EN ISO 14044:2006 + A1:2018 D, DIN Deutsches Institut für Normung e. V., Mai. 2018.
2. DIN EN ISO 14040 Umweltmanagement – Ökobilanz – Grundsätze und Rahmenbedingungen (ISO 14040:2006); Deutsche und Englische Fassung EN ISO 14040:2006, EN ISO 14040:2006 D/E, DIN Deutsches Institut für Normung e. V., Jul. 2006.

8 Ökobilanzierung der Mono-PE-Pouch173

3. R. Frischknecht, Lehrbuch der Ökobilanzierung. Berlin, Heidelberg: Springer Berlin Heidelberg, 2020.
4. European Commission, ILCD Handbook – General guide on LCA – Provisons and action steps.
5. Intergovernmental Panel on Climate Change (IPCC), Climate change 2021: The physical science basis : Working Group I contribution to the Sixth Assessment Report of the Intergovernmental Panel on Climate Change. Cambridge: Cambridge University Press, 2023. [Online]. Verfügbar unter: https://www.cambridge.org/core/books/climate-change-2021-the-physical-science-basis/415F29233B8BD19FB55F65E3DC67272B
6. P.-O. Roy, L. B. Azevedo, M. Margni, R. van Zelm, L. Deschênes und M. A. J. Huijbregts, "Characterization factors for terrestrial acidification at the global scale: a systematic analysis of spatial variability and uncertainty," The Science of the total environment, Early Access. https://doi.org/10.1016/j.scitotenv.2014.08.099.
7. R. J. K. Helmes, M. A. J. Huijbregts, A. D. Henderson und O. Jolliet, "Spatially explicit fate factors of phosphorous emissions to freshwater at the global scale," Int J Life Cycle Assess, Jg. 17, Nr. 5, S. 646–654, 2012, https://doi.org/10.1007/s11367-012-0382-2.
8. N. Cosme, M. C. Jones, W. W. Cheung und H. F. Larsen, "Spatial differentiation of marine eutrophication damage indicators based on species density," Ecological Indicators, Jg. 73, S. 676–685, 2017, https://doi.org/10.1016/j.ecolind.2016.10.026.
9. UNEP/SETAC Life Cycle Initiative, Hg., "Global Guidance for Life Cycle Impact Assessment Indicators Volume 1," 2016.
10. L. van Oers, A. de Koning, Guinee J.B. und G. Huppes, "Abiotic resource depletion in LCA -," Jun. 2002. Zugriff am: 18. November 2021. [Online]. Verfügbar unter: https://www.leidenuniv.nl/cml/ssp/projects/lca2/report_abiotic_depletion_web.pdf
11. P. Fantke et al., "USEtox® 2.0 Documentation (Version 1.00)," 2017, https://doi.org/10.11581/DTU:00000011. Zugriff am: 18. November 2021.
12. A.-M. Boulay et al., "The WULCA consensus characterization model for water scarcity footprints: assessing impacts of water consumption based on available water remaining (AWARE)," Int J Life Cycle Assess, Jg. 23, Nr. 2, S. 368–378, 2018, https://doi.org/10.1007/s11367-017-1333-8.
13. Ecoinvent. "Home – ecoinvent." Zugriff am: 11. Juli 2023. [Online.] Verfügbar: https://ecoinvent.org/
14. Carbon Minds. "Homepage – Carbon Minds." Zugriff am: 26. August 2024. [Online]. Verfügbar: https://www.carbon-minds.com/
15. "openLCA Nexus: The source for LCA data sets." Zugriff am: 12. Juli 2023. [Online]. Verfügbar: https://nexus.openlca.org/
16. Doka, G. Life cycle inventories of waste treatment services: ecoinvent report No. 13., 2003
17. Doka, G. Updates to life cycle inventories of waste treatment services – part ii: waste incineration., 2013
18. R. Meys, F. Frick, S. Westhues, A. Sternberg, J. Klankermayer, and A. Bardow, "Towards a circular economy for plastic packaging wastes – the environmental potential of chemical recycling," Resources, Conservation and Recycling, vol. 162, p. 105010, 2020, https://doi.org/10.1016/j.resconrec.2020.105010.
19. Demets R, van Kets K, Huysveld S, Dewulf J, Meester S de, Ragaert K „Addressing the complex challenge of understanding and quantifying substitutability for recycled plastics.", Resources, Conservation and Recycling 174:105826, 2021, https://doi.org/10.1016/j.resconrec.2021.105826

Open Access Dieses Kapitel wird unter der Creative Commons Namensnennung - Nicht kommerziell 4.0 International Lizenz (http://creativecommons.org/licenses/by-nc/4.0/deed.de) veröffentlicht, welche die nicht-kommerzielle Nutzung, Vervielfältigung, Bearbeitung, Verbreitung und Wiedergabe in jeglichem Medium und Format erlaubt, sofern Sie den/die ursprünglichen Autor(en) und die Quelle ordnungsgemäß nennen, einen Link zur Creative Commons Lizenz beifügen und angeben, ob Änderungen vorgenommen wurden.

Die in diesem Kapitel enthaltenen Bilder und sonstiges Drittmaterial unterliegen ebenfalls der genannten Creative Commons Lizenz, sofern sich aus der Abbildungslegende nichts anderes ergibt. Sofern das betreffende Material nicht unter der genannten Creative Commons Lizenz steht und die betreffende Handlung nicht nach gesetzlichen Vorschriften erlaubt ist, ist auch für die oben aufgeführten nicht-kommerziellen Weiterverwendungen des Materials die Einwilligung des jeweiligen Rechteinhabers einzuholen.

Kooperationsmodelle in Wertschöpfungsnetzwerken

9

Johannes Mayer, Philipp Niemietz und Thomas Bergs

Inhaltsverzeichnis

9.1 Betriebswirtschaftliche Betrachtung von Geschäftsmodellen und Incentivierungs-systemen 177
    9.1.1 Marktbezogene Grundlagen digitaler Anreizmodelle 177
    9.1.2 Methodik zur Bewertung von datengetriebenen Anwendungen 183
9.2 Digitaler Produktpass und Plattform 186
    9.2.1 Technische Anforderungen an eine Datenaustauschplattform 187
    9.2.2 Prototyp einer Datenaustauschplattform 188
    9.2.3 Technische Aspekte des LCA-Service und die Wechselwirkung zur Plattform 192
    9.2.4 Ontologie 193
    9.2.5 Praxisbeispiel Produktpass 193
Literatur 195

Wertschöpfungsnetzwerke beschreiben den Verbund von Unternehmen, deren Struktur und kooperatives Zusammenwirken mit dem Ziel gemeinsam Wert zu erschaffen. Innerhalb von PlasticBond wurde ein derartiges Wertschöpfungsnetzwerk betrachtet, um ökologische Synergien zwischen wertschöpfenden

---

J. Mayer · P. Niemietz · T. Bergs (✉)
Manufacturing Technology Institute der RWTH Aachen (MTI), Aachen, Deutschland
E-Mail: t.bergs@mti.rwth-aachen.de

J. Mayer
E-Mail: j.mayer@mti.rwth-aachen.de

P. Niemietz
E-Mail: p.niemietz@mti.rwth-aachen.de

© Der/die Autor(en) 2025
R. Dahlmann und C. Hopmann (Hrsg.), *Nachhaltige Kunststoffverpackungen aus Post Consumer-Rezyklaten*, SDG - Forschung, Konzepte, Lösungsansätze zur Nachhaltigkeit, https://doi.org/10.1007/978-3-658-48211-4_9

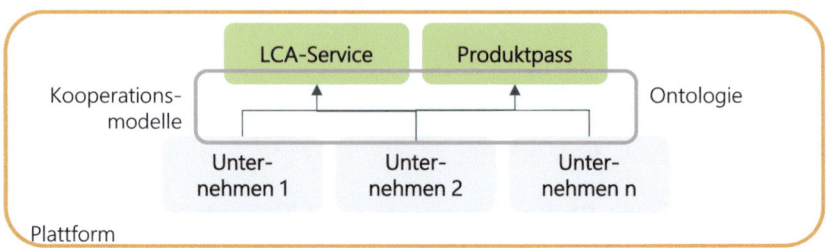

Abb. 9.1 Einordnung in das Kapitel

Unternehmen zu untersuchen. Eine Einordnung des Kapitels in den Kontext des Projekts in nachfolgender Abb. 9.1 zu sehen.

Das Wertschöpfungsnetzwerk zur Herstellung und (Wieder-)Aufbereitung von Kunststofferzeugnissen, bestehend aus rechtlich selbstständigen, zielorientiert miteinander kooperierender Unternehmen und teilt Daten untereinander, um bezogen auf die ökologische Nachhaltigkeit Potenziale zu bergen und den ökologischen Fußabdruck der Erzeugnisse nachweisen zu können. Ein Datenhandel ist in vorliegendem Projektkontext von Bedeutung, um eine produktbezogene Ökobilanz auf Basis von Primärdaten zu realisieren. Ohne einen solchen Handel beruhen die Bilanzierungsergebnisse ausschließlich auf Annahmen und Schätzwerten aus Datenbanken, sodass die Güte und Genauigkeit der Ergebnisse nicht gewährleistet werden können. Die Bilanzierung eines Produkts, welches mehrere Wertschöpfungsstufen bei unterschiedlichen Unternehmen durchlaufen hat, kann nur durch einen unternehmensübergreifenden Datenhandel über eine Plattform cradle-to-cradle erfolgen. Auch abseits der Ökobilanz ist ein Datenhandel bspw. für die Umsetzung eines Produktpasses relevant. Um an datengetriebenen Anwendungen und deren Potenzialen partizipieren zu können, ist eine umfangreiche Datenbasis sowie die Entwicklung sog. Kooperationsmodelle – Anreizmodelle zur Förderung einer Zusammenarbeit zwischen den Unternehmen und Förderung deren Beziehung – erforderlich. Es ist daher wichtig zu wissen, ob die eigene Datenbasis reicht, ob Daten externer Unternehmen der gleichen Wertschöpfungsstufe ergänzend gekauft werden sollten, um Mehrwerte zu stiften, und ob Daten externer Unternehmen einer anderen Wertschöpfungsstufe ergänzend gekauft werden sollten, um einen zusätzlichen Nutzen (z. B. Prozessparametrisierung durch Lieferantendaten) zu erzielen.

Um einen Datenhandel zu realisieren, sind wirtschaftliche und datenbezogene Aspekte zu untersuchen und für den entsprechenden Kontext anzupassen, da potenziell verschiedene Arten von unternehmensübergreifender Kooperation zum Einsatz kommen können. In Kap. 9 werden die Ergebnisse der Forschungsarbeiten in Bezug auf Kooperationsmodelle in Wertschöpfungsnetzwerken in zwei Abschnitten beschrieben. Im ersten Abschnitt werden die betriebswirtschaftlichen Aspekte eines Datenhandels behandelt. Sie repräsentieren die motivationalen Grundlagen eines Datenhandels in Wertschöpfungsnetzwerken mit dem Zweck Daten untereinander zu teilen. Im zweiten Abschnitt werden technische Details eines Datenhandels beleuchtet. Es werden die infrastrukturellen Aspekte bei Prototypenentwicklung der Datenhandelsplattform beschrieben sowie in die technischen Elemente eines Service zur Kalkulation einer Ökobilanz, einer Datenontologie und eines Produktpasses am Beispiel des Demonstrators des Projekts eingeführt.

9.1 Betriebswirtschaftliche Betrachtung von Geschäftsmodellen und Incentivierungs-systemen

Die betriebswirtschaftlichen Charakteristika von Kooperationsmodellen betreffen existierende Marktmechanismen und Incentivierungskonzepte, um einen Datenhandel zu motivieren. In Abschn. 9.1.1 werden daher zunächst die Ergebnisse zweier Marktstudien vorgestellt. Es werden die Untersuchungen zu bestehenden plattformbasierten Geschäftsmodellen im Kontext ökologischer Nachhaltigkeit, die Bereitschaft zum Teilen von Daten und die am Markt existierenden Plattformen beschrieben, um Mehrwerte für die Konzeptionierung einer anwendungsangepassten Plattform für das Forschungsprojekt abzuleiten. Es folgt in Abschn. 9.1.2 die Beschreibung einer entwickelten Methodik zur Bewertung datengetriebener Anwendungen aus den Perspektiven Nutzen und Aufwand. Die Betrachtung beider Perspektiven ist von Relevanz, um wirtschaftliche und strategische Entscheidungen bzgl. der umzusetzenden Anwendung in einem Unternehmen zu treffen. Die verfügbaren Daten fließen in die Aufwandsbetrachtung mit ein. Ein Unternehmen wird durch die Methodik befähigt, zu erkennen, ob eine angestrebte Anwendung bzw. ob eine nützliche Anwendung u. a. in Anbetracht der zugrunde liegenden Datenbasis zu realisieren ist.

9.1.1 Marktbezogene Grundlagen digitaler Anreizmodelle

Zur Untersuchung von Incentivierungskonzepten und die Entwicklung einer digitalen Plattform für einen Datenhandel wurden zwei Markstudien durchgeführt, um den Status Quo für die kunststoffverarbeitende und produzierende Industrie zu identifizieren und Forschungslücken im Kontext ökologischer Nachhaltigkeit zu identifizieren. Ökologische Nachhaltigkeit wurde durch die Anwendung der 6R der Nachhaltigkeit (Reuse, Refuse, Recycle, Rethink, Reduce, Repair) definiert. Zu Untersuchungszwecken wurden verschiedene Unternehmensdatenbanken wie Nexis Lexis und Northdata skriptbasiert analysiert. Insgesamt wurden 6 Geschäftsmodelle in etwa 50 Projekten identifiziert, darunter ein Marktplatz für Recycling-Verfahren und -Unternehmen, eine Plattform zur Optimierung der Resilienz von Unternehmen und eine Echtzeitüberwachung von Maschinenparametern. Für die identifizierten Geschäftsmodelle und Projekte wurden durch statistische und geografische Analysen wirtschaftsorientierte Rankings erstellt und regionale Hotspots festgestellt (vgl. Abb. 9.2). Insbesondere Nordrhein-Westfalen erscheint als geografisch auffälliger Standort für nachhaltigkeitsbezogene Projekte. Zusätzlich wurde vertiefend eine marktorientierte Geschäftsmodellanalyse mittels Business Model Canvas (BMC) durchgeführt. Ein besonderer Fokus lag auf der Untersuchung der Kosten- und Erlösströme, um Erkenntnisse für Incentivierungskonzepte abzuleiten. Es zeigte sich, dass die existierenden Ansätze das Preismodell eines Fixpreises bzw. eines Abonnements nutzen, um einen Datenhandel zu motivieren [1].

Nach den Einblicken in die aktuelle Marktsituation wurde in einer zweiten Studie die Nutzerakzeptanz einer möglichen Plattform für einen Datenhandel zwischen Unternehmen mit dem Zweck, die Recyclingfähigkeit sowie die ökologische Nachhaltigkeit von Produkten zu optimieren, erfragt. Hierzu wurde ein Online-Umfragetool für Projektexterne entwickelt, welches sich an der sog. Moral Machine orientiert – einer Online-Plattform, um moralische Dilemmata zu erzeugen und Informationen über die Entscheidungen zu sammeln, die Menschen zwischen zwei destruktiven Ergebnissen treffen. Mit dieser Form der experimentellen Ethik sollten die psychologischen Herausforderungen nachvollzogen werden können, die das Vertrauen in den Datenhandel untergraben könnten. Es resultierte auf Basis von vierzehn Teilnehmenden ein Stimmungsbild bzgl. der Rahmenbedingungen eines Datenhandels, des Kooperationsnetzwerks an sich, sowie des potenziellen Anreizsystems. Die Umfrageergebnisse erlaubten den Rückschluss, dass zum Zeitpunkt der Befragung keine generelle Ablehnung gegenüber einem Handel von Daten vorlagen, sondern sich die Unternehmensvertreter eine Kooperation statt einer individuellen Gewinnmaximierung wünschen. Einige der Umfrageergebnisse können den nachfolgenden Abb. 9.3, 9.4, 9.5, 9.6, 9.7, 9.8, 9.9, 9.10, 9.11, 9.12, 9.13, 9.14, 9.15, 9.16, 9.17 und 9.18 entnommen werden.

9 Kooperationsmodelle in Wertschöpfungsnetzwerken 179

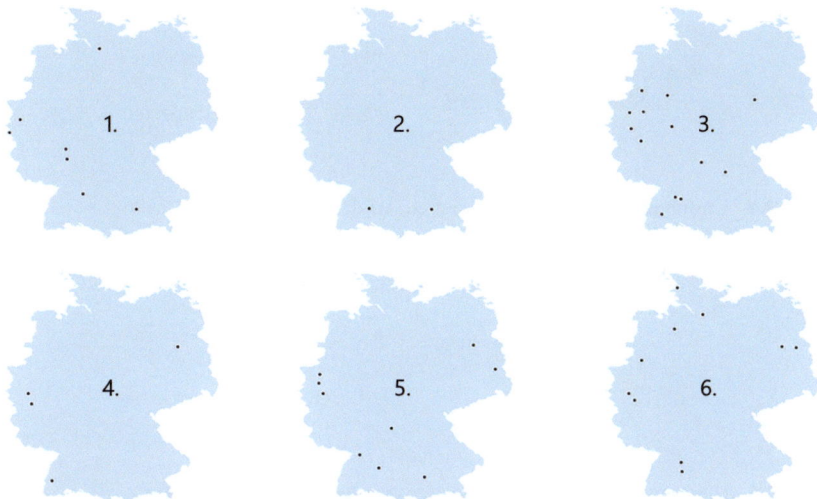

Legende:
1. Marktplatz zur Vermittlung von Recycling-Verfahren und –Unternehmen sowie zum Kauf von recyceltem Material
2. Plattform zur Optimierung der Unternehmensresilienz
3. Echtzeitüberwachung von Maschinenparameter
4. Label für nachhaltige Rohstoffe in der Supply-Chain
5. Plattform für gebrauchte Ersatzteile
6. Service für die Durchführung einer LCA (Life-Cycle Assessment)

Abb. 9.2 Geografische Hotspots identifizierter Projekte im Kontext ökologischer Nachhaltigkeit [1]

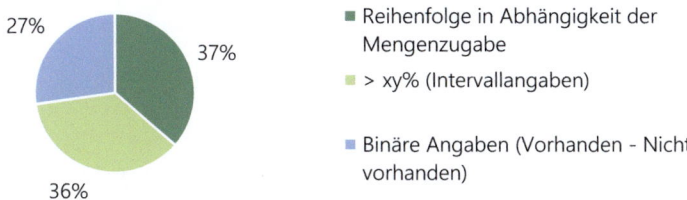

Abb. 9.3 Umfrageergebnisse zur präferierten Art der Datendarstellung

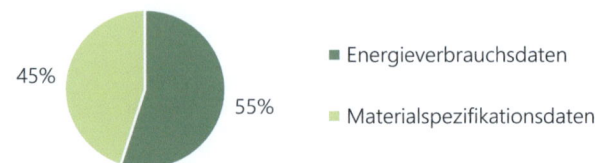

Abb. 9.4 Umfrageergebnisse zur präferierten Art der bereitgestellten Daten

Abb. 9.5 Umfrageergebnisse zur präferierten Art der konsumierten Daten

Abb. 9.6 Umfrageergebnisse zur präferierten Art der bereitgestellten Daten

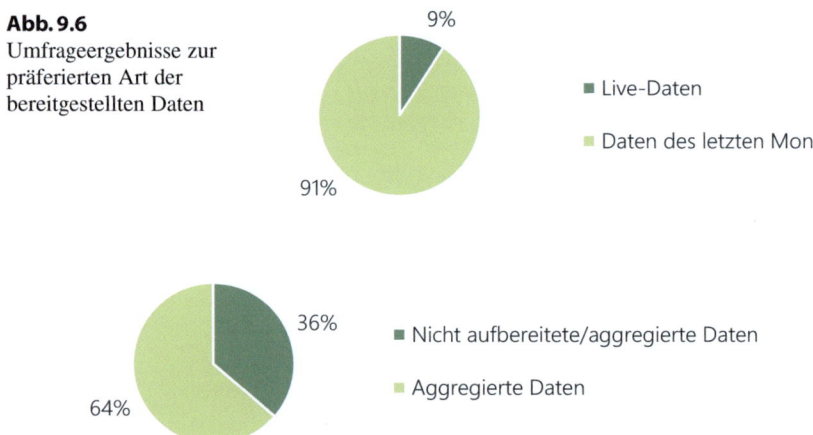

Abb. 9.7 Umfrageergebnisse zur präferierten Art der konsumierten Daten

Ein zentrales Ergebnis der Studie zeigt, dass es wünschenswert ist, Daten gleicher Art fair zu tauschen. Dies erfordert eine standardisierte Bewertung der verfügbaren Daten, sodass für das datenbereitstellende und das -entgegennehmende Unternehmen der Preis der Daten als dem wertentsprechend angesehen wird.

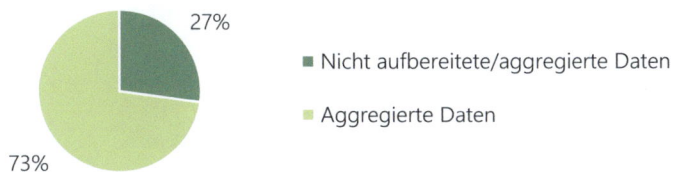

Abb. 9.8 Umfrageergebnisse zur präferierten Art der bereitgestellten Daten

Abb. 9.9 Umfrageergebnisse zum präferierten Zweck der bereitgestellten Daten

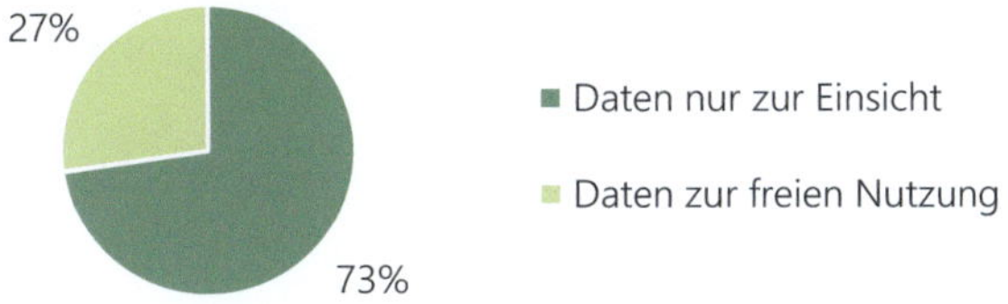

Abb. 9.10 Umfrageergebnisse zur präferierten Nutzungsdauer der bereitgestellten Daten

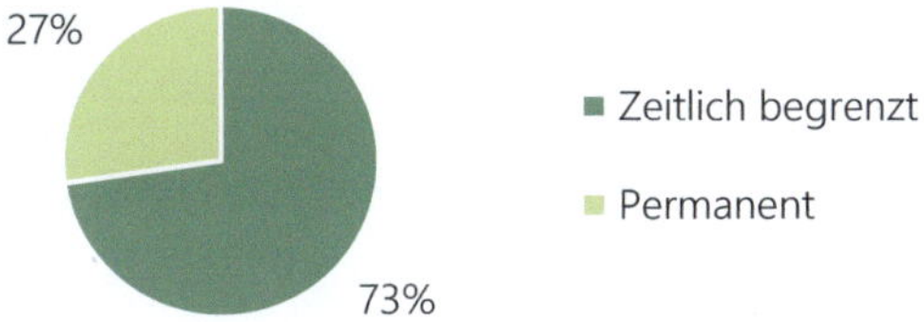

Abb. 9.11 Umfrageergebnisse zum präferierten Datenhandelspartner (Datenbereitstellung)

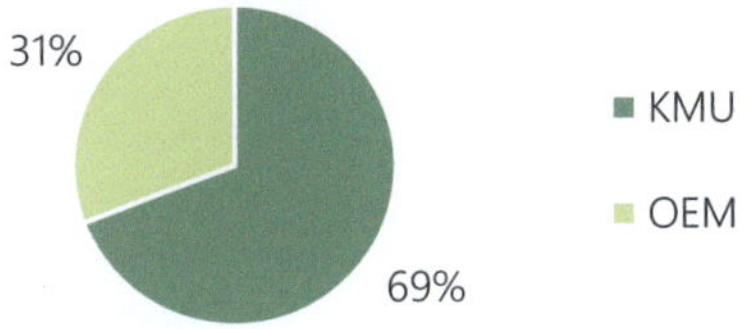

Abb. 9.12 Umfrageergebnisse zum präferierten Datenhandelspartner (Datenbereitstellung)

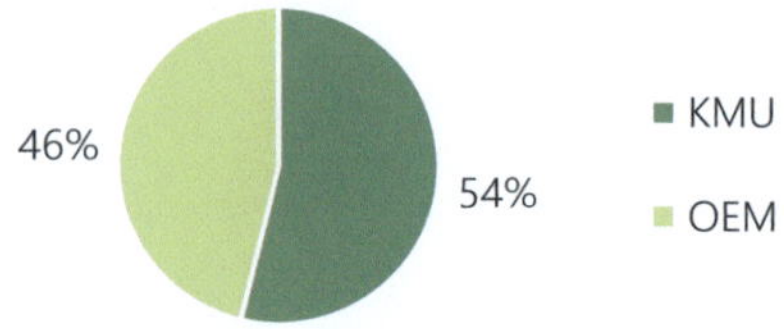

Abb. 9.13 Umfrageergebnisse zum präferierten Datenhandelspartner (Datenkonsum)

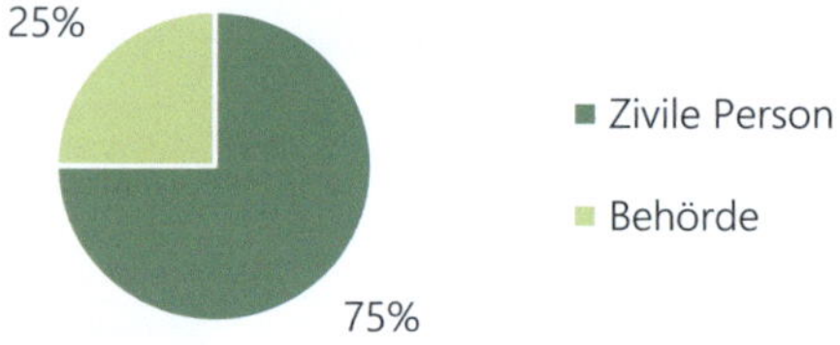

Abb. 9.14 Umfrageergebnisse zum präferierten Datenhandelspartner (Datenkonsum)

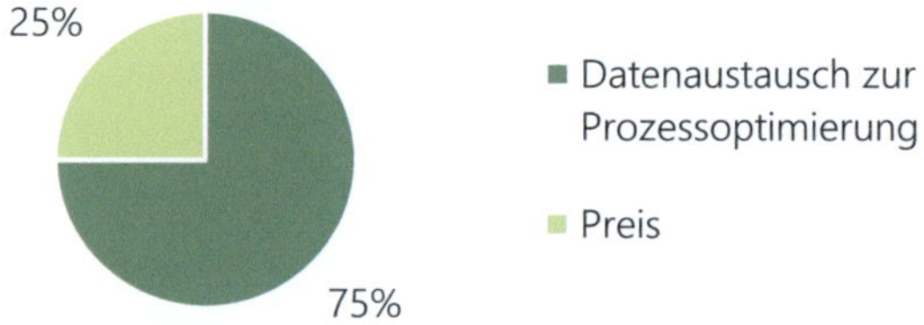

Abb. 9.15 Umfrageergebnisse zur Motivation für einen Datenhandel mit der vor-/nachgelagerten Lieferkette (Datenbereitstellung)

Abb. 9.16 Umfrageergebnisse zur Motivation für einen Datenhandel mit Wettbewerbern (Datenbereitstellung)

Abb. 9.17 Umfrageergebnisse zur Motivation für einen Datenhandel mit der vor-/nachgelagerten Lieferkette (Datenkonsum)

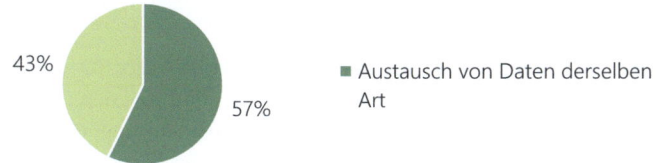

Abb. 9.18 Umfrageergebnisse zur Motivation für einen Datenhandel mit Wettbewerbern (Datenkonsum)

Es muss geklärt werden, in welchem Anwendungsfall die Daten geteilt werden und welchen Nutzen sie generieren können, um zu definieren, dass es sich um Daten gleicher Art handelt. Die Verknüpfung von Daten und Anwendungen bei der Bewertung liegt darin begründet, dass Daten ohne Anwendungsbezug bzw. Kontext keinen Mehrwert generieren können. Stattdessen benötigen sie eine Aufbereitung und Strukturierung, um als Informationen in Modellen im Kontext einer Anwendung wie bspw. „Predictive Quality" oder „Energymonitoring" zielorientiert Mehrwerte zu stiften. Eine derartige standardisierte Bewertung existiert am Markt bisher nicht. Im nachfolgenden Kapitel wird daher konzeptionell eine Methodik zur Bewertung datengetriebener Anwendungen vorgestellt.

9.1.2 Methodik zur Bewertung von datengetriebenen Anwendungen

Im Forschungsverbund wurde eine Methodik zur Bewertung von datengetriebenen Anwendungen entwickelt, welche den Nutzen und Aufwand der Anwendung untersucht, quantifiziert und miteinander vergleicht. Die entwickelte Methodik ist unabhängig des Anwendungsfalls der Ökobilanzierung anwendbar und dient dazu, die bestmögliche Anwendung auf Basis der verfügbaren Datenbasis zu identifizieren. Im ersten Schritt werden Nutzenaspekte ausgewählter datengetriebener Anwendungen auf Fertigungsprozessebene definiert. Auf Basis dieser wird eine Quantifizierung des Nutzens je Anwendung vorgenommen. In einem zweiten Schritt wird der Aufwand aus einer datengetriebenen und technologischen Perspektive bewertet. Mithilfe der TOPSIS-Methode aus der Entscheidungstheorie werden die Nutzen- und Aufwandsbewertungsergebnisse vereint und in einen Skalarwert zur Entscheidungsfindung überführt [2]. Mithilfe dieses Ergebnisses ist es für Unternehmen möglich, zu entscheiden, welche Anwendung sie aus Nutzen-Aufwandsperspektive am ehesten umsetzen sollten bzw. welche Hürden in Bezug auf den datengetriebenen oder technologischen Aufwand zu nehmen sind, um eine präferierte Anwendung zu realisieren.

Zu Beginn des Konzepts wurden auf Basis einer Literaturrecherche relevante datengetriebene Anwendungen identifiziert und zu den Anwendungen „Datenbasierte Instandhaltung", „Produktqualitätsüberwachung und –prognose", „Prozessüberwachung und -optimierung", „Optimierung des Energieverbrauchs", „Produktpass" und „LCA" klassifiziert. Auf Basis dieser Grundlage wurden auf Nutzenseite mithilfe einer Literaturrecherche Nutzenaspekte für Prozessdaten in den definierten Anwendungen und in Bezug auf regulatorische Anforderungen abgeleitet und kategorisiert. Zur Quantifizierung des Nutzens sind die Subjektivität in Form des Bedarfs des Unternehmens und die Wechselwirkungen zwischen den definierten Nutzenaspekten von Relevanz.

Um die Subjektivität zu erfassen, wurde in Form eines paarweisen Vergleichs der Nutzenkategorien und -aspekte der Handlungsbedarf des Unternehmens erfragt, der mithilfe der zu quantifizierenden Datenbasis behandelt werden soll. Da bei dieser Quantifizierung Unsicherheiten in Entscheidungssituationen infolge der menschlichen Wahrnehmung auftreten können, wurde hierfür die Fuzzy-Logik in Form einer fuzzyfizierten Skala der relativen Wichtigkeit verwendet. Die Skala der relativen Wichtigkeit reicht von 1–9. Bei Indifferenz zwischen zwei Optionen wird eine Bewertung von „1" vergeben. Verfügt Option A über maximale Bedeutung im Vergleich mit Option B, lautet der Bewertungsscore „9". Die Fuzzy-Logik dient der mathematischen Modellierung von Unschärfe und umgangssprachlichen Beschreibungen. Trianguläre Fuzzy-Zahlen können genutzt werden, um die inhärente Unschärfe einer linguistischen Einschätzung des Entscheidungsträgers zu kompensieren, da für jede Einschätzung eine Spannweite von drei Bewertungen berücksichtigt wird. Die Ergebnisse der Bewertung für die Nutzenkategorien und -aspekte wurden in reziproken Matrizen der Wichtigkeit abgebildet. Aus diesen Matrizen wurde ein Vektor erstellt, der die Wichtigkeit der Nutzenaspekte in einfacher, kompakter Form durch numerische Werte darstellt.

Die Nutzenaspekte bestimmen die Quantifizierung des Gesamtnutzens einer Anwendung. Vor einer Quantifizierung ist die Beziehung zwischen den Aspekten zu analysieren, da diese in der Entscheidungstheorie die zu verwendende Methode der Quantifizierung bestimmt. Die Wechselwirkungen zwischen den Nutzenaspekten repräsentieren ein netzwerkähnliches Entscheidungsproblem. Zur Lösung dieses Problems wurde daher der Analytical Network Process angewandt. Um alle Wechselwirkungen zu erfassen, wurde erneut eine Literaturrecherche durchgeführt. Nutzenkriterien mit hoher Wechselwirkung wurden zu Clustern (Kategorien) zusammengefasst, welche anschließend auf Abhängigkeiten untereinander untersucht wurden. Im Anschluss wurde der Einfluss aller Nutzenaspekte (NA),

Kategorien sowie deren Abhängigkeiten auf das Ziel analysiert und in Evaluationsmatrizen überführt. Für die Bewertung wurden paarweise Vergleiche zwischen den Elementen anhand einer Skala von 0 bis 2 genutzt. Es wurden Evaluationsmatrizen für die Cluster/Kategorien der NA und Matrizen für die einzelnen Elemente eines Clusters/NA erstellt. Mithilfe der Evaluationsmatrizen wurden die Auswirkungen auf die einzelnen Elemente eines Clusters auf das jeweilige Cluster selbst untersucht. Im nächsten Schritt wurden aus den jeweiligen Evaluationsmatrizen erneut Vektoren erstellt, welche die Wichtigkeit abbilden. Anschließend wurde auf Basis der Vektoren die sog. gewichtete Supermatrix gebildet. Die gewichtete Supermatrix stellt die Einflüsse aller Modellelemente (subjektive Präferenzen (K1, K2, K3), Wechselwirkungen der NA im Entscheidungsnetzwerk) untereinander dar. Um einen numerischen Nutzenwert je Nutzenaspekt zu erhalten, wurde die oben dargestellte Matrix so lange mit sich selbst potenziert, bis die Werte einer Reihe der Supermatrix zu einem Wert konvergierten.

Zur Quantifizierung des Aufwands wurde ein datenseitiger und ein technologischer Aufwand definiert. Der datenseitige Aufwand wurde in Subkategorien unterteilt: Zunächst erfolgte ein Abgleich zwischen den Soll-Daten eines jeden Anwendungsfalls und den Ist-Daten, die ein Unternehmen erfasst. Im zweiten Teil wurde die sog. Prozessabdeckung evaluiert. Hierbei wurde die Frage beantwortet, wie viel Prozent des Prozesses sensorisch abgedeckt werden. Final wurde beim Datenaufwand evaluiert, welche Prozessleistungskennzahlen nach ISO 22400 (wie OEE, Ausschussverhältnis, Prozessfähigkeitsindex, Energieverbrauch, -effizienz) erfasst/abgebildet werden können. Innerhalb des technischen Aufwands wurde bewertet, welche Erfahrung im Unternehmen bzgl. des spezifischen Methodeneinsatzes und beim Datenaustausch vorliegt. Dies ist erforderlich, da wie eingangs beschrieben, davon ausgegangen wird, dass nach Aufbereitung die Daten in Modellen in Mehrwert innerhalb einer Anwendung überführt werden.

Die Bewertungsergebnisse Nutzen und Aufwand wurden final mithilfe der TOPSIS-Methode vereint. Dabei wurde die Prämisse verfolgt, dass Nutzen und Aufwand als gleichgewichtet zu betrachten sind. TOPSIS berechnet sowohl die Distanz (euklid. Distanz) zur positiven idealen Lösung D_i^+ und den Abstand zur negativen idealen Lösung D_i^-. Es wird diejenige Anwendung empfohlen, welche den geringsten Abstand (euklid. Distanz) zur positiven idealen Lösung D_i^+ und den größten Abstand zur negativen idealen Lösung D_i^- aufweist. In untenstehender Abb. 9.19 ist das schematisch dargestellt. Für zehn Anwendungen wurden auf Basis der quantifizierten Ergebnisse für Nutzen und Aufwand die Distanzen berechnet. Die Anwendung, deren euklidische Distanzen mit den gestrichelten Linien eingezeichnet wurden, repräsentierte die beste Anwendung.

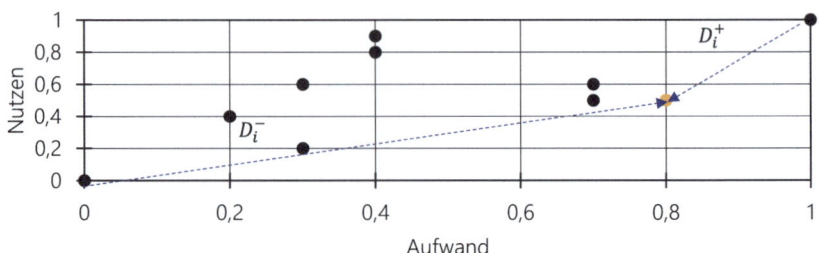

Abb. 9.19 Schematische Darstellung der Zusammenführung von Nutzen und Aufwand mittels TOPSIS

Abschließend ist zu resümieren, dass es mithilfe des Bewertungskonzepts möglich ist, den Nutzen und den Aufwand zu quantifizieren, vergleichbar zu machen und Anwendungen zu ordnen, um die bestmögliche Anwendung zu identifizieren. Unternehmensindividuell können Entscheidungen hinsichtlich der geeignetsten datengetriebenen Anwendung unter Berücksichtigung der individuellen Präferenzen, der Datenbasis und der Methodenkompetenz treffen.

9.2 Digitaler Produktpass und Plattform

Mit den Inhalten im Bereich der Geschäftsmodelle und Incentivierungskonzepte aus dem vorherigen Abschnitt wurden die motivationalen Grundlagen für einen Datenhandel in einem Kooperationsnetzwerk betrachtet. Neben einer Motivation benötigt es für einen Datenhandel eine entsprechende technische Infrastruktur, die Anbindung von Unternehmen und die Konzeptionierung von Anwendungen wie einem Service zur Ökobilanzierung oder einem digitalen Produktpass. Im nachfolgenden Abschnitt werden daher die technischen Details eines Datenhandels beleuchtet. Im ersten Abschnitt werden die technischen Anforderungen an eine Datenhandelsplattform und deren Prototypenkonzeptionierung beschrieben. Der zweite Abschnitt beinhaltet die einzelnen Schritte der Konzeptionierung der Plattform, beginnend bei theoretischen Technologiebewertungen bis hin zur praktischen Umsetzung bei Industriepartnern des Konsortiums PlasticBond. Im dritten Abschnitt werden die technischen Details eines LCA-Service dargestellt. Abschließend werden die Arbeiten zur Ontologie im vierten Abschnitt aufgeführt, welche eine einfache Teilnahme an einem Datenhandel und den Daten-Services dienen soll. Final wird im fünften Abschnitt das Praxisbeispiel des digitalen Produktpasses am Demonstrator des Projekts vorgestellt. An dieser Stelle sei darauf hingewiesen, dass für die Plattform zum Handeln von Daten in diesem Bericht verschiedene Begriffe verwendet werden, die inhaltlich als Synonyme betrachtet werden können. Eine Datenaustauschplattform ist gleichzusetzen mit einer Handelsplattform oder einer Art Marktplatz, auf welchem Daten wie auf einem Wochenmarkt gehandelt werden. Der Begriff „Market" repräsentiert das Gleiche, ist jedoch ein definierter Begriff des technischen Unterauftragnehmers zur Umsetzung des Prototyps einer Datenhandelsplattform.

9.2.1 Technische Anforderungen an eine Datenaustauschplattform

Vor der Entwicklung eines Prototyps für eine Plattform zum Datenhandel wurde der aktuelle Stand der Datenerfassung und -verarbeitung der vor- und nachgelagerten Wertschöpfungskette jedes einzelnen Fertigungsschrittes des Kooperationsnetzwerks zur Kunststoffverarbeitung und -entsorgung untersucht, um anschließend bspw. geeignete Schnittstellen zu konzipieren. Dies umfasste die Definition der Datenaufnahmeformate und (typischen) Datenablageorte (Lokale Datenbanken, ERP-/MES-Systeme) sowie die Klassifikation der LCA-relevanten Daten hinsichtlich der Sensibilität. Datenformate sind wichtig für den geregelten Datenaustausch zwischen Unternehmen. Sie haben Einfluss auf die Flexibilität, die Verständlichkeit und den Aufwand eines Datenaustauschs. CSV-, XML- und JSON-Formate gehören zu den gängigsten Datenformaten der Unternehmen des PlasticBond Konsortiums. Ihre Verwendung hängt von den Eigenschaften der verfügbaren Daten ab. Datenstandards ermöglichen durch ein Vereinheitlichen von Datentypen die gemeinsame Nutzung von Daten zwischen mehreren Parteien. Die bekanntesten Datenstandards, IEC 61360, ECLASS und ETIM unterstützen den internen/externen Informationstransport, klassifizieren und beschreiben Produkte und Dienstleistungen, sodass die Daten für jeden lesbar sind, und erlauben den elektronischen Datenaustausch zu automatisieren. Um den Zugriff auf Daten von Maschinen und Produktionsanlagen zu vereinfachen, werden offene Datenprotokolle wie MQTT, MTConnect und OPC UA verwendet. Mithilfe dieser Protokolle ist es möglich, Anlagen- und Steuerungsinformationen auszulesen und die Daten in ein standardisiertes Format zu konvertieren. Ein beispielhafter Datenverlauf eines Produktionsschritts beginnt bei einem Eintrag in einer lokalen Datenbank bzw. in speicherprogrammierbaren Steuerungen (SPS, für Prozessdaten). Dieser gelangt über OPC UA zum IoT-Gateway. Via MQTT oder http-Anfragen erfolgt die Anbindung an einen Cloudserver. Ein dezentrales Vorhalten der Daten wahrt die Hoheit des Datenerzeugers, bis über das Anbieten von Metadaten und der Kontaktaufnahme mit einem Dateninteressenten über z. B. eine zentrale Handelsplattform eine Datennutzung ausgehandelt wurde.

Daten, welche für die Nutzung des LCA-Services benötigt werden, werden von Unternehmen oft als zu sensitiv für einen offenen Datenaustausch eingestuft. Daher wird in Anlehnung an die „Differential Privacy" zwischen öffentlich verfügbaren und privaten Prozessdaten unterschieden. „Öffentlich verfügbar" bedeutet, dass Teilnehmer eines Wertschöpfungskreislaufs auf diese Daten Zugriff haben, um die Validität der berechneten CO_2-Äquivalente zu prüfen. Sensitive Daten wie Zykluszeiten oder Kundeninformationen aus den MES- und ERP-Systemen können von einem Datenhandel bzw. der Einsicht ausgeschlossen werden und sind nicht in den Metadaten zum Datensatz enthalten. Eine Referenzvektormethodik ermöglicht im Bedarfsfall dennoch auf sensitive Daten zuzugreifen. Sie informiert, ob die vom Unternehmen als sensitiv klassifizierten Daten bekannt sind (true/false). Ein Austausch derartiger Daten würde ausschließlich dezentral und peer-to-peer (P2P) verlaufen.

Vor der Plattformentwicklung wurden die Anforderungen des Konsortiums durch Workshops sowie ergänzend durch Literaturrecherchen identifiziert und in einem Lastenheft notiert, um die Grundgesamtheit der kundenbezogenen Bedarfe an eine Handelsplattform zu beschreiben. Mittels Literaturrecherche, Text Mining Verfahren, Expertenbefragungen sowie Methoden der Prozessoptimierung nach SixSigma (z. B. FMEA) wurden im Konsortium 14 Anforderungsklassen an die Plattform sowie charakteristische Anforderungsmerkmal definiert. Das finale Lastenheft in Form eines morphologischen Kastens verfügt über ca. 60 Merkmale mit über 180 potenziellen Ausprägungen. Ein Ausschnitt des Lastenhefts ist in nachfolgender Tab. 9.1 zu sehen.

9.2.2 Prototyp einer Datenaustauschplattform

Zur Prototypenentwicklung wurde ein Unterauftrag vergeben. Der Unterauftragnehmer senseering GmbH erstellte auf Basis des beschriebenen Lastenhefts im vorherigen Abschnitt zunächst ein Pflichtenheft mit allen (sicherheits-) technischen und infrastrukturellen Eigenschaften der Plattform, welche die Anforderungen der Kunden bedienen. Um die zugrunde liegende Technologie der Handelsplattform zu wählen, wurde neben der Identifikation der Anforderungen

Tab. 9.1 Ausschnitt des Lastenhefts für die Plattform zum Handel von Daten im PlasticBond-Konsortium

Merkmalklasse	Merkmal
Anwendungsbezogen	Analysefunktion: Aufstellen und Rechnen der LCA
	Berechnungsgrundlage der LCA
	Transparenz öffentlicher Datenbanken (EcoInvent, GaBi…)
	Abbilden LCA
	Abbilden Produktpass und Digitaler Produktzwilling
	Schnittstellen zu Datenablageorten
	Datenhaltung
	Plattformoffenheit
Ökologie	Data Processing
Ökonomie	Energieeffizienz bei Infrastrukturauswahl
	Investitionskosten
	Kosten für Soft- und Hardware
Usability	Betriebskosten (Bereitstellungs- oder Transaktionskosten)
	Code-basierte Anbindung von Datenquellen (Drag & Drop)
	Benutzeroberfläche LCA-Service
	Verfügbarkeit des Service
	Konsistenz
	Selbstbeschreibungsfähigkeit
	Genauigkeit

eine Technologiebewertung mithilfe des Einsatzes mehrerer Methoden vorgenommen. Die Auswahl der Methoden erfolgte anhand der nachfolgend dargestellten Kriterien (Abb. 9.20).

Um zu entscheiden, ob eine zentrale oder verteilte Architektur die Basis der Plattform definieren soll, wurde sich methodisch für die S-Kurven-Analyse inkl. der Betrachtung der aktuellen Patentsituation (Technologieprognose), Bass Diffusion Model (Marktanalyse), Probabilistic Risk Assessment Process (Risikoanalyse), Total Cost of Ownership (Wirtschaftlichkeitsanalyse), PESTEL-Analyse (Einflussanalyse) entschieden. Stellvertretend für eine zentrale Architektur wurden die Methoden für die AWS-Cloud angewandt [3], für die verteilte Anforderungen wurde die Bitcoin Blockchain untersucht. Die beiden Repräsentanten für die Architekturvarianten wurden aufgrund der Menge an verfügbaren Informationen im Vergleich zu alternativen Technologien ausgewählt. Es resultierte ein ausgeglichenes Endergebnis, welches bei der Prototypentwicklung der Plattform berücksichtigt wurde.

Der Prototyp wurde auf Basis der bestehenden Datenaustausch-Plattform des Unterauftragnehmers senseering aufgebaut, da diese bereits über einige der

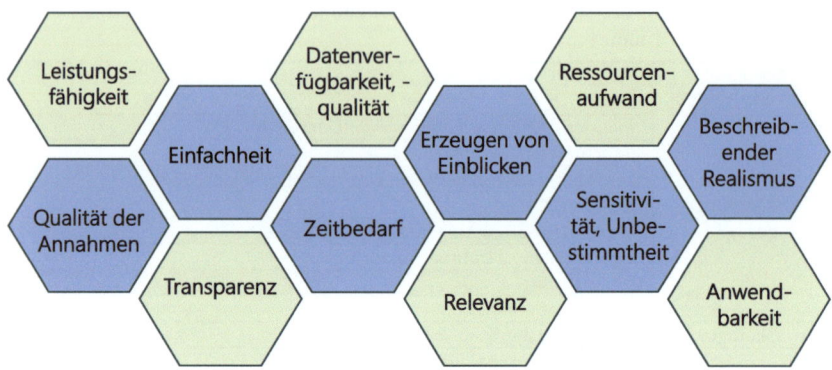

Abb. 9.20 Kriterien zur Auswahl der Technologiebewertungsmethoden

identifizierten Kernanforderungen für einen Prototyp verfügte und somit der Fokus auf die Entwicklung fehlender Funktionalitäten gelegt werden konnte. Die prototypische Plattform erlaubt in ihrer Kernfunktionalität Daten lokal in Unternehmensnetzwerken zu speichern, jedoch sichtbar für Plattformteilnehmer zu machen, sodass Datentauschanfragen auf Basis eines zentralen „Katalogs" umgesetzt werden können. Die Entscheidung, ob Daten getauscht, oder verkauft werden, liegt bei den Datenbesitzer selbst. Die Architektur besteht aus dem Marktplatz (Market), welcher wiederum zu lokal in Organisationen verwalteten Registern (Manager) verbunden ist. Jeder Manager wiederum ist zu mindestens einer Datenquelle (Worker) verbunden, welche Daten in das Managementsystems des Managers überträgt. (s. Abb. 9.21). Diese Manager dienen als Datenspeicher und ermöglichen das Verwalten und Überwachen angeschlossener Datenquellen. Jeder Manager ist Eigentum eines Nutzers der Plattform und umfasst eine API, die die Kommunikation und den Datenaustausch mit Nutzern, anderen Managern und Datenquellen ermöglicht. Die flexible Speicherung der Daten erfolgt in einer NoSQL-Datenbank, während eine SQL-Datenbank zur Verwaltung von Metadaten und Optimierung der Rohdatenverwaltung dient. Datenströme aus unterschiedlichen Kommunikationsstandards wie MQTT oder OPC-UA werden über den Worker in ein lesbares und einheitliches Format als JSON transformiert und über HTTP an eine Schnittstelle weitergeleitet. Der Worker bereitet verschiedene industrielle Kommunikationsstandards für den Manager vor und basiert auf Skripten, die Daten konsumieren und transformiert einem Manager weiterleiten. Der Market fungiert als Authentifizierungsstelle und regelt den Zugriff aller Teilnehmer auf die verschiedenen Knoten.

9 Kooperationsmodelle in Wertschöpfungsnetzwerken

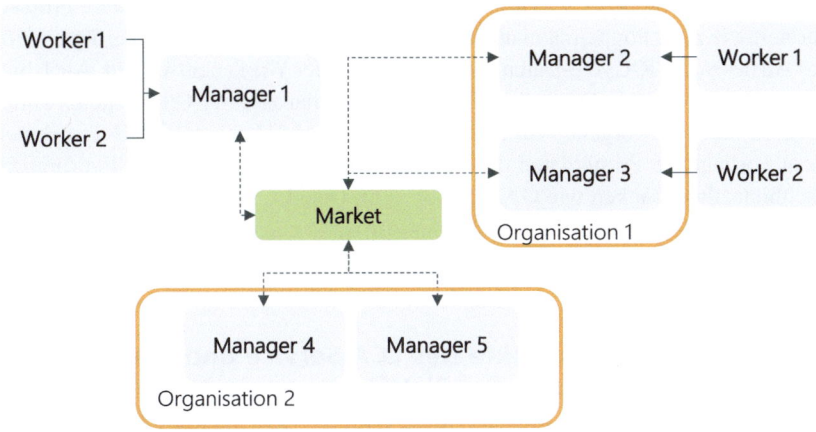

Abb. 9.21 Schaubild zum Aufbau des Prototyps

Zwischenfazit zur Plattform

Die gewählte Plattform des Unterauftragnehmers senseering GmbH wurde speziell für Zeitreihendaten entwickelt, welche eigentlich deutlich höhere Speicherkapazitäten benötigen als die eher überschaubare Menge an Metadaten in vorliegendem Anwendungsfall der Ökobilanzierung. Die Eignung ist für den vorliegenden Kontext folglich nicht effizient genug.

Zur Validierung des Konzepts und Ermittlung des ökologischen Fußabdrucks des Demonstratorprodukts wurden mögliche Schnittstellen zu den Datenspeicherorten der Reifenhäuser Gruppe, Brückner Group SE und Pöppelmann analysiert und entwickelt. Eine Anbindungsmethode umfasste z. B. die Verbindung über eine an die Produktionsanlage verbundene Middleware (Schicht zwischen Betriebssystem und Anwendungen), z. B. die der Reifenhäuser Gruppe, und über einen dort aufgesetzten OPC UA Server, um die LCA-Daten zur Verfügung zu stellen. So konnte der LCA-Service (siehe Kap. 8) bspw. auf reale Primärdaten einer Blasfolienanlage zugreifen. Da eine direkte Anbindung über OPC-UA innerhalb der Projektlaufzeit nicht möglich war, wurde die Anbindung dieser Daten über die Worker-Technologie und CSV-Dateien simuliert. Eine weitere Methode umfasste das Auslesen der Daten aus den bei R-Cycle [4], einer unternehmensübergreifenden Initiative zur Rückverfolgung von Kunststoffverpackungen, gehosteten digitalen Produktpässen (DPP), für die die Maschinenhersteller, wie z. B. Brückner und die

Reifenhäuser-Gruppe, bereits eine Anbindung etabliert hatten und weitere Projektpartner, wie z. B. Pöppelmann auch über Beispielprodukte mit DPP verfügten. Für das Auslesen der R-Cycle-Daten wurde ein spezieller Worker entwickelt. Auch hier wurden evtl. fehlende Daten während der Projektlaufzeit mit CSV-Dateien simuliert. Gemäß dem Vorgehen zur Durchführung einer LCA werden im Unternehmen nicht vorliegende Primärdaten durch Sekundärdaten aus kommerziell verfügbare Sachbilanzdatenbanken wie GABI, Ecoinvent, OpenLCA ergänzt. Dies verringert die Güte der Bilanzierung und erhöht den Aufwand einer automatisierten LCA.

9.2.3 Technische Aspekte des LCA-Service und die Wechselwirkung zur Plattform

Der LCA-Service nutzt die auf dem Marktplatz verfügbaren Daten bzw. die der Manager-Knoten, um die Fertigungsprozesse zu bilanzieren. Falls keine realen Daten vorhanden sind, können diese über Schnittstellen zu LCA-Datenbanken (z. B. GABI, EcoInvent, ProBas) ersetzt werden. Zu den möglichen Ergebnissen des Services zählen CO_2e pro funktionelle Einheit und die Güte der LCA-Berechnung.

Die Basis-Implementierung zur Kalkulation der CO_2e pro funktionelle Einheit erfolgte auf der Cloud-Plattform AWS. Dort wurde eine auf Nuxt 3 basierende Progressive Web-App (PWA) gehostet, die es Benutzern ermöglicht, Prozesse zu konfigurieren sowie Routing-Informationen zu angebundenen Datenquellen zu importieren. Diese Konfigurationen wurden über ein geeignetes Backend, das auf AWS-Lambda basiert, in einer SQL-Datenbank gespeichert. Die Applikation wurde um eine Rechen-Komponente erweitert, um zeitintensive Analysen durchzuführen und die Ergebnisse für die Nutzer in einer Datenbank abzulegen. Die Berechnung der Ökobilanz basierte auf der bestehenden Softwarelösung Brightway2, einer umfangreichen, python-basierten Open-Source-Lösung zur Bilanzierung von Prozessen.

Zwischenfazit zur Wechselwirkung aus LCA-Service und Plattform
Für den LCA-Service wurde sich aufgrund der Kompatibilität mit einer API-Anbindung für Brightway2 entschieden, da vergleichbare Alternativen API-lose Desktopanwendungen sind. Bei diesen müssen alle prozessspezifischen Daten zunächst in der Brightway-internen Datenbank hinterlegt werden, bevor eine Analyse durchgeführt werden kann. Während der Umsetzung wurde erkannt, dass die Komplexität der zugrunde liegenden Berechnungen zu hoch ist, um eine hohe Frequenz von Anfragen effizient verarbeiten zu können.

9.2.4 Ontologie

Die Grundlage automatisierter Datenservices wie einer LCA, insbesondere wenn Daten diverser Unternehmen in einem Modell/Service kombiniert werden sollen, ist ein einheitliches Datenformat, damit der Ursprung der Daten valide ist. Es bedarf einer Standardisierung im Sinne einer Ontologie direkt nach Datenerfassung über die Unternehmensgrenzen hinweg, um ein einheitliches Datenformat zu garantieren. Es wurde daher eine Ontologie entwickelt, die die unterschiedlichen Wertschöpfungsschritte abbildet und ein Datenmapping pro Unternehmen zulässt, ohne die individuellen Situationen hinsichtlich Datenverfügbarkeit (z. B. maschinengenaue Aufschlüsselung der Daten) zu missachten. Diese Ontologie fungierte als zugrunde liegende Quellkarte zum Bezug von Informationen je Prozessschritt und bildete unterschiedlich granulare LCA-relevante Daten ab. Beispielhaft ist in Abb. 9.22 ein Auszug aus der Ontologie für den Prozessschritt des Spritzgießens visualisiert.

9.2.5 Praxisbeispiel Produktpass

Ein Produktpass beschreibt ein digitales Konzept zur Digitalisierung und Modernisierung von Produktdaten aus allen Lebenszyklusphasen dar, um die Industrietransformation hin zur Kreislaufwirtschaft und Kohlenstoffneutralität zu unterstützen. [5] Wertschöpfungspartner können mithilfe dieses Konzepts eine digitale Transparenz hinsichtlich relevanter Produktdaten und Informationen für die Partner schaffen [6]. Neben umweltrelevanten Information beinhaltet ein digitaler Produktpass in der Regel auch Informationen bezüglich der Produktqualität wie Form, Geometrie oder mechanische Belastbarkeit eines Produkts.

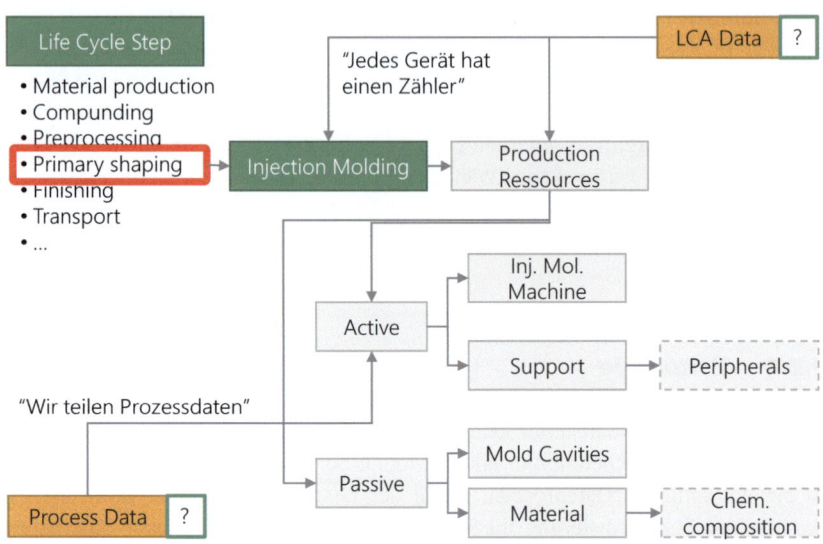

Abb. 9.22 Auszug aus der Ontologiedefinition als Entity-Relation-Diagramm für den Bereich Spritzgießen

[7] Die Umsetzung eines Produktpasses in PlasticBond orientiert sich am Vorgehen der R-Cycle Initiative. Die Erfassung und Aggregation relevanter Daten des Kunststoffverpackungsdemonstrators erfolgte gemäß EPCIS-Standard nach GS1 in jedem Prozessschritt. Von der Produktionsanlage werden die Daten automatisch an das Repository von R-Cycle als zentraler Speicher gesendet. Dies erfordert die Anbindung der Anlagen der Wertschöpfungspartner und die Konzeptionierung geeigneter Schnittstellen, wie in Abschn. 9.1.4 beschrieben. Ein in der Anlagensteuerung erzeugter Aufkleber ermöglicht via QR-Code Zugang zu den gespeicherten Daten.

Neben Folienherstellern sind in das Konzept des Produktpasses auch Rezyklathersteller eingebunden. Dies gewährleistet eine Rückverfolgbarkeit des eingesetzten Rezyklats in der produzierten Folie. Werden an der Maschine die Daten nicht sensorisch erfasst und automatisch an den Speicher gesendet, können relevante Produktdaten inkl. recycling-relevanter Attribute auch manuell GS1-konform (GS1-Standard Circular Plastics Traceability) protokolliert werden. Im Kontext der Demo-Pouches des Projekts PlasticBond sind die einzelnen Prozessschritte des Demonstrators zu betrachten (s. Kap. 5). Neben dem eingesetzten

Rezyklat sind u. a. die Herstellungsschritte für die BOPE-Folie und Siegelfolie sowie der Schneidprozess („Slitting") abgebildet. Für das Rezyklat der Siegelfolie können Informationen bis zur zugrunde liegenden DSD-Fraktion (Prozessschritt „Sorting") zurückverfolgt werden. Der Digitale Produktpass ist über einen Link bzw. QR-Code abrufbar. Die Daten in diesem Pass wurden zur Einsicht für jedermann (d. h. auch ohne Anmeldung im System) freigeschaltet. Durch das Rechte- und Zugriffsmanagement bestimmt der Datenbereitstellende, wer welche Daten lesen kann. Über die Links im Prozessbaum (Packaging Tree) kann auch auf die detaillierten Daten der Vorprozesse zugegriffen werden.

Der beschriebene digitale Produktpass demonstriert durch die systematische, GS1-konforme Erfassung von Prozess- und Produktdaten entlang der gesamten Wertschöpfungskette, wie eine lückenlose Rückverfolgbarkeit von Kunststoffprodukten und ihren Rezyklaten erreicht werden kann. Die Kombination aus flexibler Datenerfassung, differenziertem Zugriffsmanagement und standardisierten Schnittstellen bildet damit eine vielversprechende Grundlage für die weitere Digitalisierung der Kunststoffbranche und deren Transformation hin zu einer transparenten Kreislaufwirtschaft.

Literatur

1. Niemietz, P.; Kaufmann, T.; Mayer, J.; Engels, M.; Schleicher, J.; Bergs, T.: Platform-based, ecological business models in the plastics industry; 2023; https://doi.org/10.31224/2743
2. Chakraborty, S: TOPSIS and Modified TOPSIS: A comparative analysis; Decision Analytics Journal; Vol. 2; 2022; ISSN 2772–6622; https://doi.org/10.1016/j.dajour.2021.100021.
3. https://calculator.aws/#/
4. https://www.r-cycle.org/
5. Koppelaar, R. H. E. M.; Pamidi, S.; Hajósi, E.; Herreras, L.; Leroy, P.; Jung, H.-Y.; Concheso, A.; Daniel, R.; Francisco, F. B.; Parrado, C.; Dell'Ambrogio, S.; Guggiari, F.; Leone, D.; Fontana, A.: A Digital Product Passport for Critical Raw Materials Reuse and Recycling. In: Sustainability, 15. Jg., 2023, Nr. 2, S. 1405
6. Jensen, S. F.; Kristensen, J. H.; Adamsen, S.; Christensen, A.; Waehrens, B. V.: Digital product passports for a circular economy: Data needs for product life cycle decision-making. In: Sustainable Production and Consumption, 37. Jg., 2023, S. 242–255
7. Jansen, M.; Gerstenberger, B.; Bitter-Krahe, J.; Berg, H.; Sebestyén, J.; Schneider, J.: Current approaches to the digital product passport for a circular economy an overview of projects and initiatives (2022)

Open Access Dieses Kapitel wird unter der Creative Commons Namensnennung - Nicht kommerziell 4.0 International Lizenz (http://creativecommons.org/licenses/by-nc/4.0/deed.de) veröffentlicht, welche die nicht-kommerzielle Nutzung, Vervielfältigung, Bearbeitung, Verbreitung und Wiedergabe in jeglichem Medium und Format erlaubt, sofern Sie den/die ursprünglichen Autor(en) und die Quelle ordnungsgemäß nennen, einen Link zur Creative Commons Lizenz beifügen und angeben, ob Änderungen vorgenommen wurden.

Die in diesem Kapitel enthaltenen Bilder und sonstiges Drittmaterial unterliegen ebenfalls der genannten Creative Commons Lizenz, sofern sich aus der Abbildungslegende nichts anderes ergibt. Sofern das betreffende Material nicht unter der genannten Creative Commons Lizenz steht und die betreffende Handlung nicht nach gesetzlichen Vorschriften erlaubt ist, ist auch für die oben aufgeführten nicht-kommerziellen Weiterverwendungen des Materials die Einwilligung des jeweiligen Rechteinhabers einzuholen.

Zusammenfassung und Ausblick

10

Pia Fischer, Elena Berg, Christian Hopmann, Rainer Dahlmann, Gonsalves Grünert, Johannes Mayer, Philipp Niemietz und Thomas Bergs

Ziel des Forschungsprojektes PlasticBOND war der Aufbau und die Etablierung eines Kooperationsnetzwerks für Akteure aus der Kunststoffindustrie. Mit einem dreiteiligen Ansatz wurde untersucht, inwieweit ein erhöhter Rezyklateinsatz die

---

P. Fischer · E. Berg · C. Hopmann · R. Dahlmann (✉)
Lehrstuhl und Institut für Kunststoffverarbeitung (IKV) in Industrie und Handwerk an der RWTH Aachen, Aachen, Deutschland
E-Mail: rainer.dahlmann@ikv.rwth-aachen.de

P. Fischer
E-Mail: publications@ikv.rwth-aachen.de

E. Berg
E-Mail: elena.berg@ikv.rwth-aachen.de

C. Hopmann
E-Mail: christian.hopmann@ikv.rwth-aachen.de

G. Grünert · J. Mayer · P. Niemietz · T. Bergs
Manufacturing Technology Institute der RWTH Aachen (MTI), Aachen, Deutschland
E-Mail: g.gruenert@mti.rwth-aachen.de

J. Mayer
E-Mail: j.mayer@mti.rwth-aachen.de

P. Niemietz
E-Mail: p.niemietz@mti.rwth-aachen.de

T. Bergs
E-Mail: t.bergs@mti.rwth-aachen.de

© Der/die Autor(en) 2025
R. Dahlmann und C. Hopmann (Hrsg.), *Nachhaltige Kunststoffverpackungen aus Post Consumer-Rezyklaten,* SDG - Forschung, Konzepte, Lösungsansätze zur Nachhaltigkeit, https://doi.org/10.1007/978-3-658-48211-4_10

praktische Verarbeitbarkeit und Produktqualität sowie die resultierenden Einflüsse auf eine Nachhaltigkeitsbewertung beeinflusst. Ergänzend konnte durch den Aufbau eines Kooperationsmodells die Bereitschaft und Nutzbarkeit von Material- und Prozessdaten praxisnahen Bedingungen untersucht werden. Diese sind unverzichtbar, um eine zukünftige Nachverfolgbarkeit von Verpackungsprodukten in der Kunststoffindustrie zu ermöglichen.

Der Einfluss von PCR wurde praktisch sowohl im Folienverarbeitungsprozess als auch im Spritzgießen analysiert. Im Bereich der Folienextrusion lag der Fokus einerseits auf verfahrenstechnischen und andererseits auf analytischen Fragestellungen. Die größten Herausforderungen bei der Verarbeitung kommerziell verfügbarer Rezyklate ergaben sich durch hohe Anteile flüchtiger Bestandteile sowie durch eine Vielzahl im Material enthaltener Verunreinigungen. Beide Herausforderungen nehmen großen Einfluss auf die Folienqualität und beeinträchtigen den Einsatz von Rezyklaten. Eingeschlossene Gase, Feuchtigkeit und/oder gasförmige Abbauprodukte konnten erfolgreich mittels der Entgasungseinheit eines Doppelschneckenextruders entfernt werden. Feste Verunreinigungen, die sog. Stippen in der Folie erzeugen, ließen sich nur bedingt über eine Schmelzefiltration entfernen. Die Stippen waren z. T. so groß, dass diese den Skin-Layer durchbrechen und sich somit negativ auf den Extrusionsprozess (z. B. Aufreißen der Folienbahn) und die Möglichkeiten der Weiterverarbeitung (z. B. Bedrucken, Kaschieren) auswirken. Zur Bestimmung der Ursache entsprechender Stippen wurden stichprobenartig Folien analysiert. Ein Großteil der Stippen konnte auf vernetztes Material zurückgeführt werden. Weitere Untersuchungen an Designrezyklaten ergaben, dass die Bildung von vernetzten Stippen stark abhängig ist von der Materialzusammensetzung und insbesondere der Einsatz von PP, EVOH und von Kompatibilisatoren die Stippenanzahl erhöht. Weiterhin wurde der Einfluss geringer PP-Anteile in PE untersucht und es zeigten sich große Schwankungen in den PP-Anteilen kommerzieller Rezyklate. Geringe Anteile von PP in PE zeigen allerdings entgegen der Erwartung kaum Auswirkungen auf die mechanischen und optischen Eigenschaften.

Zur Produktion des Demonstratorlaminats konnten nach Vorversuchen erfolgreich Blasfolien mit ca. 70 % Rezyklatanteil und BOPE-Folien mit ca. 30 % Rezyklatanteil hergestellt werden. Im Anschluss an die Folienextrusion ließen sich die BOPE-Folien nach einigen Anpassungen mit guter Qualität im Rotationstiefdruck bedrucken. Auch das Kaschieren der Blasfolie und BOPE-Folie war ohne größere Herausforderungen möglich. Lediglich die enthaltenen Stippen waren im Laminat sichtbar und zeigten vereinzelt bei großen Stippen lokale Delaminierungen. Bei der Pouchproduktion erzielte das Laminat aus der Siegelfolie mit niedrigerem COF (leicht höhere Siegeltemperatur) und der BOPE-Folie aus PE-HD-Rezyklat die besten Ergebnisse. Die finale Pouch inkl. dem eingesiegelten Spout zeigt etwas geringere Werte für übliche Funktionstests im Vergleich zu Neuware, aber dennoch zufriedenstellende Resultate, insbesondere unter Berücksichtigung eines stark eingeschränkten Entwicklungsprozesses.

Der Spritzgießprozess steht im Vergleich zur Folienproduktion vor anderen Herausforderungen. Die verschiedenen im Projektzeitraum analysierten Schwerpunkte lagen einerseits im Bereich der Materialzusammensetzung (Rezyklatanteile und Schwankungsbreiten) und andererseits im Bereich der Materialkonditionierung, welche im Extrusionsprozess aufgrund von Entgasungsmöglichkeiten eine geringere Relevanz hat. Die Untersuchungen haben verdeutlicht, dass der Einsatz von PCR nicht gezwungenermaßen zu einer Verschlechterung der Bauteilqualität und Mechanik führt und die Möglichkeit besteht, mit modernen Regelungsstrategien Prozess- und Bauteilgewichtsschwankungen auszugleichen. Gleichermaßen zeigte sich jedoch, dass Aspekte wie ein untypisches hygroskopisches Materialverhalten zu der Notwendigkeit führen, Prozesse mit PCR-Material gezielter zu überwachen und Materialeingangskontrollen anzupassen.

Weiterhin wurde anhand einer LCA eine ökologische Bewertung der Produktion und Entsorgung einer auf Mono-Material basierten Pouch erstellt. Zur Bewertung der Nachhaltigkeit wurden Fertigungsdaten aus der Produktion verwendet. Zur Modellierung des „end of life" wurde auf die aktuelle Literatur zurückgegriffen. Durch die Analyse konnte belegt werden, dass das mechanische Recycling von Materialien für einen Wiedergebrauch deutliche ökologische Vorteile bietet. In einem nächsten Schritt können noch weitere standortabhängige Umweltwirkungen wie die Versauerung von Böden oder der Wasserverbrauch entlang der Wertschöpfungskette analysiert werden. Dazu bedarf es einer Analyse der gesamten Lieferkette.

Neben der LCA wurde ein Konzept für ein Nachhaltigkeitslabel für Kunststoffverpackungen vorgeschlagen. In dem Konzept erfolgt eine Bewertung der ökologischen Nachhaltigkeit von Verpackungen hinsichtlich der Recyclingfähigkeit, des Rezyklatanteils und einem CO_2-Ranking. Dazu wurde ein graphisches Design entwickelt, um die einzelnen Bewertungskriterien für Konsumenten gut sichtbar und leicht verständlich darzustellen. Zur Umsetzung eines solchen Labels bedarf es unterschiedlicher Akteure aus der Politik, Wirtschaftsverbänden und Branchenvertreter aus der Industrie. Hier bedarf es weiterer Aktivitäten die Stakeholder von einem derartigen Label zu überzeugen und einer konkreten Planung zur Umsetzung.

Die MyDataEconomy wurde speziell für Zeitreihendaten entwickelt, welche eigentlich deutlich höhere Speicherkapazitäten benötigen, als es die eher überschaubare Menge an Metadaten bräuchte, die in diesem Konzept zu erwarten ist.

Im Rahmen eines Prototyps wurde diese aber als unbedenklich eingeschätzt, auch wenn kosten- und umweltbezogene Auswirkungen dadurch nicht minimal gehalten wurden. Im Nachhinein war das ein großer Nachteil unseres Versuchs, da die Managertechnologie sehr ressourcenintensiv ist, da diese für das Speichern und Verarbeiten großer Datenmengen vorgesehen sind. Zwar bietet das Verwenden von dedizierten Knoten enorme Vorteile in Bezug auf die Datenhoheit, welche aber auch ggf. anders gewahrt werden können (z. B. Verschlüsselungsmethoden). Diese Verschlüsselungsmethoden könnten verwendet werden, um die sensiblen Daten auf unternehmensexternen Servern oder Blockchaintechnologien zu hinterlegen. Nachteilig wirkt Bezüglich des LCA-Services wurde brightway2, ein python-basiertes Framework für eine Anbindung an eine API, festgelegt, da es sich bei vergleichbaren Alternativen um Desktopanwendungen handelt. Leider müssen alle prozessspezifischen Daten zunächst in der brightway-internen Datenbank hinterlegt werden, bevor eine Analyse durchgeführt werden kann. Im Zuge dessen wurde allerdings festgestellt, dass die Komplexität der zugrunde liegenden Berechnungen zu hoch ist, um eine hohe Frequenz von Anfragen verarbeiten zu können.

Zukünftige Ansätze werden die Verwendung partieller homomorpher Verschlüsselung oder sicherer Multi-Party Protokolle verfolgen. Unter homomorpher Verschlüsselung versteht man eine Reihe von kryptografischen Algorithmen, mit denen es möglich ist, Werte zu so zu kodieren, dass auf den verschlüsselten Werten Berechnungen getätigt werden. Problematisch kann sich hierbei auswirken, dass keine dieser Methoden die erforderlichen Sicherheitsstandards erfüllen kann, ohne gleichzeitig so ineffizient zu werden, dass sich ihre Verwendung in einem LCA-Szenario lohnt. Mögliche Abhilfe können sichere Multi-Party Protokolle schaffen. Algorithmen, die es mehreren Parteien ermöglicht, bestimmte Rechenoperationen auf verschlüsselten Werten durchzuführen. Manche dieser Protokolle verwenden geteilte private Schlüssel. Das Verwenden solcher Schlüssel ermöglicht es verschiedenen Teilnehmern eines Protokolls, Teile des Schlüssels zu geben, um verschlüsselte Werte zu entschlüsseln. Um einen Wert zu entschlüsseln, müssen alle (oder ein festgelegter Anteil der) Teilnehmenden an einem Protokoll teilnehmen. Allerdings ist dies keine universelle Lösung und beschränkt auf definierte Anwendungen.

Neben diesen wichtigen Ansätzen zur Datenerzeugung, -speicherung und -verfügbarkeit, die am Ende eine Recyclingfähigkeit eines Produktes erhöhen und damit zu höheren Rezyklateinsatzquoten führen können, muss ebenfalls die Kette aus Produktdesign, Verarbeitung und Recycling weiterhin gefördert und letztlich geschlossen werden. PlasticBOND hat gezeigt, dass dieses Projektformat maßgeblich zur Strukturierung dieser Vorgänge beiträgt, indem das Konsortium alle elementaren Kettenglieder dieser Wertschöpfungskette umfasst. Die Arbeiten müssen weiterverfolgt werden, beispielsweise indem der Schritt des Recyclings höher aufgelöst wird. Denn aus den unvermeidlich kontaminierten Fraktionen aus dem Gelben Sack kann nur durch eine engere Kommunikation und Kooperation zwischen den am Recycling und an der Aufbereitung beteiligten Technologieanbietern sowie den Rezyklatverarbeitern eine Verbesserung der Rezyklatqualität erreicht werden. Dies gepaart mit einem Design for Recycling sowie einem Design from Recycling, d. h. einer Produktentwicklung unter den Unwägbarkeiten, die Rezyklate mit ihrem Eigenschaftsspektrum und dessen Schwankungen in die Verarbeitungsprozesse und Produkteigenschaften eintragen, wird die Rezyklateinsatzquoten nachhaltig auf ein hohes Niveau bringen. Auf diese Weise kann ein weitreichender Einsatz von PCR-Material zukünftig ermöglicht werden.

Open Access Dieses Kapitel wird unter der Creative Commons Namensnennung - Nicht kommerziell 4.0 International Lizenz (http://creativecommons.org/licenses/by-nc/4.0/dee d.de) veröffentlicht, welche die nicht-kommerzielle Nutzung, Vervielfältigung, Bearbeitung, Verbreitung und Wiedergabe in jeglichem Medium und Format erlaubt, sofern Sie den/die ursprünglichen Autor(en) und die Quelle ordnungsgemäß nennen, einen Link zur Creative Commons Lizenz beifügen und angeben, ob Änderungen vorgenommen wurden.

Die in diesem Kapitel enthaltenen Bilder und sonstiges Drittmaterial unterliegen ebenfalls der genannten Creative Commons Lizenz, sofern sich aus der Abbildungslegende nichts anderes ergibt. Sofern das betreffende Material nicht unter der genannten Creative Commons Lizenz steht und die betreffende Handlung nicht nach gesetzlichen Vorschriften erlaubt ist, ist auch für die oben aufgeführten nicht-kommerziellen Weiterverwendungen des Materials die Einwilligung des jeweiligen Rechteinhabers einzuholen.

Stichwortverzeichnis

A

Abbau, 3, 9, 73, 98, 102
Abbaureaktion, 9
Abfüllung, 32
Additiv, 31, 34, 61, 62, 65, 102
Agglomerat, 31, 35
Analyse
   physikalische, 29
   thermische, 61, 69
Anforderung, prozessorientierte, 28, 89
Anwendungsspezifikation, 31, 109
Aufbereitung, 1, 11, 13, 33, 83, 98, 176, 183, 185, 201

B

Berstprüfung, 139, 143, 144
Bilanzierung, 176, 192
Blasfolie, 9–11, 20, 28, 37, 49–51, 64, 74, 79, 83, 87, 198
Blasfolienextrusion, 49, 50, 85, 152

C

Chargenschwankung, 11, 43, 112, 113, 127
CO_2-Äquivalent, 3, 18, 19, 163–165, 188, 192
CO_2-Emission, 166
CO_2-Emission, 1, 162

D

Datenaustausch, 13, 185, 187, 188, 190
Datenhoheit, 13, 14, 200
Datenintegration, 14
Datenplattform, 5
Degradation, 73
Demonstratorprodukt, 5, 19, 37, 57, 62, 66–68, 191
Design for Recycling, 168, 201
Digitalisierung, 8, 193, 195

E

EDX (Energiedispersive Röntgenspektroskopie), 39, 40
Eigenschaft, mechanische, 9, 11, 29, 50, 52, 57, 59, 61, 65–67, 71, 73, 81, 87, 88, 104, 105, 108, 109, 111
Elementanalyse, 39
Energiebedarf, 3, 5, 12
Energiebilanz, 52
Energiedispersive Röntgenspektroskopie (EDX), 39, 40
Energieeffizienz, 158, 169
Entgasung, 27, 57, 62, 83
Entsorgung, 12, 150, 151, 158, 163, 168, 199
Extrusion, 11, 27, 28, 32, 37, 57, 61, 62, 67

F

Failure Mode and Effects Analysis (FMEA), 188
FMEA (Failure Mode and Effects Analysis), 188
Folienabtrennung, 32
Folienlaminat, 19, 20, 24, 66, 82, 90, 92, 129, 135
Folienschweißversuch, 134
Fremdpolymer, 11, 61, 68, 71, 73, 115

G

Geschäftsmodell, 14, 177, 178, 186
Global-Warming-Potential (GWP), 154, 163
GWP (Global-Warming-Potential), 154, 163

I

Informationsfluss, 13
Inhomogenität, 3, 116
Inputschwankung, 41, 109

K

Kreislaufwirtschaft, 1, 2, 85, 165, 168, 169, 193, 195
Kunststoffabfall, 1, 160
Kunststoffrecycling, 29, 36, 172
Kunststoffverarbeitung, 13, 68, 187

M

Masterbatch, 21, 34, 66, 83
Materialauswahl, 35, 51, 98, 99
Materialcharakterisierung, 11, 29, 37, 49
Materialkennwert, 49
Materialprüfung, 11, 28
Materialspezifikation, 28, 115, 126
Material, vernetztes, 53–55, 58, 198
Materialzusammensetzung, 41, 42, 56, 68, 73, 99, 104, 152, 198, 199
Mikroskopie, 54

Mono-PE-Pouch, 19, 20, 22, 23, 28, 87, 133, 150
Monowerkstoff, 19
Moral Machine, 178

N

Nachhaltigkeitsbewertung, 4, 12, 150, 167, 169, 198, 199
Nachhaltigkeitslabel, 12, 166, 168–172, 199

P

Plattformtechnologie, 186
Produktdaten, 24, 193–195
Produktdesign, 3, 4, 12, 200
Produktpass, 24, 176, 184, 193, 194
 digitaler, 21, 22, 186, 187, 193, 195
Produktsicherheit, 10
Prozessauslegung, 4
Prozessdaten, 57, 105–109, 184, 188, 198
Prozessentwicklung, 3
Prozessführung, 5, 57, 68, 115, 122
Prozesskette, 7, 23, 24
Prozessoptimierung, 188
Prozessparameter, 11, 57, 106, 110, 113, 120, 126, 127
Prozessvalidierung, 105

Q

Qualitätsparameter, 10
Qualitätssicherung, 98

R

Recyclinginfrastruktur, 19
Recycling, mechanisches, 1, 31, 161, 162, 199
Restfeuchte, 9, 29, 34, 100, 101, 103, 104
Rezyklateinsatz, 2, 4, 11, 12, 19, 83, 197
Rezyklatqualität, 5, 28, 57, 61, 62, 112, 201
Rohstoffaufbereitung, 31
Rohstoffspezifikation, 28
Rückverfolgbarkeit, 24, 29, 194, 195

S

Schnittstelle, 13, 14, 187, 191, 192, 194, 195

T

(Thermogravimetrische Analyse), 37
Thermogravimetrische Analyse (TGA), 37
Trocknung, 34, 100, 101, 103, 104
   mechanisch-thermische, 32, 34

U

Umweltauswirkung, 12, 18, 19, 150, 152, 160, 161, 163, 168
Umweltbewertung, 150, 151

V

Vakuumtest, 139, 141, 146
Verarbeitungsprozess, 3, 5, 10, 28, 29, 53, 100, 201
Verpackungsindustrie, 198
Verpackungslabel, 171
Verpackungsoptimierung, 4, 8
Verschmutzung, 53, 63

W

Werkstoffabbau, 9, 11
Werkstoffanalytik, 11, 12, 21
Werkstoffaufbereitung, 4
Wertschöpfungskette, 3–5, 7, 13, 187, 195, 199, 201
Wertschöpfungsnetzwerk, 13, 175–177